U0112657

曾国藩家训

曾国藩 原著

张天杰 译注

分类译注

岳麓书社·长沙

字谕纪泽儿　正月十三四日连接尔十二月

廿廿四日卅年又得澄淮十二月廿三缄尔

毋十一日一缄备悉一切尔诗一首阅过甚却

尔诗董之远胜接文章以后宜书之为之余

久不作诗而好读诗每夜分辄取古名席

高声朗诵用以自娱今年必当间作三三

首与尔曹相和吾乃仿苏氏父子之例尔之

884

谕纪泽　同治元年正月十四日

十思能古雅而不能雄駿大約宜作五言而
不宜作七言余所選十八家詩凡十厚冊在
家出此後可交来一帶至營中尔要讀古
詩漢魏六朝取余所選曹阮陶谢鮑谢以
家專心讀之要与尔性質相近至若開拓
胸擴充氣魄窮極變態則非唐之李
杜韓白宋金之蘇黄陸放元八家不足以盡

天下事舉之奇銳迨之一頗性鈍與人寡其

不相追而要不可不邪此人久之集焦心研究

一畫實以經外之金壽文字串之尤物也以

恐學粗馬西偉深用為慰非讀周澤吉

書派明於小學尚可問津余推道遠

未年始好高新無王氏父子之說泛事我

未能卒業業以為竟其緒余身體異為

可支持惟公事太多無暇積壓癣痒

近來甚念家中需用銀錢甚多其實

要照此集必付回京報在家不知係何

喜善吉第四首余已兩次疏辞笑此

菁兵之體面豈心可喜揆耶昌豪信一

壽扁字不付回二瀞邾雲此次来寫信

永邦弟呈閱　　滌生手示

正月十四日

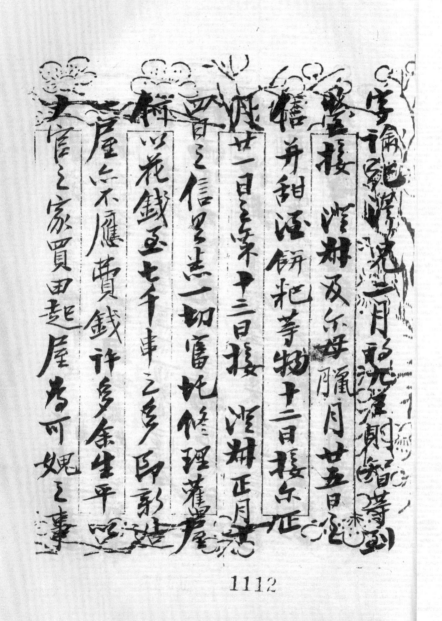

字谕纪泽 沅二月初九泽期皆寄到

鉴接 沅州及尔母骡月廿五日信

并甜酒饼粑等物十二日接尔正

糕月廿三日接 沅州正月念

渡廿二日至未十二日接

之信四起 一切富比修理旧屋

辟以花钱至七千串之多 即彭建

屋以不应费钱许多余生平视

大官之家买田起屋为可愧之事

谕纪泽　同治六年二月十三日

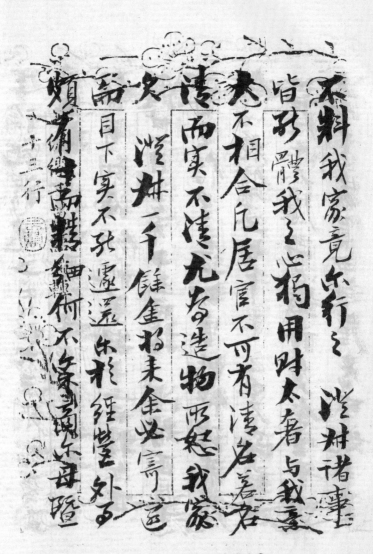

不料我家竟尔行之　淮州諸事

皆好醴我之必獨用財太奢与我善

太不相合凡居官不可有清名善名

而实不清尤为造物西忌我家

淮州一千餘金君未餘必需置

目下实不敷遠出於經營外有

頻有細事南糖細何不係一磚瓦毋暇

沈林榴家中每年開瓢憂必至不止少

其值連條開出計一歲陳田毀兩八外尚

世若千壽墊余核空後以復掘三百條

村面素薇生入汁比間搬三百條

顧玉明余屏絕偷生甓其人孔殊
近又有御史奏我不肯接印事來
百而行然煜

其家也余室松土日自緣起行再重
竟不取不必窘其妙惟耕之云一切遵

陵武將招稿付四曾文煜到金陵往

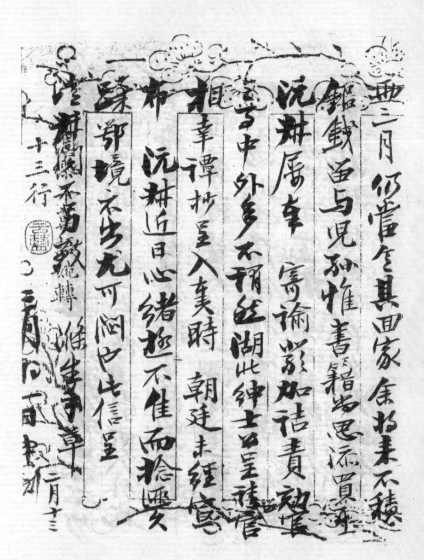

二月仍當令其回家余捃采未不輟

錮戢並與兒孫惟書籍乃思流買亦

沅卅屬車　寄諭影加詰責勤望

嘗言中外多不稍延湖此紳士古呈稽管

相　葦譚抄呈入吳時　朝廷未經寶

布　沅卅近日心緒迤不佳而捨要

躁　鄂境求出尤可悶也此信呈

謹　卅湖閱綠不易教轉　雖佳爭草

二月十三

十三行

三月初四國戴初

前　言

曾国藩（1811—1872），初名子城，字伯涵，号涤生，晚清著名的思想家、政治家、军事家。

一

嘉庆十六年（1811）十一月，曾国藩出生于湖南长沙府湘乡县荷叶塘白杨坪（今属湖南娄底双峰县）。道光十八年（1838）考中进士，两年后授翰林院检讨，后升任内阁学士加礼部侍郎衔，再任礼部右侍郎，历署兵、工、刑、吏各部侍郎。咸丰二年（1852），因为太平军进犯湖南以及攻陷武昌等地，丁母忧而还乡的曾国藩奉旨办理本省团练，咸丰四年（1854）二月开始率领湘军与太平军作战。咸丰七年（1857）二月丁父忧而还乡，第二年六月复出，继续统帅湘军。咸丰十年（1860）赏兵部尚书衔，并任两江总督，下一年又奉旨督办苏、皖、浙、赣四省军务。同治三年（1864）七月收复南京，因功加太子太保衔、封一等毅勇侯。同治四年（1865）五月，奉旨北上围剿捻军；六月，补授体仁阁大学士。同治七年（1868）四月，补授武英殿大学士；八月，调任直隶总督。同治九年（1870），办理天津教案，后回任两江总督。同治十一年（1872）二月，病逝于任上，赠太傅，谥文正。本书所收的家训，大多作于咸丰六年（1856）之后，也即曾国藩经常独自一人离家千里，故不得不以书信训诫其子女。

因为创建湘军并平定太平天国，又首倡洋务运动，曾国藩被称为中兴第一名臣，也被认为是"三不朽"的圣人。曾经编辑曾国藩家书、日记为《曾文正公嘉言钞》的梁启超就说："岂惟近代，盖有史以来不一二睹之大人也已；岂惟我国，抑全世界不一二睹之大人也已。"然而曾国藩在同时代士人之中则被称为"最钝拙"，又"终生在拂逆之中"，何以成就其立德、立功、立言而震古烁今？梁启超指出："其一生得力在立志自拔于流俗，而困而知，而勉而行，历百千艰阻而不挫屈，不求近效，铢积寸累，受之以虚，将之以勤，植之以刚，贞之以恒，帅之以诚，勇猛精进，坚苦卓绝。"也就是说，曾国藩一生的成就，在于其有着"立志自拔于流俗"的精神，有着"历百千艰阻而不挫屈"的精神，以及"不求近效，铢积寸累"的渐进，"植之以刚，贞之以恒"的固守，这种精神体现在湘军的崛起之中，也体现在其家训之中。

二

曾国藩生前曾经立志作一部"曾氏家训"，"凡家道之所以可久者，不恃一时之官爵，而恃长远之家规"，然而因为戎马倥偬以及著书之难，未能完成心愿。后世所传的"曾国藩家训"则是取自其写与两个儿子的家书。其中也包含了曾国藩所总结的曾氏三代训诫，其祖父星冈公的"考、宝、早、扫、书、蔬、鱼、猪"八字诀，其父亲竹亭公的"少壮敬亲，暮年爱亲"专重"孝"字，以及他自己总结的"八本""三致祥"与"勤、俭、刚、明、忠、恕、谦、浑"八德，等等，他对于先世与自身家教经验的总结，也可谓成果丰沛了。故《清史稿》也称赞他"举先世耕读之训，教诫其家"。

曾国藩在《世泽》一文中说："士大夫之志趣学术，果有异于人者，则修之于身，式之于家，必将有流风余韵，传之子孙，化行乡里，所谓君子之泽也。就其最善者，约有三端：曰诗书之泽，礼让之泽，稼穑之泽。"也就是说，曾国藩认为修身齐家且传之后世的余泽，最为重要的就是诗书、礼让、稼穑，下面则结合这三者来谈谈曾国藩家训在思想内容上的特点。

先看"诗书"，读书、写字、作文是曾国藩家训的重点，他认为"惟读书则可变化气质"，故而家训之中谈论读书方法的最多，比如"看、读、写、作四者，每日不可缺一"，"从'有恒'二字痛下工夫。然须有情韵趣味，养得生机盎然"，将广博的浏览与专门的吟诵结合，抄写与仿作结合，强调的是坚持不懈，以及韵味、生机的涵养。关于写字，针对其子"写的字缺乏刚劲之气，这是你生来气质之中的短处"，故而强调要学欧、柳二体，且与"走路宜重，说话宜迟"等言行上的修养结合起来加以要求。作文，则提出"以精确之训诂，作古茂之文章"，也就是将字词训诂与文章修辞、考据与辞章两方面的功夫结合起来。还有曾国藩编撰《十八家诗钞》与《经史百家杂钞》二书，也就是为了"诗书传家"。

至于"礼让"，则可以从"孝友为家庭之祥瑞"等说法来看，曾国藩总是告诫其子，"凡事皆从省啬，独待诸叔之家则处处从厚，待堂兄弟以德业相劝、过失相规，期于彼此有成，为第一要义"，"不可轻慢近邻，酒饭宜松，礼貌宜恭"，亲族之间要和睦、宽厚，邻里之间要客气、礼貌。还嘱咐"以'谦、谨'二字为主"，"力去傲、惰二弊"，不可与州、县往来，不可惊动官长，等等。至于女儿们则"不要重娘家而轻夫家"，这些都可以看出曾国藩对于"礼让"之道的重视。

再说"稼穑"，曾国藩牢记祖父的话，"吾子孙虽至大官，家中不可废农圃旧业"，故而在与其弟、其子的家书中经常强调种菜、种竹，"蔬菜茂盛之家，类多兴旺；晏起无蔬之家，类多衰弱"，还要家里专门请来老圃，一起开辟菜园。他还说"历观古来世家久长者，男子须讲求耕、读二事，妇女须讲求纺绩、酒食二事"，"内而纺绩、做小菜，外而蔬菜养鱼、款待人客，夫人均须留心"，就是希望欧阳夫人带领着家中的子女，一起从事耕种与纺绩，从而习勤习劳，养成俭朴的家风。

"常常作家中无官之想，时时有谦恭省俭之意，则福泽悠久"，这句话则可以概括曾国藩所讲的"世泽"之根本。曾氏家族的官运，在曾国藩死后约二十年的光绪十六年（1890），曾纪泽、曾国荃双双去世之后就基本断了，然而曾氏家族的后代却依旧名人辈出，当是因为他们继承了由曾国藩总结的、家族代代相传的耕读、诗礼的良好家风。

与曾国藩特别欣赏的颜之推《颜氏家训》、张英《聪训斋语》等中国历代著名家训相比，曾国藩的家训因为取材于通信，故而又有两个与众不同之处。

其一，目标与检查。无论读书或修身，曾国藩都希望其子能够成为"克家之子"，比如希望曾纪泽在读书上"成吾之志"，将"四书""五经"及其最喜爱的《史记》《汉书》《庄子》"韩文"四种等，熟读而深思且略作札记，"以志所得，以著所疑"，进一步则要求"凡有所见所闻，随时禀知，余随时谕答，较之当面问答，更易长进也"，此后的每次通信，几乎都是曾纪泽在汇报读书的进度与心得，而曾国藩则总是先为其子读完什么书而欣慰，再指出进一步当如何研读，这就是将目标与检查结合的一个系列过程。再说曾国藩总觉得曾纪泽"容止甚轻"，不符合士大夫的典范，故而经常在家书之中提及"厚重"二字，有段时间甚至每次都要问"说话迟钝、行路厚重否"，并要他"时时省记"。还有，曾国藩曾要求女儿、媳妇勤于纺绩，"三姑一嫂，每年做鞋一双"，"各表孝敬之忱，各争针黹之工"，所以也常在家书之中附带着问，"儿妇诸女，果每日纺绩有常课否"，可见其检查之严密。

其二，表扬与表率。曾国藩要求孩子将平时所写的字、所作的诗文等与问安的家书一同寄来，这是许多家长都能够做到的，然而他接着还特别讲究表扬，从而培养孩子的自信心。比如曾纪泽寄来了草书的习作，不但他自己有表扬，还会将之出示给李鸿章、李元度、许仙屏等人传看，于是就有了"柔中寓刚，绵里藏针，动合自然等语"，这些都写在回信里，让儿子与他一同欣慰。再如曾纪泽完成了《说文分韵解字凡例》一文，他自己先表示"喜尔今年甚有长进"，再请了大学者莫友芝"指示错处"。这样的表扬，则比起泛泛然说几句，或是金钱与物质奖励什么的，更能够激励孩子。曾国藩处处给孩子、家人做表率，则也是极其难能可贵的。他在指导儿子读书、写字、作文之时，经常谈及自己的学习历程以及近期状况，以身作则。要求儿子读书"有恒"，则细数自己《史记》《韩文》《韩诗》《杜诗》《古文辞类纂》等书的圈批"首尾完毕"，还说"近年在军中阅书，稍觉有恒"，当然也说到自己读某些书的"有始无终"且深以为憾，这反而让其子觉得这个榜样更为真诚。还有与曾纪鸿说到写字不可"求效太捷也"，就说起自己学习《麓山寺碑》"历八年之久，临摹已过千纸"；曾纪鸿的作文不佳，他便回顾自己"二十三四聪明始小开"，直到"三十一二岁聪明始大开"的历程，也许小儿子像自己而"聪明晚开"，以作鼓励。

此外，曾国藩对于自己的孩子，始终充满信心，这一点也值得一说。比如一直在说曾纪鸿处境太顺，故难长进，然而依旧多有肯定，"惟其眉宇大有清气，志趣亦不庸鄙，将来或终有成就"；至于曾纪泽则不只是肯定其作诗、写字方面的成就，还经常称赞其"天质聪颖"与"淡于荣利"。曾国藩培养了许多优秀的人才，给予美名而奖掖以成之，在培养自己子女上也是如此，方才造就了著名的外交家曾纪泽、著名的数学家曾纪鸿，并且泽及后世。

三

最早的曾国藩家训版本，当为光绪五年（1879）湖南传忠书局刊行的二卷本《曾文正公家训》，共收入曾国藩与曾纪泽、曾纪鸿的家书一百一十六则。岳麓书社 2015 年版的"最全本"《曾国藩家书》共收入其家书约一千五百则，其中写给曾纪泽、曾纪鸿的约有二百二十多则。也就是说，现存的曾国藩写给两个儿子的家书，还有一百多则未被收入其中。《曾文正公家训》以及此后流传的《曾国藩家训》之类的书，都是仅仅精选了存世的曾国藩写给其子家书的一半略多。其中的原因在于，未被收入的家书大多谈论的是琐碎的日常事务，比如咸丰二年（1852）八、九月，曾国藩接到其母的讣告，由江西回湖南奔丧之时，写信给留在京城的曾纪泽交代善后事宜，这些家书往往与家教关系不大，故未曾被收入各个版本的《曾国藩家训》之中。

为了避免遗珠之憾，在本书分类、译注的过程中，又通读了未曾收入传忠书局本《曾文正公家训》的那些家书，遴选出其中的十多则写给曾纪泽、曾纪鸿的家书补入本书。传忠书局本还附录了写给欧阳夫人的家书二则，写给族叔曾丹阁的家书一则，本书同样归为附录。曾国藩另有写给侄儿曾纪瑞、曾纪寿的家书各一则，正好可以与写给其子的相互参看，故本书也归为附录。综上所述，本书收入家训一百三十四则，附录五则，共计一百三十九则。

本书的选编，以传忠书局本《曾文正公家训》为底本，以岳麓书社 2015 年版"最全本"《曾国藩家书》为校本，并参考民国年间上海世界书局版的《分类广注曾国藩家训》、王澧华与向志柱注释的岳麓书社 1999 年版《曾国藩家训》等相关著作。

下面对于本书所做的工作及其特点，作一个简要的说明。

第一，校对。重新校对了原文，订正了底本或校本的文字讹误以及标点错误。为了阅读方便，增加了部分分段，且译文的分段与原文一致。

第二，分类。为了查看方便，根据每则家训所讲述的主旨进行分类，分为立德、养生、交际、读书、写字、作文、治家、经世，共八个类别。各类之中则按照家训的写作时间排序，以便前后参看。也有多则家训涉及多个主旨，则根据其核心的主旨加以分类。

第三，标题。根据每则家训的主旨，概括出标题，而主旨的概括则主要考虑其家教价值，至于介绍军情、政情等信息则一般从略。为了方便检索，又在标题之下标注该则家训原文的受信者，即"谕纪泽""谕纪鸿"或"谕纪泽纪鸿"之类，同时标注了写作时间。

第四，"注"。因为另有"译"，故本书的注释较为简明扼要，主要针对生僻的字词标了汉语拼音，并作了解释。对文中涉及的人名、地名、书名以及引用的古书原文、典故、术语等作了简要的介绍。其中人物的生卒年不作标注，因为与理解原文关系不大，然而对该人物与曾国藩及其家族的关系则会有所说明。送信的兵勇、仆人等不作注。人物第一次出现详注，再次出现则简注或不注，或在导读、翻译之中有所说明。常见的地名则不作注，或在导读与翻译时顺带说明。

第五，"译"。将文言的原文翻译成为白话文时，除了部分在"注"中已经解释过的引文、典故不再重复翻译之外，都进行了较为对应的紧扣原文的翻译，译文的字句在原文中都能找到依据，而原文的意思则在译文中都能得到落实。当然这并不是简单的一　对应，其中也有适当调整词句次序，以求符合现代人的语言习惯；也有少数有助于理解原意的补充信息，一般用括号来作标示。

第六，"导读"。不方便在"注"或"译"中加以讲解的，诸如本则家训的写作背景，所包含要点的概括，以及对于原文所隐含的深层次思想意义等作必要的引申、发挥，都在"导读"之中加以展开。

因为学力之限，加之对于曾国藩家训的解读也尚待进一步精深，故而本书一定存在诸多不足之处，恳请诸位批评指正！

张天杰
戊戌之春于杭州师范大学仓前恕园

目　录

立德篇

养生篇

交际篇

治家篇

经世篇

附　录

立德篇

一曰慎独则心安。自修之道，莫难于养心。心既知有善、知有恶，而不能实用其力，以为善去恶，则谓之自欺。

二曰主敬则身强。「敬」之一字，孔门持以教人，春秋士大夫亦常言之，至程、朱则千言万语不离此旨。

三曰求仁则人悦。凡人之生，皆得天地之理以成性，得天地之气以成形，我与民物，其大本乃同出一源。

四曰习劳则神钦。凡人之情，莫不好逸而恶劳，无论贵贱智愚老少，皆贪于逸而惮于劳，古今之所同也。

不愿子孙为大官，但愿读书明理做君子

谕纪鸿 咸丰六年九月二十九日

【导读】

曾纪鸿生于道光二十八年（1848），是年方才八岁。曾国藩十分注意子女的教育，虽在外领兵打仗，但也在百忙之中抽空给年幼的火于写信，其慈父之心可知。

大多人家期望子弟做大官，然而曾国藩却教育自己的儿子，不必汲汲于做大官，而要做一个读书明理的君子，还要能固守清寒、朴素的耕读家风，不要传染了仕宦人家的不良风气。再者，还希望儿子不求富贵功名，而求学做圣贤。事业成败，不是个体所能够把握的；而道德、人格的养成，却只要自己努力便可把握，与外在的机遇、命运并不相关。

字谕纪鸿儿：

家中人来营者，多称尔举止大方，余为少慰。凡人多望子孙为大官，余不愿为大官，但愿为读书明理之君子。勤俭自持，习劳习苦，可以处乐，可以处约，[1] 此君子也。

余服官[2] 二十年，不敢稍染官宦气习，饮食起居，尚守寒素[3] 家风，极俭也可，略丰也可，太丰则吾不敢也。凡仕宦之家，由俭入奢易，由奢返俭难。尔年尚幼，切不可贪爱奢华，不可惯习懒惰。无论大家小家、士农工商，勤苦俭约，未有不兴，骄奢倦怠，未有不败。尔读书、写字不可间断，早晨要早起，莫坠高曾祖考[4] 以来相传之家风。吾父、吾叔，皆黎明即起，尔之所知也。

凡富贵功名，皆有命定，半由人力，半由天事。惟学作圣贤，全由自己作主，不与天命相干涉。吾有志学为圣贤，少时欠居敬工夫[5]，至今犹不免偶有戏言戏动。尔宜举止端庄，言不妄发，则入德之基^[6]也。

手谕（时在江西抚州门外）

【注】

[1] 乐：安乐。约：俭约。语出《论语·里仁》。

[2] 服官：为官。

[3] 寒素：清寒，朴素。指门第寒微、平常的人家。

[4] 高曾祖考：高祖、曾祖、祖父、父亲。

[5] 居敬工夫：恭敬自持的身心修养方法。

[6] 入德之基：进入修养成就圣人品德的基础。

【译】

字谕纪鸿儿：

家中来到军营的人，大多称赞你的举止大方，我为此而感到少许的欣慰。凡人大多希望子孙能做大官，我却不希望子孙做什么大官，只愿都能成为读书明理的君子。勤劳俭朴，自立持家，习惯于劳苦的生活，既可处于安乐，又可处于俭约，这才是真正的君子。

我做官二十多年，不敢稍稍沾染官宦场中的不良习气，在饮食起居等方面，还能固守清寒、朴素时候的家风，极其俭朴的日子过得，略微丰盈的日子也过得，至于太过丰厚则不敢过了。大凡仕宦人家，由俭朴而进入奢侈容易，由奢侈而返回俭朴则困难。你年纪尚小，千万不可贪图奢华，不能养成懒惰的习惯。无论是大户人家还是小户人家，无论士农工商各行各业，勤苦而俭约，未有不会家业兴旺的；骄奢而倦怠，未有不会家业败亡的。你每天读书、写字不要间断，早晨要早起，不要丢了高祖、曾祖、祖父、父亲以来代代相传的家风。我的父亲、叔父，也都是黎明即起，这些你都是知晓的。

凡是富贵功名，都是命里注定的，一半由于人力，一半由于天命。唯独学做圣贤，全部都由自己做主，不与天命相互干涉。我有志于学做圣贤，少年时还是欠缺了恭敬自持的修养功夫，至今还不免偶有戏言戏动的行为发生。你应当举止端庄，不要妄言妄动，这样去做才能奠定成就圣人的道德修养基础。

手谕（时在江西抚州门外）

一刻千金，切不可浪掷光阴

谕纪泽　咸丰六年十月初二日

【导读】

曾纪泽年满十八，刚刚成婚，作为父亲的曾国藩，担心他沉溺安逸，而浪掷光阴，故而去信训导，且语气较平时更为严苛。古人云："教子婴孩，教妇初来。"所以要求自己的新媳妇下得厨房，做得针线。三姑一嫂，即三个女儿、一个媳妇，每年做鞋一双寄来，以便考察闺门勤惰，子女儿媳，一般看待。最后几件，既表明以身作则，又使得受信之人不敢懈怠。

字谕纪泽儿：

胡二等来，接尔安禀，字画尚未长进。尔今年十八岁，齿已渐长，而学业未见其益。陈岱云[1]姻伯之子号杏生者，今年入学[2]，学院[3]批其诗冠通场。渠[4]系戊戌二月所生，比尔仅长一岁，以其无父无母，家渐清贫，遂尔勤苦好学，少年成名。尔幸托祖父余荫，衣食丰适，宽然无虑，遂尔醰肴佚乐[5]，不复以读书立身为事。古人云："劳则善心生，佚则淫心生。"[6]孟子云："生于忧患，死于安乐。"[7]吾虑尔之过于佚也。

新妇[8]初来，宜教之入厨作羹，勤于纺绩，不宜因其为富贵子女，不事操作。大、二、三诸女已能做大鞋否？三姑一嫂，每年做鞋一双寄余，各表孝敬之忱，各争针黹[9]之工。所织之布、所寄衣袜等件，余亦得察闺门以内之勤惰也。

余在军中，不废学问，读书写字，未甚间断，惜年老眼蒙，无甚长进。尔今未弱冠[10]，一刻千金，切不可浪掷光阴。

四年所买衡阳之田，可觅人售出，以银寄营，为归还李家款。"父母存，不有私财"[11]，士、庶人且然，况余身为卿大夫乎？余癣疾复发，不似去秋之甚。李次青[12]十七日在抚州败挫，已详寄沅浦函中。现在崇仁加意整顿，三十日获一胜仗。口粮缺乏，时有决裂之虞[13]，深用焦灼。

尔每次安禀，详陈一切，不可草率。祖父大人之起居，合家之琐事，学堂之工课，均须详载。切切！此谕。

【注】

[1]陈岱云：即陈源兖，字岱云，湖南茶陵人，与曾国藩同为道光十八年（1838）进士，任翰林院编修、江西吉安知府等。曾国藩之女曾纪耀嫁与陈源兖之子陈松年。咸丰三年（1853），太平军进攻庐州，巡抚江忠源命陈岱云赴庐州协守，江忠源战死后其自尽。

[2]入学：考中秀才，成为县学的生员。

[3]学院：即学政，也称学使，负责一省的教育与科举考试。

[4]渠：代词，他。

[5]酣豢（hān huàn）：此指沉溺于享乐之中。佚乐：悠闲安乐。

[6]语出《国语·鲁语下》："夫民劳则思，思则善心生；逸则淫，淫则忘善，忘善则恶心生。"

[7]语出《孟子·告子下》，意思是说艰苦、忧患使人奋发，获得新生；安逸、享乐使人颓废，近于败亡。

[8]新妇：新娘子，指曾纪泽的原配贺氏、贺长龄之女。

[9]针黹（zhǐ）：缝纫、刺绣等针线活。

[10]弱冠：古人二十岁行冠礼，故称二十岁为弱冠。

[11]此句语出《礼记·曲礼上》。古人父母尚在，一般不分家，作为子女如有私设小金库，即为不孝。

[12]李次青：即李元度，湖南平江县人。湘军名将，曾任曾国藩幕僚以及贵州按察使、布政使等，另著有《国朝先正事略》等。

[13]虞：忧虑。

【译】

字谕纪泽儿：

胡二等人来，接到了你告安的信件，看来你写字的笔画尚未有大的长进。你今年十八岁了，年纪已经渐渐增长，而学业却还未能看得出有多少进步。陈岱云姻伯的长子名叫杏生的，今年已经入学，学政评选他的诗为全场第一。他是戊戌年二月生的，比你仅仅大了一岁。因为他无父无母，家境渐渐陷入清贫，所以勤苦好学，少年成名。然而你却有幸依靠祖父、父亲的余荫，丰衣足食，心态安然，没有顾虑，所以也就沉溺于安逸亨乐，不再以读书而谋求立身为大事了。古人常说："勤劳就会生发善心，逸乐就能生发淫乐之心。"孟子也说："处于忧患环境则进取、生存；处于安逸环境则颓废、灭亡。"我真正担忧的，就是你过得太舒适、太安逸了。

新娘子刚嫁到家里的时候，就应当教导她下厨房做饭菜，勤于纺线织布等事，不应当因为她是富贵人家的子女，故而不去从事家务活计。大女、二女、三女等几个，已经能做大人穿的鞋子了吗？三姑一嫂，每年各做一双鞋子寄来给我，一方面各自表达孝敬之心，一方面也算争相表现一下针线功夫。她们所织的布，所做的衣、袜寄来，我也可以借此考察闺门之内的这些人，到底是勤快还是懒惰。

我在军营之中，从不荒废学问，读书、写字都没怎么中断过，可惜年纪大了眼睛蒙了，没有什么长进了。你今年还没满二十，一刻千金，切切牢记不可浪费了好光阴。

咸丰四年所买的衡阳的田，可以找人卖出，将所得的银子寄到军营，为了归还李家（李仲云家，曾国潢向李家借银二百两事，见该年八月十八日与诸弟的家书）。"父母还在，兄弟间不宜蓄有私财"，一般的士子、老百姓都这样，何况我身为卿大夫呢？我身上的癣疾有复发，但不像去年秋天那么厉害。李元度本月十七日在抚州遭受兵败，此事我已经在给沅浦（曾国荃）的信中详细写了。他现今正在崇仁一带特意用心整顿，三十日打了一个胜仗。军中口粮缺乏，时常会有断粮的忧虑，这也让我深为焦灼。

你每次写信问安，要详细陈述一切，不可草率。祖父大人的起居，全家的琐事，学堂里的功课，都必须详细记载。千万牢记！此嘱。

立德篇

告诫早起、有恒、容止重厚三事

谕纪泽　咸丰九年十月十四日

【导读】

接到儿子告知新婚情形之后，做父亲的既为新妇的贤德而高兴，又抓紧机会告诫儿子三事：早起、有恒、容止重厚。并且强调，早起，是清朝历代帝王的传统，更是曾家先人家风；有恒，则是"吾身之耻"，想要德、业有成则必须有恒；形容举止的重厚，则是因为年轻的曾纪泽有一大弊病为"不重"，故而"谆谆戒之"。信末就回信一事再作规定，要求其子每条都有答复。

字谕纪泽儿：

接尔十九、二十九日两禀，知喜事完毕，新妇能得尔母之欢，是即家庭之福。

我朝列圣[1]相承，总是寅正[2]即起，至今二百年不改。我家高曾祖考相传早起，吾得见竟希公、星冈公皆未明即起，[3]冬寒起坐约一个时辰，始见天亮。吾父竹亭公[4]亦甫[5]黎明即起，有事则不待黎明，每夜必起看一二次不等，此尔所及见者也。余近亦黎明即起，思有以绍[6]先人之家风。尔既冠授室[7]，当以早起为第一先务。自力行之，亦率新妇力行之。

余生平坐无恒之弊，万事无成。德无成，业无成，已可深耻矣。逮办理军事，自矢靡[8]他，中间本志变化，尤无恒之大者，用为内耻。尔欲稍有成就，须从"有恒"二字下手。

余尝细观星冈公，仪表绝人，全在一"重"字。余行路容止亦颇重厚，盖取法于星冈公。尔之容止甚轻，是一大弊病，以后宜时时留心。无论行坐，均须重厚。

早起也，有恒也，重也，三者皆尔最要之务。早起是先人之家法，无恒是吾身之大耻，不重是尔身之短处，故特谆谆戒之。

吾前一信答尔所问者三条，一字中换笔，一"敢告马走"，一注疏得失，言之颇详，尔来禀何以并未提及？以后凡接我教尔之言，宜条条禀复，不可疏略。此外教尔之事，则详于寄寅皆先生"看读写作"一缄中矣。此谕。

【注】

　　［1］列圣：列位圣君，指清朝历代皇帝。

　　［2］寅正：即四点整，寅时即早晨三点至五点。

　　［3］竟希公：即曾衍胜，曾国藩的曾祖，字儒胜，号竟希。星冈公：即曾玉屏，曾国藩的祖父，号星冈。

　　［4］竹亭公：即曾麟书，曾国藩的父亲，字竹亭。

　　［5］甫：刚，才。

　　［6］绍：继承。

　　［7］既冠：已经成年，古时男子二十岁行冠礼。授室：将家事交付儿媳，即父母为儿子娶妻。

　　［8］矢：誓。靡：没有。

【译】

字谕纪泽儿：

　　接到你十九、二十九日的两封信，知道喜事已经办完，新媳妇能够得到你母亲的欢心，这就是全家人的福气。

　　本朝的列位圣君代代相承，总是在寅正时刻就起来，至今已经二百年不改了。我家的高祖、曾祖、祖父、父亲的早起，也是代代相传。我就亲眼见到竟希公、星冈公全是天未亮就起来，寒冷的冬天起来坐了大约一个时辰，方才天亮。我的父亲竹亭公，也是天刚黎明就起来，假如有事情则不到黎明就起来了，每夜必定起来看时辰一两次不等，这些也是你亲眼所见的。我近年来也是黎明就起来，正是要继承先人的家风。你既然已经成人、结婚，应当以早起为第一要务。你自己要尽力去做到，也要带领着新媳妇尽力去做到。

　　我生平因为没有恒心这一弊病，万事无成。德无成，业无成，已经深感耻辱了。等到开始办理军务，自然也就取代了原先的志向，这中间本来志向发生变化，则更显得没有恒心是一个大问题，内心也更觉耻辱了。你想要稍有成就，必须从"有恒"二字下手。

我曾经仔细观察星冈公，他的仪表超越一般人，全在一个"重"字。我的走路言行举止颇为稳重、敦厚，也是取法于星冈公的。你的形容举止很是轻浮，这是一大弊病，以后应当时时留心。无论行走起坐，都必须注意稳重、敦厚。

早起、有恒、稳重，这三方面都是你当前最应注意的要务。早起是先人传下的家法，没有恒心是我一生的大耻辱，不稳重是你自身的短处，所以才特意谆谆地告诫你。

我在前一信中回答你所问的三条，一是写字中间的换笔，一是"敢告马走"一句的用法，一是《十三经》注疏的得失，都说得非常详尽，你的回信为什么并未提及这三条呢？以后凡是收到我教导你的话，应当条条都有回复，不可有所疏略。此外还有教导你的一些事情，已详细写在寄给寅皆先生（邓汪琼）的"看读写作"一信之中了。此谕。

戒举止太轻，戒积钱买田

谕纪泽纪鸿　咸丰十年十月十六日

【导读】

此次家书，告知在老家的儿子与兄弟自己在安徽军营的行止平安，然而更关心的还是两个儿子的学业，要求曾纪泽力戒举止太轻，天分高的人更当力求稳重；看到曾纪鸿的拟连珠体寿文文笔劲健，则想知道老师改了多少字，这做父亲的可谓用心极细。最后又强调家中断不可积钱、买田，养得骄气、逸气，其实是强调兄弟二人要靠自己的努力读书吃饭，不要企图依靠父母、祖宗。

字谕纪泽、纪鸿儿：

泽儿在安庆所发各信及在黄石矶、湖口之信[1]，均已接到。

鸿儿所呈拟连珠体寿文，初七日收到。

余以初九日出营，至黟县查阅各岭，十四日归营，一切平安。鲍超、张凯章[2]二军，自二十九、初四获胜后，未再开仗。杨军门[3]带水陆三千余人至南陵，破贼四十余垒，拔出陈大富[4]一军，此近日最可喜之事。英夷业已就抚。[5]余九月六日请带兵北援[6]一疏，奉旨无庸前往，余得一意办东南之事[7]，家中尽可放心。

泽儿看书天分高，而文笔不甚劲挺，又说话太易，举止太轻，此次在祁门为日过浅，未将一"轻"字之弊除尽，以后须于说话走路时，刻刻留心。鸿儿文笔劲健，可慰可喜。此次连珠文，先生改者若干字？拟体系何人主意？再行详禀告我。

银钱、田产最易长骄气、逸气，我家中断不可积钱，断不可买田，尔兄弟努力读书，决不怕没饭吃。至嘱！

澄叔处此次未写信，尔禀告之。闻邓世兄[8]读书甚有长进，顷阅贺寿之单帖、寿禀，书法清润，兹付银十两，为邓世兄（汪汇）买书之资。此次未写信寄寅阶先生，前有信留明年教书，仍收到矣。

【注】

［1］曾纪泽前段时间到安徽祁门、曾国藩的军营省亲，正好遭遇太平军李秀成大军来攻，故急忙离开军营，一路上在安庆、池州的黄石矶、湖口等处，都有写与曾国藩的信。

［2］鲍超：字春霆，湘军将领，四川奉节（今属重庆）人，官至湖南提督。张凯章：即湘军将领张运兰，字凯章，湖南湘乡人，曾任福建按察使。

［3］杨军门：即湘军将领杨载福，后改名杨岳斌，湖南善化（今长沙）人，时任福建水路提督。

［4］陈大富：字余庵，湖南武陵（今常德）人，以副将坚守南陵一年多，杨载福军到后方才解围；后任皖南镇总兵，次年战死于景德镇。

［5］此处指第二次鸦片战争，签订了《中英北京条约》，战争结束。

［6］北援：当时山东、河北一带有捻军起义，故有令湘军北援之意。

［7］东南之事：即与太平军的战争。

［8］邓世兄：即邓汪汇，曾家塾师邓汪琼之弟，后参加甲午海战，与刘必蛟等力战而牺牲。邓汪琼，即下文的寅阶先生。

【译】

字谕纪泽、纪鸿儿：

泽儿，你在安庆所发的各信以及在黄石矶、湖口发的信，都已经收到了。鸿儿，你所呈上的拟连珠体寿文，初七日收到了。

我在初九日出营，到黟县去巡查各岭的防务，十四日归营，一切平安。鲍超、张凯章（张运兰）二军，自二十九、初四获胜之后，没有再开仗。杨军门（杨载福）带着水陆三千余人到南陵，攻破贼军四十余座营垒，救出了陈大富一军，这些是近日最为可喜的事情。英国洋人现在已经接受安抚。我在九月六日请求带兵北上援助剿捻军的那一封奏疏，现在奉旨不必前往，我就可以一心一意办理东南这边的战事了，家中都可以放心了。

泽儿看书的天分很高，然而文笔不太劲挺，还有说话太过随便，举止太过轻浮，这次你祁门的日子比较少，也未能将一个"轻"字的弊病除去，以后必须在说话走路时都要时刻刻留心。鸿儿的文笔劲健，非常可喜，非常欣慰。这次写的连珠文，先生改正过多少个字？所拟的文体又是谁出的主意？要再次来信详细告诉我。

银钱、田产最容易滋长骄气、逸气，我们的家中断断不可积蓄银钱，也断断不可购买田产，你们兄弟二人努力读书，绝不怕没有饭吃。至嘱！

你们澄叔那里这次没有写信，你们可以禀告他。听说邓世兄（邓汪汇）读书很有长进，刚才看了他写的贺寿单帖、寿禀，书法清润，现送银子十两，作为邓世兄买书之用。这次没有写信寄给寅阶先生（邓汪琼），前次有信留他明年继续教书，才收到呢。

举止要重发言要讱，写字要天分更要苦功

谕纪泽纪鸿　咸丰十年十一月初四日

【导读】

在告知军情的同时，曾国藩再度告诫两个孩子一些注意事项。曾纪泽依旧要注意言行举止的稳重，曾纪鸿则写字缺少刚劲之气，故强调必须用一番苦功夫，切莫把原有的一点天分自弃了。最后还叮咛：起早为第一义。

字谕纪泽、纪鸿儿：

十月二十九日接尔母及澄叔信，又棉鞋、瓜子二包，得知家中各宅平安。泽儿在汉口阻风六日，此时当已抵家。"举止要重，发言要讱"[1]，尔终身须牢记此二语，无一刻可忽也。

余日内平安，鲍、张二军亦平安。左军[2]二十二日在贵溪获胜一次，二十九日在德兴小胜一次，然贼数甚众，尚属可虑。普军[3]在建德，贼以大股往扑，只要左、普二军站得住，则处处皆稳矣。

泽儿字，天分甚高，但少刚劲之气，须用一番苦工夫，切莫把天分自弃了。家中大小，总以起早为第一义。澄叔处，此次未写信，尔等禀之。

涤生手示

【注】

［1］讱（rèn）：言语迟缓、谨慎。《论语·颜渊》："仁者，其言也讱。"仁者，他的言行是很谨慎的。

［2］左军：当时左宗棠以四品京堂候补募勇五千余人，组建为楚军，支援江西。

［3］普军：指九江镇总兵普承尧之军。

字谕纪泽、纪鸿儿：

十月二十九日，接到你们母亲以及澄叔的信，还有棉鞋、瓜子二包，得知家中各宅平安。泽儿在汉口因为大风而被耽搁了六日，此时应当已经到达家中了。举止要稳重，发言要谨慎，你终生都要牢记这两句话，没有一刻可以疏忽了。

我这两日都平安，鲍、张二军也平安。左军二十二日在贵溪获得一次胜仗，二十九日又在德兴小胜了一次，然而贼军的人数众多，还是让人有些忧虑。普军在建德，贼军以大股人马前往猛扑，只要左、普二军站得住脚，就能够处处都稳当。

泽儿的字，天分很高，但是少了刚劲之气，必须再用一番苦功夫，切莫把天分自己抛弃了。家中的老小，总要以起早作为第一要义。澄叔那边，此次未曾写信，你们可以禀告一下。

涤生手示

局势危急，遗训"八本""三致祥"

谕纪泽纪鸿　咸丰十一年三月十三日

【导读】

该年清军与太平军作战，再度处于失利状态，特别是徽州之战的挫败，让曾国藩想起了咸丰四年（1854）的湖口之战，也是军心大震。于是便回顾第二次出山以来，早已将一己之生死置之度外，唯有见危授命之志尤其坚定。因担心自己再度遭遇不测，故此信也算是留下遗训了。其一，平生遗憾，古文、诗、字"三者一无所成"；其二，军事"难于见功，易于造孽"，故告诫其子"不可从军，亦不必作官"；其三，总结曾氏三代家训，自己教子弟"八本""三致祥"，父亲教人重"孝"字，祖父教人"八字""三不信"。

字谕纪泽、纪鸿儿：

接二月二十三日信，知家中五宅平安，甚慰，甚慰！

余以初三日至休宁县，即闻景德镇失守之信。初四日写家书，托九叔[1]处寄湘，即言此间局势危急，恐难支持，然犹意力攻徽州，或可得手，即是一条生路。初五日进攻，强中、湘前等营在西门挫败一次。十二日再行进攻，未能诱贼出仗。是夜二更，贼匪偷营劫村，强中、湘前等营大溃。凡去二十二营，其挫败者八营（强中三营、老湘三营、湘前一、震字一），其幸而完全无恙者十四营（老湘六、霆三、礼二、亲兵一、峰二），与咸丰四年十二月十二夜贼偷湖口水营情形相仿。此次未挫之营较多，以寻常兵事言之，此尚为小挫，不甚伤元气。目下值局势万紧之际，四面梗塞，接济已断，加此一挫，军心尤大震动。所盼望者，左军能破景德镇、乐平之贼，鲍军能从湖口迅速来援，事或略有转机，否则不堪设想矣。

余自从军以来，即怀见危授命之志。丁、戊年在家抱病，常恐溘逝牖下[2]，渝[3]我初志，失信于世。起复[4]再出，意尤坚定。此次若遂不测，毫无牵恋。自念贫婆[5]无知，官至一品，寿逾五十，薄有浮名，兼秉兵权，忝窃[6]万分，夫复何憾！惟古文与诗，二者用力颇深，探索颇苦，而未能介然[7]用之，独辟康庄[8]。古文尤确有依据，若遽先朝露[9]，则寸心所得，遂成广陵之散[10]。作字用功最浅，而近年亦略有入处。三者一无所成，不无耿耿。

至行军本非余所长，兵贵奇而余太平，兵贵诈而余太直，岂能办此滔天之贼？即前此屡有克捷，已为侥幸，出于非望矣。尔等长大之后，切不可涉历兵间，此事难于见功，易于造孽，尤易于贻万世口实。余久处行间[11]，日日如坐针毡，所差不负吾心，不负所学者，未尝须臾忘爱民之意耳。近来阅历愈多，深谙督师之苦。尔曹[12]惟当一意读书，不可从军，亦不必作官。

吾教子弟不离"八本""三致祥"。"八"者曰：读古书以训诂为本，作诗文以声调为本，养亲以得欢心为本，养生以少恼怒为本，立身以不妄语为本，治家以不晏起为本，居官以不要钱为本，行军以不扰民为本。"三"者曰：孝致祥，勤致祥，恕致祥。吾父竹亭公之教人，则专重"孝"字，其少壮敬亲，暮年爱亲，出于至诚，故吾纂墓志，仅叙一事。吾祖星冈公之教人，则有"八字""三不信"。"八"者曰：考、宝、早、扫、书、蔬、鱼、猪。[13] "三"者，曰僧巫，曰地仙[14]，曰医药，皆不信也。处兹乱世，银钱愈少，则愈可免祸；用度愈省，则愈可养福。尔兄弟奉母，除"劳"字、"俭"字之外，别无安身之法。吾当军事极危，辄将此二字叮嘱一遍，此外亦别无遗训之语，尔可禀告诸叔及尔母无忘。

【注】

[1] 九叔：指曾国荃。

[2] 溘（kè）逝牖（yǒu）下：此指碌碌无为老死于家中。溘，忽然。牖，窗户。

[3] 渝：改变。引申为违背。

[4] 起复：服父母之丧期满后，重新复出做官。

[5] 贫窭（jù）：贫穷，鄙陋。

[6] 忝（tiǎn）窃：对自己因幸运而拥有某种名利、地位感到难之胜任的谦辞。

[7] 介然：坚定执着的样子。

[8] 康庄：平坦宽广、四通八达的道路。此处指开宗立派。

[9] 遽（jù）先朝露：如同早晨的露水一见阳光就干了一般。形容生命短暂。遽，忽然。

[10] 广陵之散：《广陵散》为古琴名曲，三国嵇康善弹此曲，但不轻易传授，在被杀之时则感叹："广陵散于今绝矣。"此处是说，担心自己古文方面的心得不得传承。

[11] 行（háng）间：行伍之间，军队、军营之中。

[12] 尔曹：汝辈，你们。

[13] 考、宝：考，指祭祀先人。宝，指以邻人为宝，与邻

里相处融洽。

[14] 地仙：专门看地之风水好坏的阴阳先生。

【译】

字谕纪泽、纪鸿儿：

接到二月二十三日的信，知道了家中五宅平安，十分欣慰，十分欣慰！

我在初三日到达休宁县，就听说了景德镇失守的消息。初四日写有家书，托你九叔那边寄回湖南，就说到此处的局势危急，恐怕难以支持，然而还想要力攻徽州，如果可以得手，也是一条生路。初五日进攻，强中、湘前等营在西门挫败了一次。十二日再次进攻，未能引诱贼军出来开仗。这夜的二更，贼匪偷袭营房、劫掠乡村，强中、湘前等营大崩溃。凡是前去的二十二营，其中挫败了的有八个营（强中三营、老湘三营、湘前一营、震字一营），其中幸而完全无恙的有十四个营（老湘六营、霆三营、礼二营、亲兵一营、峰二营），与咸丰四年十二月十二日夜，贼军偷袭湖口水营的情形相似。此次未曾挫败的营比较多，就寻常的战事而言，这还属于小的挫败，不太伤元气。当下正值局势万分紧张之际，四面的道路都梗塞了，接济线已被切断，加上此一大挫败，军心还是大为震动。所能盼望的是，左宗棠军能够攻破景德镇、乐平的贼军，鲍超军能够从湖口迅速前来支援，战事也许略有转机，否则后果不堪设想了。

我自从军以来，就怀有见危授命的志向。丁、戊两年抱病在家，常常恐怕溘然而逝于窗下，违背了我当初的志向，失信于世人。起复之后再度出山，意志尤其坚定。此次如果就此身遭不测，也毫无牵挂、留恋了。自己想来，从贫陋无知，到官至一品，寿逾五十，还稍有浮名，兼掌握兵权，早已荣幸万分，又还有什么遗憾呢！唯独古文与诗，这两个方面用力颇深，探索钻研也颇苦，然而未能坚定地努力下去，独辟出一条康庄大道来。古文则更是确定有了一些开宗立派的依据，如果真的就如同朝露一般忽然先去了，那么我的寸心所得，也就成了广陵散那样的绝响了。还有写字这一方面，我用功最浅，然而近几年也略有入门之处。这三者，如果就这样一无所成，我心中不免耿耿于怀了。

至于行军打仗，本来就不是我之所长，兵贵奇而我太平，兵贵诈而我太直，岂能办理此类滔天之贼呢？即使之前也屡有克敌之捷，实际也出于侥幸，出乎意料，不敢奢望。你们长大之后，千万不要涉猎用兵之事，此事难于见功，却易于造孽，尤其容易留给后代万世于是非口实。我久处于行伍之间，日日如坐针毡，所幸还算不负我心，不负所学，未尝须臾忘记了关爱百姓的意思。近年来阅历越来越多，深深体会到了督师打仗之苦。你们只要一心一意读书，不可从军，也不必做官。

我教导子弟，不离"八本""三致祥"。"八本"是说：读懂古书要以学好训诂为根本，写作诗文要以讲究声调为根本，赡养亲人要以获得欢心为根本，养生要以少恼怒为根本，立身要以不妄语为根本，治家要以不晚起为根本，居官要以不要钱为根本，行军要以不扰民为根本。"三致祥"是说：孝致祥，勤致祥，恕致祥。我的父亲竹亭公的教人，就专重一个"孝"字，他少壮的时候敬重双亲，暮年的时候爱护双亲，都出于一片至诚，所以我为他撰写墓志，仅仅叙述这一件事情。我的祖父星冈公的教人，就有"八字""三不信"。"八字"是说：考、宝、早、扫、书、蔬、鱼、猪。"三不信"是说：僧巫、地仙、医药，都不相信了。身处这样的乱世，银钱愈少，就愈可以免除祸害；用度愈省，就愈可以养得福气。你们兄弟侍奉母亲，除了"劳"字、"俭"字之外，别无其他安身之法。我正处此军事极其危急之时，再将此二字叮嘱一遍，此外也别无遗训之类的话了，你们可以禀告诸位叔父以及你们的母亲，不要忘了我说的话。

人生惟有常是第一美德

谕纪泽　同治元年四月初四日

【导读】

曾国藩表扬其子，家中琐事繁多，仍旧坚持学业常课，并强调"人生惟有常是第一美德",比如他自己练习写字,朝朝摹写,渐入新境。故而要求其子注意言语要迟钝些,举止要稳重些,看书要深入些,这三件事要下苦功夫,持之以恒,自然精进。最后提及军情,鲍超、曾国荃、曾国葆三军节节胜利,但也要求稳慎图之,不敢骄矜。

字谕纪泽儿:

连接尔十四、二十二日在省城所发禀,知二女在陈家,门庭雍睦[1],衣食有资,不胜欣慰。

尔累月[2]奔驰酬应,犹能不失常课,当可日进无已。人生惟有常是第一美德。余早年于作字一道,亦尝苦思力索,终无所成。近日朝朝摹写,久不间断,遂觉月异而岁不同。可见年无分老少,事无分难易,但行之有恒,自如种树畜养,日见其大而不觉耳。

尔之短处在言语欠钝讷[3],举止欠端重,看书能深入而作文不能峥嵘[4]。若能从此三事上下一番苦工,进之以猛,持之以恒,不过一二年,自尔[5]精进而不觉。言语迟钝,举止端重,则德进矣。作文有峥嵘雄快之气,则业进矣。

尔前作诗,差有端绪,近亦常作否?李、杜、韩、苏四家之七古,惊心动魄,曾涉猎及之否?

此间军事,近日极得手。鲍军连克青阳、石埭、太平、泾县四城。沅叔连克巢县、和州、含山三城暨铜城闸、雍家镇、裕溪口、西梁山四隘。满叔连克繁昌、南陵二城暨鲁港一隘。现仍稳慎图之,不敢骄矜。

余近日疮癣大发,与去年九十月相等。公事丛集,竟日忙冗,尚多积阁之件。所幸饮食如常,每夜安眠或二更、三更之久,不似往昔彻夜不寐,家中可以放心。此信并呈澄叔一阅,不另致也。

涤生手示

【注】

[1] 雍睦：即雍穆。和睦，和好。

[2] 累月：多月；接连几月。

[3] 钝讷：迟钝、木讷。

[4] 峥嵘：原形容山势的高峻突兀，后引申为出众、特出。

[5] 自尔：自然。

【译】

字谕纪泽儿：

连接收到你十四、二十二日在省城所发出的信，知道二女儿在陈家，能与全家人和睦相处，衣食也有了依靠，非常欣慰。

你整个月都在奔走酬应，还能不放弃日常的功课，应当可以日日进步不止了。人生只有"有常"才是第一美德。我早年在写字这一方面，也曾经苦思力索，终究无所成就。近来每天都在临摹写字，许久都不曾间断，就觉得日新月异，每年都有不同的境界。可见年龄不分老少，事情不分难易，只要持之以恒，自然就如种树木与养牲畜一样，每日其实都在看到它们长大，然而却不会觉察了。

你的短处在于言语上缺了迟钝、木讷，举止上缺了端庄、稳重，看书能够深入，然而写作文章却不能出众、特出。如能够从这三件事上头下一番苦功，以迅猛的姿态去进取一番，再加上持之以恒的努力，不超过一两年，自然也会精进几层而不会觉察了。言语迟钝，举止端重，那么德行上就能进步了。写作文章有了峥嵘雄快之气，那么学业上就能进步了。

你之前所作的诗，已经有点头绪了，近来也经常写作吗？李、杜、韩、苏四家的七言古诗，其中多有惊心动魄之气象，曾经涉猎这些吗？

这边的军事情形，近几日极为得手。鲍超军接连攻克了青阳、石埭、太平、泾县四城。你沅叔接连攻克了巢县、和州、含山三城，以及铜城闸、雍家镇、裕溪口、西梁山四个关隘。你满叔接连攻克繁昌、南陵二城以及鲁港一个关隘。现在仍求稳妥、慎重地进行下一步的图谋，不敢骄傲。

我近几日的疮癣又有大的发作，与去年的九十月间差不多。公事堆集，整日忙个没完，还有许多积压、耽搁的文件。所幸的是饮食如常，每夜也能安眠到二更、三更之久，不像以前那样彻夜不能睡着，家中可以放心。此信一并呈给你澄叔一阅，不再另外写信给他了。

涤生手示

欲求变化气质，先立坚卓之志

谕纪泽纪鸿　同治元年四月二十四日

【导读】

　　曾纪泽写字薄弱、不坚劲，故还需要从"厚重"二字用功。字质与体质相关，而欲求变化气质，唯有读书；而求变化，则必须先立坚卓之志。于是曾国藩现身说法，举例自己道光二十二年的立志戒烟、近五年的立志有恒，以此二端来引导其子，很有说服力。

字谕纪泽、纪鸿儿：

　　今日专人送家信，甫[1]经成行，又接王辉四等带来四月初十之信，尔与澄叔各一件，藉悉一切。

　　尔近来写字，总失之薄弱，骨力不坚劲，墨气不丰腴[2]，与尔身体向来"轻"字之弊，正是一路毛病。尔当用油纸摹颜字之《郭家庙》、柳字之《琅邪碑》《玄秘塔》，以药其病。日日留心，专从"厚重"二字上用工。否则字质太薄，即体质亦因之更轻矣。

　　人之气质，由于天生，本难改变，惟读书则可变化气质。古之精相法〈者〉，并言读书可以变换骨相[3]。欲求变之之法，总须先立坚卓之志。即以余生平言之，三十岁前最好吃烟，片刻不离，至道光壬寅十一月二十一日立志戒烟，至今不再吃。四十六岁以前作事无恒，近五年深以为戒，现在大小事均尚有恒。即此二端，可见无事不可变也。尔于"厚重"二字，须立志变改。古称金丹换骨[4]，余谓立志即丹也。

满叔四信偶忘送，故特由驲[5]补发。此嘱。

涤生示

【注】

[1] 甫：刚刚。

[2] 丰腴（yú）：丰满、肥胖。

[3] 骨相：骨骼相貌。古人以为人的贵贱由骨相决定。

[4] 金丹换骨：古人相信服用道教的金丹，可以脱胎换骨、长生不死。后比喻某方面的造诣极深之后，达到新的境界。

[5] 驲（rì）：本指古代驿站专用的车，后指驿马或驿站。

【译】

字谕纪泽、纪鸿儿：

今日专门送家信的人，刚刚要起程，又接到了王辉四等人带来的四月初十的信，你与澄叔各有一件，借此得悉家中的一切。

你近来写字，还是失之薄弱，骨力不够坚劲，墨气不够丰腴，与你的身体向来有着"轻"字之弊，正好是一路的毛病。你应当用油纸摹写颜体字的《郭家庙》、柳体字的《琅邪碑》《玄秘塔》，用以治疗你写字上的毛病。日日都要留心，专门从"厚重"二字上去用功夫。否则字质太薄，也就会使得体质也因此而更加轻了。

人的气质，由于天生，本来难以改变，唯独读书则可以变化气质。古代精通看相之法的人，都说读书可以变换骨相。想要寻求改变气质的方法，总要先去树立一个坚定而卓越的志向。就以我的生平来说，三十岁之前最喜好抽旱烟，片刻都不离烟枪，到了道光壬寅年的十一月二十一日立志戒烟，至今都不再抽了。我四十六岁以前做事没有恒心，近五年来深以为戒，现在大小事情都能够较有恒心了。就这两点，可见没有什么事情是不可以改变的。你对于"厚重"二字，必须树立志向去变化改正。古人称金丹换骨，我要说立志就是金丹！

满叔的四封信偶然忘记送了，所以特意通过驿站补发。此嘱。

涤生示

贺纪鸿县试首选，嘱勿沾染富贵习气

谕纪鸿　同治元年五月二十七日

【导读】

小儿子曾纪鸿参加县学的考试，被列为首选，且各场次的文章都写得不错，曾国藩先表示欣慰，再提出几点要求。首先就是在城市繁华之地，不可外出频繁父友应酬，勿沾染富贵习气；其次，今年不必参加乡试，继续修炼功夫；最后，注意作诗的平仄、作文的抬头等细节。

字谕纪鸿儿：

前闻尔县试[1]幸列首选，为之欣慰。所寄各场文章，亦皆清润[2]大方。昨接易芝生[3]先生十三日信，知尔已到省。城市繁华之地，尔宜在寓中静坐，不可出外游戏征逐[4]。兹余函商郭意城[5]先生，在于东征局[6]兑银四百两，交尔在省为进学[7]之用。（如郭不在省，尔将此信至易芝生先生处借银亦可。）印卷之费，向例两学及学书共三分，尔每分宜送钱百千。[8]邓寅师处谢礼百两，邓十世兄处送银十两，助渠买书之资。余银数十两，为尔零用及略添衣物之需。

凡世家子弟，衣食起居，无一不与寒士相同，庶可以成大器；若沾染富贵气习，则难望有成。吾忝为将相，而所有衣服不值三百金。愿尔等常守此俭朴之风，亦惜福之道也。其照例应用之钱，不宜过啬。（谢廪保[9]二十千，赏号亦略丰。）谒圣[10]后，拜客数家，即行归里。今年不必乡试，一则尔工夫尚早，二则恐体弱难耐劳也。此谕。

涤生手示

再，尔县考诗，有错平仄[11]者。头场（末句"移"）；二场（三句"禁"，仄声用者，禁止、禁戒也；平声用者，犹云受不住也，谚云"禁不起"）；三场（四句"节俭仁惠崇"系倒写否？十句"逸"仄声）；五场（九十句失粘[12]）。过院考[13]时，务将平仄一一检点，如有记不真者，则另换一字。抬头[14]处亦宜细心。再谕。

【注】

[1] 县试：童生考县学生员的考试，考中即秀才，由县官主持，儒学署教官监试，一般考五场，每场一天，当场交卷。考试内容有四书文、试帖诗、五经文、策论等。

[2] 清润：清新、圆润。

[3] 易芝生：即易良翰，曾家的姻亲兼塾师。

[4] 征逐：指朋友频繁交往、相互宴请。

[5] 郭意城：即郭崑焘。

[6] 东征局：为湘军东征筹集饷银而设置的办事机构。

[7] 进学：童生县试考中，被录取后进入县学读书。

[8] 印卷：本指考试时答题纸的成本费，也指感谢相关人员的费用。两学：即府、县两学。学书：当指学政署相关人员。

[9] 廪保：初次参加科举考试，试前须办"廪保"手续，即要有廪生的保举。

[10] 谒圣：考取秀才后，披红簪花，由教官率领到县学宫的孔庙行礼，拜谒孔子。

[11] 平仄：格律诗讲求声调的平仄，每句各字有不同的平声、仄声要求。

[12] 失粘：写作诗时平仄失误，声韵不相粘之谓。

[13] 院考：由各省学政主持的童试。

[14] 抬头：古代书信、公文的行文，每遇尊长或对方姓名，要有抬头，以示尊敬。如空抬，即空一格再写；平抬，换一行再写。

【译】

字谕纪鸿儿：

先前听说你参加县试，幸运地被列为第一名，为你感到欣慰。所寄来的你各场考试的文章，也都写得清新、圆润、大方。昨天接到易芝生（易良翰）先生十三日的信，知道你已经到达省城长沙。城市是繁华之地，你应当在寓所中静坐，不可以出外参加朋友们的宴请玩乐。现在我写信给郭意城（郭崑焘）先生，商量在东征局当中兑现银子四百两，作为你在省城时进学成为生员所需的相关用度。（如果郭不在省城，你也可以将此信交到易芝生先生那里去借银子。）印卷等所需要的花费，向来的惯例都是府、县两学以及学政署三处共计三份，你每份应当送铜钱一百千。邓寅皆（邓汪琼）先生处的谢礼一百两，邓十世兄处送银子十两，作为帮助他买书的费用。其余的银子数十两，作为你的零用以及略微增添点衣物的需要。

凡是世家子弟，衣食起居，无一不应该与贫寒之士相同，或许可以成就大器；若是沾染了富贵人家的气习，那就难以期望有什么成就了。我有幸成为将相，然而所有的衣服加一起也不值三百两银子。但愿你们能够长远地守住这种俭朴的家风，这也是惜福之道啊！其他照例应用的钱，不宜过分吝啬（酬谢廪保的铜钱二十千，其他的赏谢也要略丰厚些）。谒圣之后，再拜几家客，就出发回家去吧。今年不必参加乡试，一是因为就你的考试功夫而言尚早，二是因为担心你身体较弱而难以耐劳。此谕。

涤生手示

另外，你县考所写的诗，有错了平仄的地方。头场（末句的"移"字）；二场（三句的"禁"字，作仄声用的，表示禁止、禁戒的意思；作平声用的，才是受不住的意思，也就是谚语说的"禁不起"）；三场（四句"节俭仁惠崇"是不是倒写了？十句的"逸"字是仄声）；五场（九十句失粘）。在经过院考的时候，务必将平仄一一检查清点过，如果有记不清楚的字，那就另外换一个字。抬头之处也应当更加细心。再谕。

蒙恩封侯寸心不安，世家子弟力去傲惰

谕纪鸿　同治三年七月初九日

【导读】

告知曾纪鸿以及家人，蒙恩封侯一事，因是借助他人之力而获得上方之赏，故感寸心不安。同时告诫儿子：世家子弟，门第过盛，万目所属，更当注意"谦、谨"二字，并力去"傲、惰"二弊。前往省城长沙参加科举，则不可与州县官员往来，不可送条子，此所谓"进身之始，务知自重"也。

字谕纪鸿：

自尔起行后，南风甚多，此五日内却是东北风，不知尔已至岳州[1]否？

余以二十五日至金陵，沅叔病已痊愈。二十八日戮洪秀全之尸，初六日将伪忠王正法。初八日接富将军[2]咨，余蒙恩封侯，沅叔封伯。余所发之折，批旨尚未接到，不知同事诸公得何懋赏[3]，然得五等[4]者甚少。余借人之力以窃上赏，寸心不安之至。

尔在外以"谦、谨"二字为主，世家子弟，门第过盛，万目所属。临行时，教以"三戒"之首、末二条，及力去"傲、惰"二弊，当已牢记之矣。场前[5]不可与州县来往，不可送条子，进身[6]之始，务知自重。酷热，尤须保养身体。此嘱。

【注】

　[1]岳州：即岳阳。

　[2]富将军：指富明安，时任江宁将军。

　[3]懋赏：褒美奖赏。

　[4]五等：即公、侯、伯、子、男五等爵位。

　[5]场前：科举考试入场之前。

　[6]进身：被录用或提升。

字谕纪鸿：

　　自从你出发之后，南风很多，此地在五日之内却都是东北风，不知道你已经到达岳阳了吗？

　　我在二十五日到达金陵，你沅叔的病已经痊愈了。二十八日，戮了洪秀全的尸首，初六日将伪忠王（李秀成）正法了。初八日接到富将军（富明安）的咨文，我蒙皇恩封了侯，你沅叔封了伯。我所发出的奏折，批复的圣旨还没有接到，不知同事的诸位会得到什么样的褒奖与赏赐？然而能得到五等爵位的很少。我借了他人之力方才窃得了上等的恩赏，内心真是不安之至。

　　你在外面，要以"谦、谨"二字为主，世家子弟，门第太过兴盛，正是万目所属的焦点。临行之时，我教你的"三戒"的首、末二条，以及尽力除去"傲、惰"这二弊，应当已经牢记了吧？进入考场之前，不可以与州县的官员有所来往，不可以送条子，这是你科举进身的开始，务必知道自重。天气酷热，尤其需要保养身体。此嘱。

以勤、俭自省警惕，以谦、慎待人接物

　　　　谕纪泽纪鸿　同治四年闰五月初九日

【导读】

　　曾国藩奉旨平定捻军之乱，从江苏扬州的邵伯镇开拔，到了清江浦，当时三股捻军集中于安徽北部，英翰在亳州雉河集的军营被围，易开俊在蒙城也是两面受敌。于是只能等另外的水、陆两军赶过去，然后曾国藩再到徐州指挥战局。两个儿子在家侍奉母亲，于是曾国藩便强调，世家大族，必须以"勤、俭"二字自省警惕，以"谦、慎"二字待人接物，至于妇女则尤当戒奢戒逸。

字谕纪泽、纪鸿儿：

　　余于初四日自邵伯开行后，初八日至清江浦。闻捻匪张、

任、牛[1]三股并至蒙、亳一带，英方伯[2]雉河集营被围，易开俊[3]在蒙城，亦两面皆贼，粮路难通。余商昌岐[4]带水师，由洪泽湖至临淮，而自留此待罗、刘旱队至[5]，乃赴徐州。

尔等奉母在寓，总以"勤、俭"二字自惕，而接物出以谦、慎。凡世家之不勤不俭者，验之于内眷而毕露。余在家深以妇女之奢、逸为虑，尔二人立志撑持门户，亦宜自端内教[6]始也。余身尚安，癣略甚耳。

涤生手示

【注】

[1]张、任、牛：指捻军首领张宗禹、任柱、牛洛红。

[2]英方伯：即英翰，字西林，时任安徽布政使，故称"方伯"。

[3]易开俊：湘军将领，时任寿春镇总兵。

[4]昌岐：即黄翼升，字昌岐，湖南湘乡人，时任长江水师提督。后平捻军有功，加云骑尉世职，三等男爵。终加尚书衔。

[5]罗、刘：指江苏即补道罗麓森、皖南镇总兵刘松山。旱队：陆军。

[6]内教：女教，对家中内眷也即妇女的教育。

【译】

字谕纪泽、纪鸿儿：

我在初四日从邵伯镇开始出发之后，初八日到了清江浦。听说捻匪张宗禹、任柱、牛洛红这三股一起到了蒙城、亳州一带，英方伯（英翰）在雉河集的营被包围，易开俊在蒙城，也是两面都有贼军，送粮道路也难通了。我与昌岐（黄翼升）商量带领水师，由洪泽湖到临淮，而后我自己就留在那边等待罗麓森、刘松山的陆军赶到，然后再赶赴徐州。

你们侍奉母亲在寓所，总要以"勤、俭"二字自我警惕，而待人接物则要注意谦、慎。凡是世家子弟，不勤、不俭的人，从内眷的表现上查验，就可以看出来了。我在家的时候，深以妇女们的奢侈、安逸为忧虑，你们二人立志支撑、主持门户，也应当从对妇女们进行端正的内教开始。我的身体还算安康，癣疾略微有点严重了。

涤生手示

勤、俭、刚、明、忠、恕、谦、浑八德

谕纪泽纪鸿　同治五年三月十四日

【导读】

刘于纪泽、纪鸿兄弟，曾国藩有总的要求，即有"谦谨气象"，不可有仕宦人家的架子，不可自以为清介而生出傲慢、怠惰来了。曾国藩提出为人之"勤、俭、刚、明、忠、恕、谦、浑"八德，要二子体会其中奥妙。对于纪泽来说，聪颖太过，有点过于玲珑剔透的感觉，则当在"浑"字上用功夫，这一感觉则与晚年曾国藩的官场经验有关；纪鸿则有些公子哥习气，所以要求在"勤"字上用功，然而勤习亦当讲求趣味，而不是一味地拘束、清苦。

字谕纪泽、纪鸿：

顷据探报，张逆[1]业已回窜，似有返豫之意。其任、赖一股锐意来东[2]，已过汴梁，顷探亦有改窜西路之意。如果齐省[3]一律肃清，余仍当赴周家口以践前言。

雪琴[4]之坐船已送到否？三月十七果成行否？沿途州县有送迎者，除不受礼物酒席外，尔兄弟遇之，须有一种谦谨气象，勿恃其清介[5]而生傲惰也。

余近年默省之"勤、俭、刚、明、忠、恕、谦、浑"八德，曾为泽儿言之，宜转告与鸿儿，就中[6]能体会一二字，便有日进之象。泽儿天质聪颖，但嫌过于玲珑剔透[7]，宜从"浑"字上用些工夫。鸿儿则从"勤"字上用些工夫，用工不可拘苦，须探讨些趣味出来。

余身体平安，告尔母放心。此嘱。（济宁州）

【注】

[1] 张逆：指此前窜入陕西境内的捻军张宗禹部。

[2] 东：指山东。

[3] 齐省：也指山东。

[4] 雪琴：即彭玉麟，字雪琴，祖籍湖南衡阳，生于安庆，湘军水师统帅，官至两江总督兼南洋通商大臣、兵部尚书。

[5] 清介：清正耿介。

[6] 就中：从中，其中。

[7] 玲珑剔透：器物的精致细巧。比喻人的聪明伶俐。

【译】

字谕纪泽、纪鸿：

刚刚据探子来报，张逆（张宗禹）现在已经回窜，似乎有返回河南的意思。其他的任柱、赖汶光这一股，原本正一心要来山东，已经过了汴梁，刚刚又探得消息，也有改道而窜向西路的意思。如果山东省内的捻军一律肃清了，我仍旧应当赶赴周家口，以实践此前的计划。

雪琴（彭玉麟）的坐船已经送到了吗？三月十七日你们果然成行了吗？沿途的州县如果有人前来送迎的，除了不接受礼物、酒席之外，你们兄弟遇到他们，必须要有一种谦虚、恭谨的气象，不恃着自己的清介而生出傲气、惰气来了。

我近几年默默思考，"勤、俭、刚、明、忠、恕、谦、浑"这八德，曾经为泽儿讲过，也适宜转告给鸿儿，从中能够体会一两个字，便会有日日进步的气象。泽儿天质聪颖，但是过于玲珑剔透，应当从"浑"字上头多用一些功夫。鸿儿则要从"勤"字上头多用一些功夫，用功读书也不可以太过拘束、苦闷，必须探讨得一些趣味出来。

我的身体平安，告知你母亲放心。此嘱。（济宁州）

禀气太清则当求志趣高坚、襟怀闲远

谕纪泽　同治六年三月二十八日

【导读】

刚为纪鸿的天花之病而心焦，又接到鲍春霆（超）病重的消息，还有左帅（左宗棠）秘密弹劾李次青（元度），左宗棠奏请沈幼丹（葆桢）督办福州轮船厂被坚辞等。告知纪泽，虽然左、沈二人以怨报德，然而应当克去褊心忮心，不得有丝毫意见。说到不可妄生意气，则指出纪泽的禀气太清，也即太轻，不厚不刚，有着"柔""刻"等毛病。如何变化气质呢？曾国藩的办法很多，一个就是在名字上做文章，改字"劼刚"，即他人称呼其字的时候，便提醒其要"刚"起来；另一个就是读诗，读陆游之诗，导以"闲适之抱"。

字谕纪泽儿：

接尔三月十一日省城发禀，具悉一切。鸿儿出痘，余两次详信告知家中。此六日尤为平顺，兹抄六日日记寄沅叔转寄湘乡，俾全家放心。余忧患之余，每闻危险之事，寸心如沸汤浇灼[1]。鸿儿病痊后，又以鄂省贼久踞臼口、天门，春霆病势甚重，焦虑之至。

尔信中述左帅密劾次青，又与鸿儿信言闽中谣歌之事，恐均不确。余闻少泉言及闽绅公禀留左帅，幼丹实不与闻。特因官阶最大，列渠首衔。左帅奏请幼丹督办轮船厂务，幼已坚辞，见诸廷寄矣。余于左、沈二公之以怨报德[2]，此中诚不能无芥蒂[3]，然老年笃畏天命[4]，力求克去褊心忮心[5]。尔辈少年，尤不宜妄生意气，于二公但不通闻问[6]而已，此外着不得丝毫意见。切记，切记。

尔禀气太清。清则易柔，惟志趣高坚，则可变柔为刚；清则易刻，惟襟怀闲远，则可化刻为厚。余字汝曰劼刚，恐其稍涉柔弱也。教汝读书须具大量，看陆诗以导闲适之抱，恐其稍涉刻薄也。尔天性淡于荣利，再从此二事用功，则终身受用不尽矣。

鸿儿全数复元。端午后当遣之回湘。此信呈澄叔一阅，不另具。

涤生手示

【注】

〔1〕沸汤浇灼：热水淋漓而焦灼之状。

〔2〕以怨报德：即恩将仇报。左宗棠、沈葆桢都曾受曾国藩的举荐却不知感恩，左宗棠曾指责曾氏兄弟金陵城破时虚报军功等，沈葆桢则在江西巡抚任上与曾争夺厘金等，二人都与曾国藩有过意气之争。

〔3〕芥蒂：心中的怨恨。

〔4〕笃畏天命：君子"畏天命、畏大人、畏圣人之言"，语出《论语·季氏》，曾国藩到晚年则特别畏天命了。

〔5〕褊（biǎn）心：心胸狭窄。忮（zhì）心：嫉恨、妒忌之心。

〔6〕不通闻问：不通音信，不相往来。

【译】

字谕纪泽儿：

接到你三月十一日省城发出的信，知晓了一切。鸿儿出水痘，我两次详细写信告知家中了。这六日更加平安、顺利，现在抄出这六日的日记寄给你沅叔转寄回湖南，好让全家人放心。我在忧患之余，每当听说危险的事情，内心就如同沸汤浇灼一般。鸿儿病痊之后，又因为湖北省内的贼军长久盘踞在臼口、天门，春霆（鲍超）的病势又很重，焦虑得更加厉害了。

你在信中说到左帅（左宗棠）秘密弹劾次青（李元度），又在写给鸿儿的信中说到闽中的谣歌之事，恐怕都不太准确。我听少泉（李鸿章）说到闽中的士绅们写信挽留左帅（左宗棠），幼丹（沈葆桢）

确实不曾听说。只是因为官阶最大，将他列在首衔了。左帅（左宗棠）奏请幼丹（沈葆桢）督办轮船厂的事务，幼（沈葆桢）已经坚决请辞，事情见于廷寄了。我对于左、沈二公的以怨报德，心中诚然不能毫无芥蒂，但是老年人应当笃实地敬畏天命，力求克去狭隘之心、嫉妒之心。你们这一代的少年，尤其不应该妄生意气，对于此二公只是不通音信而已，此外都着不得有丝毫意见。切记，切记！

你的天赋之气太清。清就容易导致柔弱，唯有志趣高坚，方才可以变柔为刚；清就容易导致刻薄，只有襟怀闲远，方才可以化刻为厚。我给你取字为"劼刚"，就是担心你稍有涉于柔弱了。教你读书必须要有大量，常看陆游的诗用以导向闲适的怀抱，也是担心你稍有涉于刻薄了。你的天性淡于名利，再从这两个方面用功，那就终身受用不尽了。

鸿儿完全复原了。端午节后应当让他回到湖南。这封信呈给你澄叔一阅，不另外写信了。

涤生手示

遗嘱：不忮不求，勤俭孝友

谕纪泽纪鸿　同治九年六月初四日

【导读】

此信写于即将往天津，处理该年五月二十三日发生的"天津教案"之时，曾国藩老病之躯，不吝一死，故提前交代后事，同时也较为详细地总结自己的一生，并给予子女最后的训诫：不忮不求，勤俭孝友。

遗体与遗物的处理，遗体回籍的路线都考虑到了，遗物主要就是书籍与书箱，大部分焚毁或送人，小部分带回家；至于遗稿，奏折有军情、政务等值得收藏，但不可轻易刊刻，一生所作古文，即特别努力的一面，因觉得粗陋故也不要刻集送人。

所谓不忮不求，这是从个人的修身角度而言，"克治"内心之病，"忮"则嫉贤害能、妒功争宠；"求"则贪图名利、患得患失。然而从家族之兴旺发达而言，最为重要的则是"勤""俭"与"孝友"，克勤克俭是兴家的基础，孝友则是家族永葆祥瑞的基础。曾国藩总结自己一生，以"勤""俭"教人且毕生自勉；然而就家族而言则还有遗憾，比如曾国华、曾国葆二弟之死，故希望子女善待叔父母以及堂兄弟，从"孝友"二字切实讲求。

余即日前赴天津，查办殴毙洋人、焚毁教堂一案。外国性情凶悍，津民习气浮嚣，俱难和协，将来构怨兴兵，恐致激成大变。余此行反复筹思，殊无良策。余自咸丰三年募勇以来，即自誓效命疆场，今老年病躯，危难之际，断不肯吝于一死，以自负其初心。恐邂逅及难[1]，而尔等诸事无所禀承，兹略示一二，以备不虞[2]。

余若长逝，灵柩自以由运河搬回江南归湘为便。中间虽有临清至张秋一节须改陆路，较之全行陆路者差易。去年由海船送来之书籍、木器等过于繁重，断不可全行带回，须细心分别去留。可送者分送，可毁者焚毁，其必不可弃者，乃行带归，毋贪琐物而花途费。其在保定自制之木器，全行分送。沿途谢绝一切，概不收礼，但水陆略求兵勇护送而已。

余历年奏折，令胥吏择要抄录，今已抄一多半，自须全行择抄。抄毕后存之家中，留于子孙观览，不可发刻[3]送人，以其间可存者绝少也。

余所作古文，黎莼斋[4]抄录颇多，顷渠已照抄一分寄余处存稿。此外黎所未抄之文，寥寥无几，尤不可发刻送人。不特篇帙太少，且少壮不克努力，志亢而才不足以副之，刻出适以彰其陋耳。如有知旧[5]劝刻余集者，婉言谢之可也。切嘱，切嘱。

余生平略涉儒先[6]之书，见圣贤教人修身，千言万语，而要以不忮不求为重。忮者，嫉贤害能，妒功争宠，所谓"怠者不能修，忌者畏人修"[7]之类也。求者，贪利贪名，怀土怀惠[8]，所谓"未得患得，既得患失"之类也。忮不常见，每发露于名业相侔、势位相埒之人[9]；求不常见，每发露于货财相接、仕进相妨之际。将欲造福，先去忮心，所谓"人能充无欲害人之心，而仁不可胜用"也。将欲立品，先去求心，所谓"人能充无穿窬之心，而义不可胜用"[10]也。忮不去，满怀皆是荆棘；求不去，满腔日即卑污。余于此二者常加克治，恨尚未能扫除净尽。尔等欲心地干净，宜于此二者痛下工夫，并愿子孙世世戒之。附作《忮求诗》二首录右。

历览有国有家之兴，皆由克勤克俭所致，其衰也则反是。余生平亦颇以"勤"字自励，而实不能勤。故读书无手抄之册，居官无可存之牍。生平亦好以"俭"字教人，而自问实不能俭。今署中内外服役之人，厨房日用之数，亦云奢矣。其故由于前在军营，规模宏阔，相沿未改，近因多病，医药之资，漫无限制。由俭入奢，易于下水，由奢反俭，难于登天。在两江交卸[11]时，尚存养廉二万金。在余初意不料有此，然似此放手用去，转瞬即已立尽。尔辈以后居家，须学陆梭山[12]之法，每月用银若干两，限一成数，另封秤出。本月用毕，只准赢余，不准亏欠。衙门奢侈之习，不能不彻底痛改。余初带兵之时，立志不取军营之钱以自肥其私，今日差幸[13]不负始愿，然亦不愿子孙过于贫困，低颜求人。惟在尔辈力崇俭德，善持其后而已。

孝友为家庭之祥瑞。凡所称因果报应，他事或不尽验，独孝友则立获吉庆，反是则立获殃祸，无不验者。吾早岁久宦京师，于孝养之道多疏，后来展转兵间，多获诸弟之助，而吾毫无裨益[14]于诸弟。余兄弟姊妹各家，均有田宅之安，大抵皆九弟扶助之力。我身殁之后，尔等事两叔如父，事叔母如母，视堂兄弟如手足。凡事皆从省啬，独待诸叔之家则处处从厚，待堂兄弟以德业相劝、过失相规，期于彼此有成，为第一要义。其次则"亲之欲其贵，爱之欲其富"，常常以吉祥善事代诸昆季默为祷祝，自当神人共钦。温甫、季洪两弟之死，余内省觉有惭德[15]。澄侯、沅甫两弟渐老，余此生不审[16]能否能见。尔辈若能从"孝友"二字切实讲求，亦足为我弥缝缺憾耳。

附《忮求诗》二首：

善莫大于恕，德莫凶于妒。

妒者妾妇行，琐琐奚比数。[17]

己拙忌人能，己塞忌人遇。

己若无事功，忌人得成务。

己若无党援，忌人得多助。

势位苟相敌，畏逼又相恶。

己无好闻望，忌人文名著。

己无贤子孙，忌人后嗣裕[18]。

争名日夜奔，争利东西骛。

但期一身荣，不惜他人污。

闻灾或欣幸，闻祸或悦豫[19]。

问渠何以然，不自知其故。

尔室神来格，高明鬼所顾。

天道常好还，嫉人还自误。

幽明丛诟[20]忌，乖气相回互。

重者灾汝躬，轻亦减汝祚。

我今告后生，悚然[21]大觉寤。

终身让人道，曾不失寸步。

终身祝人善，曾不损尺布。

消除嫉妒心，普天零甘露。

家家获吉祥，我亦无恐怖。

（右不忮）

知足天地宽，贪得宇宙隘。

岂无过人姿，多欲为患害。

在约每思丰，居困常求泰。

富求千乘车，贵求万钉带。[22]

未得求速偿，既得求勿坏。

芬馨比椒兰，磐固方[23]泰岱。

求荣不知餍，志亢神愈怢。^[24]

求荣不知餍，志亢神愈怢。[24]

岁燠^[25]有时寒，日明有时晦。

时来多善缘，运去生灾怪。

诸福不可期，百殃纷来会。

片言动招尤^[26]，举足便有碍。

戚戚抱殷忧，精爽日凋瘵^[27]。

矫首望八荒，乾坤一何大！

安荣无遽欣，患难无遽憝^[28]。

君看十人中，八九无倚赖。

人穷多过我，我穷犹可耐。

而况处夷途，奚事生嗟忾？

于世少所求，俯仰有余快。

俟命^[29]堪终古，曾不愿乎外。

（右不求）

【注】

[1] 邂逅及难：意外的、仓促的遇难。

[2] 以备不虞：为了防备预料不到的变故。

[3] 发刻：编刊，刻印。

[4] 黎莼斋：黎庶昌，字莼斋，贵州遵义人，曾国藩的门人、幕僚，为曾国藩编定文集、年谱等，后来两度以道员身份出任驻日本国大臣。

[5] 知旧：知交，老友。

[6] 儒先：即先儒，道德纯粹的儒者。

[7] 怠者：懒惰懈怠的人。忌者：嫉妒别人的人。此句语出韩愈《原毁》。

[8] 怀土怀惠：指仅注重个人的利益。"君子怀德，小人怀土；君子怀刑，小人怀惠"，语出《论语·里仁》。

[9] 相侔（móu）：相等，同样。相埒（liè）：相等。

[10] 穿窬（yú）：打洞，跳墙。此句与"人能充无欲害人之心"句语出《孟子》。

[11]交卸：卸职并交付后任。

[12]陆梭山：陆九韶，字子美，号梭山，陆九渊之兄，宋代学者。

[13]差幸：还算幸运。

[14]裨益：补益。

[15]惭德：言行有缺失而感到惭愧。

[16]不审：不知道，不清楚。

[17]妾妇行：妾妇的行径。奚比数：如何相比，奚，表疑问。

[18]裕：丰富，宽绰。

[19]悦豫：喜悦，快乐。

[20]丛诟：聚集耻辱。

[21]悚（sǒng）然：害怕的样子。

[22]千乘车：一车四马为一乘，诸侯可有千乘车。万钉带：帝王赏赐的金带。

[23]方：比。

[24]餍：满足。忲（tài）：奢侈。

[25]燠（yù）：暖，热。

[26]招尤：招致怨恨。

[27]精爽：精神。凋瘵（zhài）：衰败。

[28]遽憝（jù duì）：快速败亡。

[29]俟（sì）命：听天由命。

【译】

　　我即日就前往天津，查办殴打杀死洋人、焚毁教堂一案。外国人性情凶悍，天津民众习气浮躁、嚣张，都是很难调和、协作的，将来构成更大的怨恨以至于兴兵，恐怕就会激成更大的变故。我此行之前曾反复筹划、思量，也没有什么良策。我自从咸丰三年招募兵勇以来，就已经立下誓言效命于疆场，如今年老而多病，但在此危难之际，断断不肯吝惜于一死，以至于辜负了自己的初心。恐怕遭逢意外的不测，而对你们的各项事务都还没有托付交代，现在就大略地指示一二，以备不时之需。

我如果长逝之后，灵柩自然应当先通过运河运回江南，再运回湖南较为便利。中间虽有临清至张秋一段，因故必须改为陆路，比较起全程都是陆路则还是容易很多。去年通过海运船只送来的书籍、木器等过于繁重，千万不要全部都带回去，必须细心地分别去留。可以送人的就分送他人，可以毁掉的就焚毁，其中必定不可遗弃的，方才带回去，不要贪图琐碎物件而多花了路费。其中在保定自制的木器，全部分送他人。沿途谢绝一切，也概不收礼，只是在水陆运输之时还当寻求少量的兵勇，护送而已。

找历年以来的奏折，让姓夏的小吏选择重要的加以抄录，如今已经抄完一多半了，自然还须继续加以选择抄录。抄录完毕之后存放在家中，留给子孙们观览，不可以刊刻了送人，因为其中真正值得留存的绝少。

我所写作的古文，黎莼斋（黎庶昌）抄录了许多，刚刚他已经照抄了一份，寄到我这边作为存稿。此外，黎所未抄的文章，寥寥无几，尤其不可以刊刻了送人。不只是因为篇帙太少，还因为少壮时期不够努力，志向虽然远大但才力却不足以匹配，刻出来则恰好彰显了其中的短处。如有老朋友劝你们刊刻我的文集，婉言谢绝也就可以了。切记，切记！

我生平略有涉猎先儒们的著作，见到圣贤教人修身，千言万语，而其中的旨要则以"不忮不求"为重。所谓的"忮"，嫉贤才害能人，妒功劳争宠幸，所谓"怠者不能修，忌者畏人修"（懒惰懈怠的人自己不能修身，妒忌的人害怕别人修身）就是这一类了。所谓的"求"，贪利贪名，老想着土地、实惠，所谓"未得患得，既得患失"（患得患失）就是这一类了。"忮"不常见，每每发生在名声功业相近、势力地位相等的人；"求"不常见，每每发生在货物财富相互交接、仕途进取相互妨碍的时候。想要造福社会，先要去除"忮"心，所谓"人能充无欲害人之心，而仁不可胜用"（一个人若是能够把不想害人的心加以扩充，那么仁德就用之不尽了）就是这一类了。想要树立品格，先要去除"求"心，所谓"人能充无穿窬之心，而义不可胜用"（一个人若是能够把不愿意穿墙打洞偷盗的心加以扩充，那么正义就用之不尽了）就是这一类了。"忮"如果不去除，整个心怀都是荆棘；"求"如果不去除，整个腔子都是卑污。我对于这两方面经常加以克治，就恨自己还未能彻底扫除净尽。你们想要心地干净，应当在这两方面痛下功夫，但愿子孙世世也能作为警戒。附有我所作的《忮求诗》二首，抄录在下面。

纵览历代有国有家的兴旺发达，都是因为克勤克俭所导致的，他们的衰败则正好相反了。我生平也经常以"勤"字来自我勉励，而其实不能做到真正的勤劳。所以读书而没有手抄的小册子，做官而没有值得留存的文牍。生平也喜好以"俭"字教人，而自问实在不能做到真正的俭朴。如今官署之中内外服役的人，厨房里头每日所用的钱数，也可以说比较奢侈了。其中的缘故是由于前段时间在军营，规模宏阔，相继沿袭而未有改正，近来因为多病，医药方面的资费，漫无限制。由俭而入奢，容易得好比顺流而下，由奢而反俭，困难得好比登天而上。在两江总督交卸之时，还存着养廉银二万两。而在我起初的心里，不曾意料还有这么多，然而就这样放手用去，转眼之间就已经用尽了。你们这些人以后居家过日子，必须学习陆梭山（陆九韶）的方法，每个月要用银子若干两，限定一个成数，另外封好称出。本月的用完，只准有盈余，不准有亏欠。衙门里头奢侈的习气，不得不彻底地痛加改正。我初次带兵的时候，立志不取军营之中的钱用来自肥其私，今日幸好不曾辜负了最初的心愿。当然我也不愿意子孙们过得过于贫困，低声下气地去求人。只要你们这辈人努力崇尚俭朴的美德，将来又能好好地坚持就行了。

"孝友"可以作为家庭祥瑞的象征。凡是人们常说的因果报应，其他事情或许不能完全应验，唯独在"孝友"这一点上，能够孝悌、友爱就会立即获得吉祥喜庆，反过来就立即获得灾殃祸害，无不应验。我早年长久地在京城做官，对于孝悌之道多有疏失，后来辗转在外带兵期间，多多获得了几位兄弟的帮助，然而我却毫无裨益于几位兄弟。我的兄弟姊妹各自成家，都有了田宅的依靠，大多都是九弟扶持帮助的。我去世之后，你们对待两个叔叔要像父亲一样，对待叔母要像母亲一样，将堂兄弟们看作手足。凡事都要注意节省，唯独对待几位叔叔家则处处都要从厚，对待堂兄弟要做到品德、事业相互勉励，过失相互规劝，期待于彼此都有所成就，这是第一要义。其次，亲近就希望他们显贵，爱戴就希望他们富有，常常要以吉祥的善事代诸位昆季默默地祈祷、祝福，自然就会神人共同敬重了。温甫（曾国华）、季洪（曾国葆）两个兄弟的死，我内心反省总觉得有些惭愧。澄侯（曾国潢）、沅甫（曾国荃）两个兄弟渐渐老去，我这一生不知道是否还能与他们相见？你们如果能够从"孝友"二字上头切实去讲求，也足以为我弥补缺憾了！

附《忮求诗》二首：
要说善行莫大于一个恕，要说德行莫凶于一个妒。
妒忌的人好比妾妇行径，琐琐细细真是无可比拟！
自己笨拙妒忌别人能干，自己困顿妒忌别人有遇。
自己如果没有事功可夸，妒忌别人得以多成事务。
自己如果没有朋党之援，妒忌别人得以多人相助。
势力地位假使相互匹敌，畏惧逼迫再加相互厌恶。
自己如果没有好的声望，妒忌别人文章名声昭著。
自己如果没有好的子孙，妒忌别人后人子嗣丰裕。
为了争名总在日夜奔忙，为了争利又在东西疾驰。
只想求得自己一身荣华，毫不顾惜会将他人浊污。
听闻他人得灾总觉喜庆，听闻他人有祸总觉欢愉。
你若问他为何这个样子？自己也说不知其中缘故。
其实你家神灵也曾来到，还有高明鬼怪也来光顾。
天道其实常常会有回报，嫉恨他人也在自我耽误。
幽明之间总有耻辱汇聚，乖戾之气总有回还相互。
重者灾难落在自己身上，轻者也会减了你的福寿。
如今我要告诫后生小子，悚然之间也得大有觉悟。
即便终身都为他人让路，自己不曾失去一寸之步。
即便终身都为他人祝福，自己不曾损失一尺之布。
假使人人消尽嫉妒之心，普天之下皆可降临甘露。
家家户户都能收获吉祥，我的心头也就没了恐怖。

（以上为"不忮"）

立德篇

知足就会感觉天地宽广，贪求就会感觉宇宙狭隘。
难道真的没有过人姿态？欲求多了方才成为患害。
处于简约之时总想丰富，处于困苦之时常求安泰。
富了又想再得千乘马车，贵了又想再得万钉金带。
未得之时总要快速得偿，既得之后又要不会毁坏。
芬芳的馨香要胜过椒兰，磐石的稳固要如同泰山。
谋求荣华总也不知满足，志气亢奋性情更会奢盼。
一年之中有时暖有时寒，太阳月亮有时亮有时暗。
时运好的时候多有善缘，时运差的时候常生灾害。
各种福分谁也无法预期，各种祸殃偶又纷纷而来。
一句话也动辄招致怨恨，举足之间便会有所妨碍。
戚戚然总怀抱多愁深忧，默默间又精神凋零衰败。
昂首去眺望四下与八荒，天地乾坤还是那么浩瀚！
安逸荣华不会快速欣喜，病患苦难不会快速毁坏。
若要请君看那十人之中，十有八九难免无所依赖。
总是穷的人家多过于我，我家虽穷却还可以忍耐。
何况处在平坦路途之上，又有何事还要愤恨嗟叹？
对那世上人事少些索求，俯仰之间便会多些快意。
安心等待命运或可长久，任何事情不求本分之外。

（以上为“不求”）

以慎独、主敬、求仁、习劳四条为日课

谕纪泽纪鸿　同治九年十一月初二日

【导读】

慎独、主敬、求仁、习劳四条日课，也即曾国藩所谓圣人之
道，儒家传统的修己治人之道。"慎独则心安""主敬则身强"，要
做到心底无私，以及内在的专一与外在的整齐严肃，这是儒家自
修之道的精华。"求仁则人悦""习劳则神钦"，要做到"仁民爱

物"，方能立人、达人；而要博施济众，则又必须勤劳、俭朴，为一身计、为天下计，都要习劳，不要逸乐，最终则是"勤则寿、逸则夭"，自古以来，"历历不爽"，这两条是儒家治人之道的精华所在。此四条内外夹持、推己及人，身而心、心而身，家而国而天下一以贯之的道理都讲明了，一一做去，做到几分是几分，至少也可成为俯仰不愧的君子。

一曰慎独则心安。自修之道，莫难于养心。心既知有善、知有恶，而不能实用其力，以为善去恶，则谓之自欺。方寸之自欺与否，盖他人所不及知，而己独知之。故《大学》之"诚意"章，两言慎独[1]。果能好善如好好色，恶恶如恶恶臭，力去人欲，以存天理，则《大学》之所谓"自慊[2]"，《中庸》之所谓"戒慎恐惧[3]"，皆能切实行之。即曾子之所谓"自反而缩[4]"，孟子之所谓"仰不愧""俯不怍"[5]，所谓"养心莫善于寡欲"[6]，皆不外乎是。

故能慎独，则内省不疚，可以对天地、质鬼神，断无"行有不慊于心则馁"[7]之时。人无一内愧之事，则天君[8]泰然，此心常快足宽平，是人生第一自强之道，第一寻乐之方，守身之先务也。

二曰主敬则身强。"敬"之一字，孔门持以教人，春秋士大夫亦常言之，至程、朱则千言万语不离此旨。内而专静纯一，外而整齐严肃，"敬"之工夫也；"出门如见大宾，使民如承大祭"[9]，"敬"之气象也；"修己以安百姓[10]"，"笃恭而天下平[11]"，"敬"之效验也。程子谓"上下一于恭敬，则天地自位，万物自育，气无不和，四灵毕至。聪明睿智，皆由此出。以此事天飨帝"[12]，盖谓敬则无美不备也。

吾谓"敬"字切近之效，尤在能固人肌肤之会、筋骸之束。"庄敬日强，安肆日偷"[13]，皆自然之征应。虽有衰年病躯，一遇坛庙祭献之时，战阵危急之际，亦不觉神为之悚，气为之振，斯足知"敬"能使人身强矣。若人无众寡，事无大小，一一恭敬，不敢懈慢，则身体之强健，又何疑乎？

三曰求仁则人悦。凡人之生，皆得天地之理以成性，得天地之气以成形，我与民物，其大本乃同出一源。若但知私己，而不知仁民爱物，是于大本一源之道已悖而失之矣。至于尊官厚禄，高居人上，则有拯民溺、救民饥之责。读书学古，粗知大义，即有觉后知、觉后觉之责[14]。若但知自了[15]，而不知教养庶汇[16]，是于天之所以厚我者，辜负甚大矣。

孔门教人，莫大于求仁，而其最切者，莫要于"欲立立人、欲达达人"[17]数语。立者自立不惧，如富人百物有余，不假外求；达者四达不悖，如贵人登高一呼，群山四应。人孰不欲己立、己达，若能推以立人、达人，则与物同春矣。

后世论求仁者，莫精于张子[18]之《西铭》。彼其视民胞物与[19]，宏济群伦，皆事天者性分当然之事。必如此，乃可谓之人；不如此，则曰悖德曰贼[20]。诚如其说，则虽尽立天下之人，尽达天下之人，而曾无善劳之足言，人有不悦而归之者乎？

四曰习劳则神钦。凡人之情，莫不好逸而恶劳，无论贵贱智愚老少，皆贪于逸而惮于劳，古今之所同也。人一日所着之衣、所进之食，与一日所行之事、所用之力相称，则旁人赻[21]之，鬼神许之，以为彼自食其力也。若农夫、织妇终岁勤动，以成数石之粟、数尺之布，而富贵之家终岁逸乐，不营一业，而食必珍羞，衣必锦绣，酣豢高眠[22]，一呼百诺，此天下最不平之事，鬼神所不许也，其能久乎？

古之圣君贤相，若汤之"昧旦丕显"[23]，文王"日昃不遑"[24]，周公"夜以继日坐以待旦"，盖无时不以勤劳自励。《无逸》[25]一篇，推之于勤则寿考，逸则夭亡，历历不爽。为一身计，则必操习技艺，磨炼筋骨，困知勉行，操心危虑，而后可以增智慧而长才识。为天下计，则必己饥、己溺，一夫不获，引为余辜。大禹之周乘[26]四载，过门不入，墨子之摩顶放踵[27]，以利天下，皆极俭以奉身，而极勤以救民。故荀子好称大禹、墨翟之行，以其勤劳也。

军兴以来，每见人有一材一技、能耐艰苦者，无不见用于人，见称[28]于时。其绝无材技、不惯作劳者，皆唾弃于时，饥冻就毙。故勤则寿、逸则夭，勤则有材而见用，逸则无能而见弃；勤则博济斯民而神祇钦仰，逸则无补于人而神鬼不歆[29]。是以君子欲为人神所凭依，莫大于习劳也。

余衰年多病，目疾日深，万难挽回，汝及诸侄辈身体强壮者少，古之君子修己治家，必能心安身强而后有振兴之象，必使人悦神钦而后有骈集[30]之祥。今书此四条，老年用自儆惕[31]，以补昔岁之愆[32]；并令二子各自勖勉[33]，每夜以此四条相课，每月终以此四条相稽[34]，仍寄诸侄共守，以期有成焉。

【注】

[1]两言慎独：指《大学》的"诚意"章，"故君子必慎其独也"一句两次出现。

[2]自慊（qiè）：自足，自快。

[3]戒慎恐惧：语出《中庸》"戒慎乎其所不睹，恐惧乎其所不闻"，指在看不见、听不到的状态之下也要心存敬畏。

[4]自反而缩：自我反省而无愧，语出《孟子·公孙丑上》。

[5]"仰不愧""俯不怍"：即"仰不愧于天，俯不怍于人"，语出《孟子·尽心上》。

[6]此句是说，修养人心没有比减少欲望更好的了，语出《孟子·尽心下》。

[7]此句是说，行事如果心存不满则气馁了，语出《孟子·公孙丑上》。

[8]天君：此指人心。

[9]此句是说，出门办事如同接待贵宾，役使百姓如同举行祭祀大典，要有诚敬之心。语出《论语·颜渊》。

[10]修己以安百姓：以恭敬之心修养自己从而使得百姓安乐，语出《论语·宪问》。

[11]笃恭而天下平：笃厚而恭敬自然天下就太平，语出《中庸》第三十三章。

[12]此句为程颐所说，收录于《近思录·存养》，"四灵毕

立德篇

045

至"处语句略有不同，本节大意也来自《近思录》该条。四灵：指麟、凤、龟、龙四种灵畜。事天飨帝：祭祀天地祖宗。

〔13〕此句语出《礼记·表记》。偷：苟且，怠惰。

〔14〕此句指"使先知觉后知，使先觉觉后觉也"。使先明理之人启发后明理的人，使先觉悟的人启发后觉悟的人。语出《孟子·万章上》。

〔15〕自了：只顾自己。

〔16〕庶汇：庶类，众生。

〔17〕此句指"夫仁者，己欲立而立人，己欲达而达人"。自己立住，才能扶人立起，自己腾达，才能博施济众。语出《论语·雍也》。

〔18〕张子：即张载，字子厚，陕西凤翔人，北宋理学家。

〔19〕民胞物与：即"民吾同胞，物吾与也"，是说天下的人都是我的同胞，天下的物都是我的同类，语出《西铭》。

〔20〕曰悖德曰贼：即"违曰悖德，害仁曰贼"，语出《西铭》。

〔21〕韪（wěi）：是，对。

〔22〕酣豢（huàn）高眠：此指终日吃饱喝足睡觉。

〔23〕此句是说，商汤天未亮就起来，思考如何光显德业。

〔24〕此句是说，周文王从早到晚地忙碌，没空从容吃饭。

〔25〕《无逸》：《尚书》一篇，记述周公对成王的教诲。

〔26〕周乘：周游巡视。

〔27〕摩顶放踵：从头顶到脚跟都磨伤。

〔28〕见称：受人们称赞。

〔29〕歆：飨，祭祀时神灵享用祭品与香火。

〔30〕骈集：聚集。

〔31〕儆惕：此指警觉警惕。

〔32〕愆（qiān）：罪过，过错。

〔33〕勖（xù）勉：勉励。

〔34〕相稽：此指相互查核。

【译】

一为"慎独则心安"。自我修养之道，最为困难的就是养心。心中既然知道有善、知道有恶，然而不能够实在地用自己的力量，去做好为善去恶，那么就是自欺了。方寸之心中的自欺与否，也就是他人所不能知道，而自己所独知的。所以《大学》之中的"诚意"章，两次说到"慎独"。果真能够喜好善如同喜好美好的事物，厌恶恶如同厌恶难闻的气味，努力去除自私的欲望，保存天理，那么《大学》之中所说的"自慊"，《中庸》之中所说的"戒慎恐惧"，都能够切实地做到了。也就是曾子所说的"自反而缩"，即自我反省而无所愧疚；孟子所说的"仰不愧于天""俯不怍于人"，所谓的"养心莫善于寡欲"，都不外乎是这样的意思。

所以能够慎独，那么内心反省而不会愧疚，可以面对天地、质问鬼神，一定不会有"行有不慊于心则馁"的时候。人的内心没有任何愧疚的事情，那么心灵泰然，心灵常会快活满足、宽广平和，这是人生第一重要的自强之道，第一重要的寻乐良方，也就是守护身心的首要任务了。

二为"主敬则身强"。"敬"这一个字，孔子门下用以教人，春秋时期的士大夫也经常说起，到了"二程"、朱子那么他们的千言万语都不离开这个宗旨了。内在而言主静、纯一，外在而言整齐、严肃，这些是"敬"的功夫；"出门如见大宾，使民如承大祭"，这是说"敬"的气象；"修己以安百姓""笃恭而天下平"，这是说"敬"的效验。程子说的"上下一于恭敬，则天地自位，万物自育，气无不和，四灵毕至。聪明睿智，皆由此出。以此事天飨帝"，大体就是说"敬"如果做好了，那么没有什么美好不具备了。

我说"敬"字最为贴近的功效，尤其在于能够巩固肌肤、筋骨的连接交汇之处。"庄敬日强，安肆日偷"（庄重、敬畏日愈强健，安逸、恣肆日愈怠惰），都是自然的征验、效应。虽然有着衰年的病躯，一旦遇到坛庙祭祀供奉之时，战斗布阵危急之际，也不觉神情为之震动，勇气为之振作，这也足以知道"敬"能够使得人身体强健了。如果人不分众寡，事不分大小，一一恭敬对待，而不敢松懈怠慢，那么身体的强健，又有什么可疑的呢？

三为"求仁则人悦"。凡是人的生，都是得了天地之间的理而成为人的性，得了天地之间的气而成为人的形，我与民众、万物，就其大的根本而言，本来就是同出一源。如果只是知道自己的私心，而不知道仁爱民众、万物，那就是在大本、一源的道理已经悖逆、失落了。至于说高官厚禄，高居于众人之上，就有了拯救民众的受溺、受饥的责任。读书而学习古人，粗略地知晓一些大义，就有了"使先知觉后知，使先觉觉后觉"的责任。如果只是知道自己顾自己，而不知道教养民众们，那就是对天之所以厚待于我的一种莫大的辜负了。

孔子门下教人，最为重要的就是求仁，而其中最为关键的，主要在于"欲立立人、欲达达人"这几句话。能有所立的人，自立而不会忧惧，如同富人各种物品都有余了，不需要向外索求；能够有所通达的，四面通达而不会违悖，如同贵人登高一呼，群山四应。人，谁不想要己立、己达，如果还能够推广而去使得他人有所立、有所达，那么就是与万物同春了。

后代的人讨论求仁之道的，没有比张载的《西铭》更为精炼的了。他将民众看作自己的同胞、万物看作自己的同类，大力匡救世人，他们都是侍奉天道的人，遵循人的本分所应当去做这些事情。必定如此，方才可以称为人；不如此，那么就是悖逆了仁德就是贼。诚然像他所说的，那么虽然尽力去使得天下之人有所立，尽力使得天下之人有所达，然而并没觉得有什么善行、功劳值得多说、多夸耀的，还有不高兴并且归附于他的人吗？

四为"习劳则神钦"。凡是人的情感，没有不喜好安逸而厌劳苦的，无论是贵贱、智愚、老少，都贪图于安逸而害怕于劳苦，这是古今所共同的呢！人一日所穿的衣服、所进的食物，与一日所做的事情、所用的力气如果相称，那么旁人赞同他，鬼神称许他，认为他是自食其力的人。比如，农夫、织妇终年辛勤劳动，最后只收获了数石的粟、数尺的布，但是富贵的人家终年安逸享乐，不经营任何行业，然而吃的必须是珍馐，穿的必须是锦绣，吃饱喝足睡大觉，一呼百应，这是天下最为不公平的事，鬼神所不称许的，难道能够长久吗？

古代的圣君、贤相，如汤的"昧旦丕显"，即天未亮就起来思考如何光大德业；文王"日昃不遑"，即从早到晚地忙而没空从容吃饭；

周公"夜以继日坐以待旦"，即夜晚继续着白天的工作，又坐着等待天亮，都是无时无刻不以勤劳来自我勉励的。《尚书·无逸》一篇，推论及勤劳就会长寿，安逸就会夭亡，说得清清楚楚。为了一身计，那么必须操习各种技艺，磨炼筋骨，困而知之勉而行之，用心于危机、忧虑，而后可以增长智慧与才识。为了天下计，那么必须自己有着受饥、受溺的心情，一个人不获得拯救，就以为是自己的遗憾。大禹周游巡视天下四年，过家门而不入；墨子从头顶到脚跟都受到了损伤，为了有利于天下，都是极其俭朴而奉献自身，又极其勤劳而救济民众。所以荀子喜好称颂大禹、墨翟的行为，就是因为他们的勤劳。

湘军兴起以来，每次见到人家有一才华一技能、能够耐得住艰苦的，无一不会被采用于他人，被称道于时代。至于完全没有什么才华技能、不习惯于劳作的，都被唾弃于时代，饥饿冻僵而死。所以说，勤劳就会长寿、安逸就会夭亡，勤劳就会有所长而被重用，安逸就会无所能而被抛弃；勤劳就能做到博施济众有功于世而神灵也会钦佩敬仰，安逸就会无补于人而神鬼也不愿享受香火。所以说，作为君子想要为人与神所信赖、依靠，最为重要的就是要"习劳"了。

我自己晚年多病，眼睛的疾病一日日加深，极难有所挽回，你们以及几个侄辈身体强壮的较少，古代的君子修己治家，必定能够心安泰、身体强健，然后才会有家业振兴的迹象；必定使得人能欢悦、神能钦佩，然后才有丰收聚集的祥瑞。如今书写出这四条，老年人用以自我警惕，从而弥补昔日的过失；并且让二子各自勉励，每天夜里用这四条来自我考核，每个月底又用这四条相互检查，也寄给几个侄儿共同遵守，以期将来有所成就。

养生篇

胸中不宜太苦，须活泼泼地养得一段生机，亦去恼怒之道也。既戒恼怒，又知节啬，养生之道，已尽其在我者矣。此外寿之长短，病之有无，一概听其在天，不必多生妄想去计较他。

有病不轻服药，饭后散步三千

谕纪泽　咸丰十年十二月二十四日

【导读】

　　曾纪泽身体较弱，咳嗽有痰且带咸味，这让做父亲的十分忧虑，于是谈及对医生的看法。曾国藩认为所见者多为庸医，害人者十之七，而且药能活人也能害人，故服药当谨慎，尽量不服药。他的养生理念为注意平日保养，而保养的最佳方法则是每日饭后走数千步。

字谕纪泽儿：

　　曾名琮来，接尔十一月二十五日禀，知十五、十七尚有两禀未到。尔体甚弱，咳吐咸痰，吾尤以为虑，然总不宜服药。药能活人，亦能害人。良医则活人者十之七，害人者十之三；庸医则害人者十之七，活人者十之三。余在乡在外，凡目所见者，皆庸医也。余深恐其害人，故近三年来，决计不服医生所开之方药，亦不令尔服乡医所开之方药。

　　见理极明，故言之极切，尔其[1]敬听而遵行之。每日饭后走数千步，是养生家第一秘诀。尔每餐食毕，可至唐家铺一行，或至澄叔家一行，归来大约可三千余步。三个月后，必有大效矣。

　　尔看完《后汉书》，须将《通鉴》看一遍。即将京中带回之《通鉴》，仿照余法，用笔点过[2]可也。尔走路近略重否？说话略钝否？千万留心。此谕。

涤生手示

【注】

　　[1]其：当，可，表示祈使。

　　[2]用笔点过：古代刊刻的书大多无标点，读的时候用笔点上句读。

字谕纪泽儿：

曾名琼从老家来，接到你十一月二十五日的信件，知道十五、十七两日的信还未寄到。你的身体较弱，咳嗽吐出的痰带有咸味，我很为这事担忧，然而总还是以不服药为好。药能救活人，也能伤害人。若是良医，救活人的占了十分之七，伤害人的占了十分之三；若是庸医，伤害人的占了十分之七，救活人的占了十分之三。我无论在家乡还是在外地，凡是亲眼所见的，几乎都是庸医。我深深地担心医药会伤害人，所以近三年以来，决定不服用医生所开的方药，也不想让你服用乡下医生所开的方药。

由于对道理看得极其明白，所以说起来也极其恳切，你应该恭敬地听从，然后认真地遵守。每日饭后走路数千步，这是养生家的第一秘诀。你每餐饭吃完之后，可以到唐家铺去走一圈，或者到你澄叔家去走一圈，来回一趟大约可以有三千多步。三个月之后，必定会有大的见效。

你将《后汉书》看完之后，一定要将《资治通鉴》看完一遍。立即将从京城带回家的那套《资治通鉴》，仿照我的办法，用笔圈点过一遍才好。你近来走路略有稳重点了吗？说话略有迟钝点了吗？千万留心。此谕。

涤生手示

忧惧太过似有怔忡，嘱其二子来营省视

谕纪泽　同治元年十月初四日

【导读】

此次家书，在告知家人前线的军情，此时刚刚经历了李秀成、李世贤等太平军大举反攻，故而湘军经历了一次极其危险的风波。接着曾国藩详细告知孩子，因为忧惧而身体发生的状况。忧惧太过，再加之老年人心血亏损，"似有怔忡之象"，故希望多

与儿子团聚，从而缓解病症。其中的叮嘱再三，也是难得的真情流露，且毫无矫饰，可见其为人之真，当可感动其子。

字谕纪泽儿：

旬日未接家信，不知五宅平安如常否？

此间军事，金柱关、芜湖及水师各营，已有九分稳固可靠；金陵沅叔一军，已有七分可靠；宁国鲍、张各军，尚不过五分可靠。此次风波之险，迥异寻常。余忧惧太过，似有怔忡[1]之象，每日无论有信与无信，寸心常若皇皇[2]无主。

前此专虑金陵沅、季大营或有疏失，近日金陵已稳，而忧惶战栗之象不为少减，自是老年心血亏损之症。欲尔再来营中省视，父子团聚一次。一则或可少解怔忡病症，二则尔之学问亦可稍进。或今冬起行，或明年正月起行，禀明尔母及澄叔行之。尔在此住数月归去，再令鸿儿来此一行。

寅皆先生明年定在大夫第教书，鸿儿随之受业。金二外甥[13]有志向学，尔可带之来营。余详日记中。此谕。

涤生手示

【注】

[1] 怔忡（zhēng chōng）：在中医上指心跳过于剧烈的症状，也引申为忧惧不安。

[2] 皇皇：同"惶惶"，心神不定。

[3] 金二外甥：即王镇镛，族中排行"金"二，曾国藩的二妹曾国蕙之子。

【译】

字谕纪泽儿：

一旬十天没有收到家信，不知道是否五宅平安如同往常？

这边的军事情形，金柱关、芜湖以及水师的各营，已经有了九分的稳固与可靠；金陵你沅叔的一军，已经有了七分的可靠；宁国的鲍超、张运兰各军，尚且不过五分的可靠。此次的风波之险，迥异于往常。我的内心忧惧太过，似乎有了心跳剧烈的怔忡病症，每天无论有信来或无信来，心里常常感觉惶惶无主、心神不定。

前段时间专门忧虑金陵沅、季两位的大营，或许会有疏失，近几日金陵已经稳固，然而惶恐、战栗的病象却不曾减少，这自然是人到老年心血亏损的病症。想要让你再来军营之中省亲探视，父子可以团聚一次。一则或许可以稍缓解我的怔忡病症，二则你的学问也可以稍有增进。或者今年冬天起行，或者明年正月起行，禀明你的母亲以及澄叔再启程。你在这边住上几个月回去，再让鸿儿来这边一行。

寅皆先生（邓汪琼）确定明年在大夫第教书，鸿儿随他一起过去读书受业。金二外甥有志于向学，你可以带他来军营。其余之事，我详细写在日记中。此谕。

涤生手示

告知军情与心绪之恶，并查问学业

谕纪泽纪鸿　同治元年十月二十四日

【导读】

同治元年（1862）秋，军营平安，只是曾国葆（满叔）的病情加重，不久后便去世了。此时战局又形势危急，宁国的鲍超、张运兰军粮道被阻，旌德的朱品隆军、江北的李世忠军也危机四伏。所以，两月以来曾国藩身心疲惫，情绪之恶近于咸丰八年春在家服丧、十年春祁门被围，故盼着父子一聚以纾忧郁。即便如此，他也没忘记督促子婿读书，纪泽则问其是否持重，纪鸿则问学作试帖诗，女婿袁秉桢则问其是否在家安分守己。

字谕纪泽、纪鸿儿：

日内未接家信，想五宅平安。此间军事，金陵于初五日解围，营中一切平安，惟满叔有病未愈。目下危急之处有三：一系宁国鲍、张两军粮路已断，外无援兵；一系旌德朱品隆一军被贼围扑，粮米亦缺；一系九洑洲之贼窜过北岸，恐李世忠[1]不能抵御。大约此三处者，断难幸全。

余两月以来，十分忧灼，牙疼殊甚，心绪之恶，甚于八年春在家、十年春在祁门之状。尔明年新正[2]来此，父子一叙，或可少纾[3]忧郁。

尔近日走路身体略觉厚重否？说话略觉迟钝否？鸿儿近学作试帖诗否？袁氏婿近常在家否？尔若来此，或带袁婿与金二外甥同来亦好。澄叔处未另致。

涤生手示

【注】

[1]李世忠：原名李昭寿，河南固始人。少曾为盗，后参加捻军起义，又曾投靠太平军李秀成部，降清后赐名李世忠，升至江南提督，后与陈国瑞私斗，羁居安庆时又横行不法，被清廷诛杀。

[2]新正（zhēng）：指农历的新年正月。

[3]少纾：此指稍微缓解。

【译】

字谕纪泽、纪鸿儿：

近日内未接到家信，想必五宅平安。这边的军事情况，金陵在初五日解围，营中的一切平安，只有你满叔有病还未痊愈。眼下的危急之处主要有三：一是宁国的鲍超、张运兰两军，粮路已被切断，外面又没有援兵；一是旌德的朱品隆一军被贼军包围猛扑，粮米也缺乏；一是九洑洲的贼军窜过北岸，恐怕李世忠军不能抵御。大约这三处，断断难以幸运地保全了。

我这两月以来，十分忧惧、焦灼，牙疼得厉害。心绪的恶劣，有甚于咸丰八年春天在家、咸丰十年春在祁门的状况。你明年的正月来这边，父子一起聊聊天，或许可以稍微缓解一下我内心的忧郁。

你近来走路，身体稍微觉得敦厚、稳重一些了吗？说话稍微觉得迟钝一些了吗？鸿儿近来学习写作试帖诗吗？袁家女婿近来常在家里吗？你如果来此地，或者就带上袁家女婿与金二外甥一同来也很好。你澄叔处没有另外致信。

涤生手示

纪泽桥上跌下，告诫保身为重

谕纪泽 同治二年二月二十四日

【导读】

曾纪泽从团山觜桥上跌落，于是曾氏家族协商修桥之事，曾国藩表示赞许、支持。再说保养身体，在信中强调，乡间"路窄桥孤"，曾氏子孙过桥无论是坐轿还是骑马，都要下来步行。也正因为保身为重，故要纪泽在家读书，等"风涛性定"再来军营，何况处乱世而得宽闲，莫要错过好光阴。另告知军情以及曾国潢（澄叔）不愿受貤封等事。

字谕纪泽儿：

二月二十一日在运漕行次，接尔正月二十二日、二月初三日两禀，并澄叔两信，具悉家中五宅平安。大姑母及季叔葬事，此时均当完毕。

尔在团山觜桥上跌而不伤，极幸极幸。闻尔母与澄叔之意欲修石桥，尔写禀来，由营付归可也。《礼》云："道而不径，舟而不游。"[1] 古之言孝者，专以保身为重。乡间路窄桥孤，嗣后吾家子侄凡遇过桥，无论轿、马，均须下而步行。

吾本意欲尔来营见面，因远道风波之险，不复望尔前来，且待九月霜降水落，风涛性定，再行寄谕定夺[2]。目下尔在家饱看群书，兼持门户。处乱世而得宽闲之岁月，千难万难，尔切莫错过此等好光阴也。

余以十六日自金陵开船而上，沿途阅看金柱关、东西梁山、裕溪口、运漕、无为州等处，军心均属稳固，布置亦尚妥当。惟兵力处处单薄，不知足以御贼否。余再至青阳一行，月杪[3] 即可还省。南岸近亦吃紧：广匪[4] 两股窜扑徽州，古、赖[5] 等股窜扰青阳。其志皆在直犯江西以营[6] 一饱，殊为可虑。

澄叔不愿受沅之貤封^[7]。余当寄信至京，停止此举，以成澄志。尔读书有恒，余欢慰之至。第所阅日博，亦须札记一二条，以自考证。脚步近稍稳重否？常常留心。此嘱。

涤生手示（泥汉舟次）

澄叔此次未另写信，将此禀告。

【注】

［1］此句本出《吕氏春秋》之"孝行览"引述曾子的话："父母生之，子弗敢杀。父母置之，子弗敢废。父母全之，子弗敢阙。故舟而不游，道而不径，能全支体，以守宗庙，可谓孝矣。"

［2］定夺：决定。

［3］月杪：月末，月底。

［4］广匪：指太平军，其旧部来自广东、广西。

［5］古、赖：指太平军奉王古隆贤，匡王赖文鸿。

［6］营：谋求。

［7］貤（yí）封：转赠，移授。貤，通"移"。

【译】

字谕纪泽儿：

二月二十一日在运漕的船上，接到你正月二十二日、二月初三日两信，以及你澄叔的两信，知道了家中五宅平安。你大姑母以及季叔的安葬的事，此时都应当完毕了。

你在团山觜的桥上跌了下来而没有受伤，真是极其幸运了。听说你母亲与澄叔的意思是想要修个石桥，你可以写信过来，由我从军营里寄回钱去也是可以的。《礼》之中说："道而不径，舟而不游。"古人说到孝的，专门以保养身体为重。乡间的路窄而桥少，今后我们家的子侄凡是遇到过桥的，无论坐轿、骑马，都必须下来步行。

我的本意是想让你来营中见面，因为远道而多有风波之险，不再想让你前来了，暂且等到九月霜降水落，风涛的性情稳定，再寄信给你商量定日子吧。眼下你就在家里饱览群书，再兼主持门户。处于乱世而得以有些宽闲的岁月，千难万难，你一定不要错过了此等好光阴啊！

我在十六日从金陵坐船而上，沿途视察了金柱关、东西梁山、裕溪口、运漕、无为州等地方，军心都很稳固，布置也还比较妥当。只是兵力处处都较为单薄，不知道是否足以御贼军。我再到青阳走一次，月底就可以回到省城了。南岸近来也有所吃紧：两股广东匪军窜过来进攻徽州，古（隆贤）、赖（文鸿）等股窜扰青阳。他们的目标都在直接进犯江西，以图谋一饱，我也深忧虑。

你澄叔不愿接受沅叔的转赠，我应当寄信到京里，停止此举，从而达成澄叔的志愿。你读书能够有恒心，我也是欣慰之至。只是你所阅读的书日渐增多，还必须要做上一两条札记，用以自己做点考证。你的脚步近来稍有稳重吗？常常要留心呢！此嘱。

涤生手示（泥汉舟次）

你澄叔处此次未曾另外写信，将此信禀告他。

湘勇闹饷尚无善策，嘱咐后辈夜饭不用荤

谕纪泽　同治四年闰五月十九日

【导读】

曾国藩在清江，等罗茂堂（麓森）、刘松山二军到后赶赴临淮。当时湘勇各处闹饷，让其竟日忧灼。于是过问家中酬应用钱以及妇女的纺绩常课，并嘱咐后辈夜饭不宜用荤，而肉汤炖蔬菜，则适合老年人。还要二子常阅《颜氏家训》《聪训斋语》等书。

字谕纪泽儿：

接尔十一、十五日两次安禀，具悉一切。尔母病已全愈，罗外孙亦好，慰慰。

余到清江已十一日，因刘松山未到，皖南各军闹饷[1]，故尔迟迟未发。雉河、蒙城等处，日内亦无警信。罗茂堂等今日开

行，由陆路赴临淮。余俟刘松山到后，拟于二十一日由水路赴临淮。身体平安，惟虑念湘勇闹饷，有弗戢自焚[2]之惧，竟日忧灼。蒋之纯[3]一军在湖北业已叛变，恐各处相煽，即湘乡亦难安居。思所以痛惩之之法，尚无善策。

杨见山之五十金，已函复小岑在于伊卿处致送。[4]邵世兄[5]及各处月送之款，已有一札，由伊卿长送矣。惟壬叔[6]向按季送，偶未入单。刘伯山书局撤后，再代谋一安砚之所。[7]该局何时可撤，尚无闻也。

寓中绝不酬应，计每月用钱若干。儿妇诸女，果每日纺绩有常课否？下次禀复。

吾近夜饭不用荤菜，以肉汤炖蔬菜一二种，令其烂如臡[8]，味美无比，必可以资培养。（菜不必贵，适口则足养人。）试炖与尔母食之。（星冈公好于日入时手摘鲜蔬，以供夜餐。吾当时侍食，实觉津津有味，今则加以肉汤，而味尚不逮于昔时。）后辈则夜饭不荤，专食蔬而不用肉汤，亦养生之宜，且崇俭之道也。颜黄门[9]（之推）《颜氏家训》作于乱离之世，张文端[10]（英）《聪训斋语》作于承平之世，所以教家者极精。尔兄弟各觅一册，常常阅习，则日进矣。

涤生手草（清江浦）

【注】

[1]闹饷：军队中因为拖欠饷银而引发的闹事。

[2]弗戢自焚：不知收敛则自取其祸。戢，停止。

[3]蒋之纯：蒋凝学，湖南湘乡人，湘军将领，后官至陕西布政使。

[4]杨见山：杨岘，字见山，浙江归安（今湖州吴兴区）人。小岑：欧阳兆熊，字小岑，湖南湘潭人，曾国藩友人。伊卿：潘鸿寿，字伊卿，在曾国藩幕府中负责钱粮。

[5]邵世兄：即邵懿辰之子邵顺年，字子龄。

[6]壬叔：即李善兰，字壬叔，浙江海宁人，数学家，曾国藩聘其在安庆编书局主持翻译西学书籍。

[7] 刘伯山：刘毓崧，字伯山，江苏仪征人，曾在安庆编书局任校勘。安砚之所：借指读书人的谋生之所。

[8] 臡（ní）：带骨的肉酱。

[9] 颜黄门：即颜之推，南北朝至隋初时学者，山东临沂人，官至黄门侍郎、平原太守，著有《颜氏家训》，为系统的儒家立身治家之道。

[10] 张文端：即张英，字敦复，号乐圃，谥文端，安徽桐城人，张廷玉之父，官至文华殿大学士兼礼部尚书，其家训类著作《聪训斋语》与《恒产琐言》都为曾国藩所推崇。

【译】

字谕纪泽儿：

接到你十一、十五日的两次告安的信，知晓了一切。你母亲的病已经痊愈，罗家外孙也安好，十分欣慰。

我到达清江浦已经十一日了，因为刘松山还未到，皖南的各军又有闹饷，故而才迟迟没有出发。雉河、蒙城等处这几日之内也没有什么军警的信息。罗茂堂（麓森）等人今日出发，由陆路赶赴临淮。我等刘松山到达之后，打算在二十一日由水路赶赴临淮。我身体平安，只是总想着闹饷的事，总是担心他们不知收敛而自取其祸，整日忧愁、焦灼。蒋之纯（蒋凝学）一军在湖北，现在已经叛变，恐怕各处也有相互煽动，即便在湘乡老家，也难以安居了。正在思考如何将他们痛加惩戒的方法，还没有好的策略。

杨见山（杨岘）那边的五十两银子，已经写信回复小岑（欧阳兆熊），在伊卿（潘鸿寿）那里送了。邵世兄（邵顺年）以及各处每个月要送的钱款，已经去过一封信，让伊卿一直负责送了。只有壬叔（李善兰）那边，向来是按照季度来送的，故而还没有写入那个单子。刘伯山（刘毓崧）那边的书局撤销之后，需要再代他寻求一个谋生之所。那个书局何时可以撤销，也还没有听说。

寓所之中绝对不要有酬应，计算一下每月总共用了多少钱。儿媳妇和几个女儿，果然每日都在坚持纺织方面的日课吗？下次写信来禀复。

我最近的晚饭不用荤菜，用肉汤炖蔬菜一两种，让蔬菜烂得像肉酱一样，味美无比，必定可以有助于滋补营养。（吃菜不必贵重，合口味就足以滋养人。）试着炖给你母亲吃。（祖父星冈公喜好在太阳下山的时候亲自采摘新鲜蔬菜，用以供给夜里的晚餐。我当时侍奉祖父吃的时候，确实觉得津津有味，今日则加入了肉汤，然而味道却还不如当时。）后辈则晚饭不用荤菜，专门食用蔬菜而不加肉汤，也是养生所适宜的，而且又符合崇俭之道了。颜黄门（之推）的《颜氏家训》写作于乱离的时世，张文端（英）的《聪训斋语》写作于承平的时世，这两部书中讲述的家教之法都极为精当。你们兄弟都去寻一册来，常常阅读学习，那么每日都可以进步了。

涤生手草（清江浦）

养生之道 "尽其在我，听其在天"

谕纪泽　同治四年九月初一日

【导读】

纪泽连日患病，故此信总结其养生之道。总的原则为"尽其在我，听其在天"，寿命的长短，疾病的有无，除了注意平时的保养，以及内心的坦然，也没有什么别的高招。富则戒奢，贫则节啬，节俭不只是食色之性有所约束，读书用心也当有所约束，也即凡事不可太过；养生以少恼怒为本，又不宜太过清苦，还当在心胸之中保养一段活泼泼的生机。不去求神拜佛，也不去服用药饵，因为长生不老之类都是妄想而已。

字谕纪泽儿：

三十日成鸿纲到，接尔八月十六日禀。具悉尔十一后连日患病，十六尚神倦头眩，不知近已全愈否？

吾于凡事皆守"尽其在我，听其在天"二语，即养生之道亦然。体强者，如富人因戒奢而益富；体弱者，如贫人因节啬[1]而自全。节啬非独食色之性也，即读书用心，亦宜检约，不使太过。余八本^[2]匾中，言养生以少恼怒为本。又尝教尔胸中不宜太苦，须活泼泼地养得一段生机，亦去恼怒之道也。既戒恼怒，又知节啬，养生之道，已尽其在我者矣。此外寿之长短，病之有无，一概听其在天，不必多生妄想去计较他。

凡多服药饵^[3]，求祷神祇^[4]，皆妄想也。吾于医药、祷祀等事，皆记星冈公之遗训^[5]，而稍加推阐，教示后辈。尔可常常与家中内外言之。尔今冬若回湘，不必来徐省问，徐去金陵太远也。朱金权^[6]于初十内外回金陵，欲伴尔回湘。

近日贼犯山东，余之调度，概咨少荃宫保处。澄、沅两叔信附去查阅，不须寄来矣。此嘱。

涤生手示

【注】

［1］节啬（sè）：节省，节俭。

［2］八本：曾国藩提出的处世原则：读书以训诂为本，作诗文以声调为本，养亲以得欢心为本，养生以少恼怒为本，立身以不妄语为本，治家以不晏起为本，居官以不要钱为本，行军以不扰民为本。

［3］药饵：药指膏、丹、丸、散、汤剂等，其作用在于治病；饵则分血肉品、草木品、菜蔬品、灵芝品、香料品、玉品六大类，作用在于饮食营养。

［4］神祇（qí）：神灵。祇，本指地神。

［5］星冈公之遗训：也即"三不信"："日僧巫，日地仙，日医药，皆不信也。"详见《谕纪泽纪鸿·咸丰十一年三月十三日》。

［6］朱金权：曾国藩的管家。

【译】

字谕纪泽儿：

三十日成鸿纲到了，接到你八月十六日的信。详细地知道了你十一日之后，连日患病，十六日还神情疲倦、头晕目眩，不知近几日已经痊愈了吗?

我对于所遇的事情，都坚守"尽其在我，听其在天"这两句话，即便是养生之道也一样。身体强健的人，如是富裕的人因为戒除奢侈而得以日益富裕；身体虚弱的人，如是贫穷的人因为节约、吝啬而得以自我保全。节俭并非只是在食、色之性上，即使是读书的用心，也应当检点节约，不能太过头了。我的"八本"匾之中，就说"养生以少恼怒为本"。又曾经教导你，胸中不应当太苦闷，需要活泼泼地培养一段生机，也是去除恼怒的方法了。既然戒除恼怒，又知道了节俭，养生之道，已是"尽其在我"了。此外，寿命的长短，病痛的有无，一概都应该"听其在天"，不必多生出妄想，去多加计较其他的什么了。

凡是过多地服用药饵，祈求、祷告神灵，都是妄想而已。我对于医药、祷祀等事，都记着祖父星冈公的遗训（"三不信"），而又稍加以推论、阐发，教示于后辈，你可以常常与家中内外的人说说。你今年冬天如果回湖南，不必再来徐州省亲，徐州离金陵太远了。朱金权在初十前后回到金陵，想伴随你一起回湖南。

近日贼军进犯山东，我的调度，一概以咨文发到少泉宫保（李鸿章）那里。你澄、沅两叔的信，附寄过去供查阅，不需要再寄来了。此嘱。

涤生手示

常看《聪训斋语》，莳养花竹，饱看山水

谕纪泽纪鸿　同治四年九月二十九日

【导读】

因为纪泽的肝郁之症等，故嘱咐兄弟二人常读张英（文端公）《聪训斋语》与圣祖（康熙帝）《庭训格言》，体会其中养身、择友、观物之道。为身心修养计，在家则莳养花竹，出门则饱看山水，读书也不可太过辛苦，一般半日即可，下午适宜歇息游观。儒家的修

身则强调"惩忿窒欲","惩忿"就是少恼怒,"窒欲"就是少欲求。好名好胜之心太强也是一种欲求,故应在自然界中感受天大地大,不必为一时一事之得失而恼怒、忧戚,身心方能安泰。

字谕纪泽、纪鸿儿:

二十六日接纪泽二十日排递[1]之禀,纪鸿初六日舢板带来禀件、衣书,今日派夫往接矣。李老太太[2]病势颇重,近日略愈否?深为系念。泽儿肝气痛病亦全好否?尔不应有肝郁之症。或由元气不足,诸病易生,身体本弱,用心太过。上次函示以节啬之道,用心宜约,尔曾体验否?

张文端公(英)所著《聪训斋语》,皆教子之言。其中言养身、择友、观玩山水花竹,纯是一片太和[3]生机,尔宜常常省览。鸿儿体亦单弱,亦宜常看此书。吾教尔兄弟不在多书,但以圣祖之《庭训格言》(家中尚有数本)、张公之《聪训斋语》(莫宅有之,申夫[4]又刻于安庆)二种为教,句句皆吾肺腑所欲言。

以后在家则莳[5]养花竹,出门则饱看山水,环金陵百里内外,可以遍游也。算学书切不可再看,读他书亦以半日为率[6]。未刻[7]以后,即宜歇息游观。古人以"惩忿窒欲"[8]为养生要诀。"惩忿",即吾前信所谓少恼怒也;"窒欲",即吾前信所谓知节啬也。因好名好胜而用心太过,亦欲之类也。药虽有利,害亦随之,不可轻服。切嘱。

此间派队于二十八日出剿,初一、二可以见仗。十九日折奉旨留中,暂无寄谕。尔可先告李宫保也。余不多及。

涤生手示

【注】

[1]排递:通过官府填写排单而递送的紧要公文。

[2]李老太太:指李鸿章之母。

[3]太和:阴阳会合冲和之气。

[4]申夫:李榕,字申夫,当时在曾国藩的幕府,后官至湖南布政使。

[5] 莳（shì）：栽种。

[6] 为率：此指为度。

[7] 未刻：下午的一点至三点。

[8] 惩忿窒欲：理学家的修养功夫，克制恼怒，抑止嗜欲。

【译】

字谕纪泽、纪鸿儿：

二十六日，接到纪泽二十日驿站粘了排单递送的信，纪鸿初六日通过舢板船带来的禀件、衣服、书籍，今日派勇夫前往接收去了。李老太太的病势颇重，近几日略有好转吗？深为挂念。泽儿的肝气痛病也已经全好了吗？你其实不应该有肝郁的症状。或是由于元气不足，诸病都容易生，身体本来就弱，用心又太过了。上次的信函我指示你以节啬之道，用心也应当节约，你可曾体验了吗？

张文端公（英）所著的《聪训斋语》，都是教子的话。其中说的养身、择友、游玩山水、观赏花竹，纯粹是一片太和、自然的生机，你应当常常浏览、反省。鸿儿的身体也单薄、瘦弱，也应当常常看此书。我教你们兄弟，不在于读很多书，但是要以圣祖（康熙帝）的《庭训格言》（家中还有多本）、张公的《聪训斋语》（莫友芝家有此书，李榕又重刻于安庆）两种作为教本，其中句句都如同我的肺腑之言，都是我想说的呢！

以后在家的时候，就栽种、养植花竹，出门的时候就饱看山水，环绕金陵百里内外，都可以游一遍。算学的书千万不要再看了，读点其他的书，也以半日为度。每天的未刻以后，就应当歇息、游观。古人以"惩忿窒欲"作为养生要诀，"惩忿"就是我在前一信中所谓的"少恼怒"；"窒欲"就是我在前一信中所谓的"知节啬"。因为好名好胜而用心太过，也属于欲望之类。药物虽然会有利，但是危害也会伴随着的，所以不可以轻易服药。切记嘱咐。

这边派出军队在二十八日出去围剿，初一、二日可以开始打仗。十九日的折子奉到谕旨留中，暂时没有寄到别的谕旨。你可以先去告知李宫保（李鸿章）。其余不多说了。

涤生手示

送信日程有赏有罚，《聪训斋语》有益德业养生

谕纪泽　同治四年十月初四日

【导读】

　　曾国藩待人处事，都要讲求规矩，此次遇到送信的士兵们力求宽限，于是制订课程，限九日八百里，每日仅走九十里，或早或晚则有赏有罚。再次强调纪泽、纪鸿兄弟应当细心阅读张文端公（英）《聪训斋语》，不只是对于德业有益，对于养生亦有益。

字谕纪泽儿：

　　初三夜蒋大春到，接尔二十六日早一禀。具知李老太太病已痊愈，尔病亦好，慰慰。

　　此间之贼于二十九日稍与徐郡派出之马队接仗，其夜即窜萧县，初一、二日窜又渐远，现尚不知果窜何处。各兵既力求宽限，以后即限九日，以八百里之程，每日仅走九十里，并非强人所难。仍须立一课程：早到一日赏三百，早二日赏六百；迟一日打四十，二日打八十、革去[1]。

　　张文端公《聪训斋语》兹付去二本，尔兄弟细心省览，不特于德业有益，实于养生有益。

　　余身体平安，惟精神日损，老景[2]逐增，而责任甚重，殊为悚惧。余不多及。

涤生手示

【注】

　　[1]革去：开除。

　　[2]老景：又作老境，指人到晚年的景况。

【译】

字谕纪泽儿：

　　初三夜里蒋大春到了，接到你二十六日早上的一封信。详细知晓

了李老太太的病已经痊愈，你的病也好了，很欣慰。

这边的贼军在二十九日稍有出来，与徐州郡派出的马队接仗，那日的夜里就窜到了萧县，初一、二日窜得更远，现在还不知道果然又窜到了何处。送信的士兵既然都要力求宽限，以后就限定九日，以八百里的路程，每日仅走九十里，并非强人所难。然而仍旧需要订立一个课程：早到一日赏三百，早到二日赏六百；迟到一日打四十，迟到二日打八十、革去职务。

张文端公（张英）的《聪训斋语》，现在寄去两本，你们兄弟细心浏览、反省，不但对于德业之道有益，其实对于养生之道也很有益。

我的身体平安，只是精神日渐亏损，老态逐渐增添，然而责任也日有加重，经常为之而惊悚、恐惧。其余不多涉及了。

涤生手示

养生从眠、食用功，却得自然之妙

谕纪泽纪鸿　同治五年二月二十五日

【导读】

人到老年，则更能体会《论语》"孟武伯问孝"一节说的"父母唯其疾之忧"，曾国藩也是越到晚年越在意两个儿子的体弱多病，此信主要谈了养生之法，认为应当效仿庄生（庄子）、苏东坡（轼）顺其自然之意。至于纪泽"服药而日更数方"，以及"强求发汗"则都违反了自然之妙，故而不可取，于是提出"'眠、食'二端用功"，不轻易服药。最后说到仕宦之家，常有贪恋外省、轻弃其乡里的弊病，指出应当力矫此弊，故嘱咐纪泽护送全部家眷早日还湘，不要滞留在湖北武昌曾国荃的巡抚衙门太久了。

字谕纪泽、纪鸿儿：

二十日接纪泽在清江浦、金陵所发之信。二十二日李鼎荣来，又接一信。二十四日又接尔至金陵十九日所发之信。舟行甚速，病亦大愈，为慰。

老年来始知圣人[1]教"孟武伯问孝"一节之真切。尔虽体弱多病，然只宜清静调养，不宜妄施攻治[2]。庄生云："闻在宥[3]天下，不闻治天下也。"东坡取此二语，以为养生之法。尔熟于小学，试取"在宥"二字之训诂体味一番，则知庄、苏皆有顺其自然之意。养生亦然，治天下亦然。

若服药而日更数方，无故而终年峻补，疾轻而妄施攻伐，强求发汗，则如商君[4]治秦、荆公[5]治宋，全失自然之妙。柳子厚[6]所谓"名为爱之，其实害之"，陆务观[7]所谓"天下本无事，庸人自扰之"，皆此义也。东坡《游罗浮》诗云："小儿少年有奇志，中宵起坐存《黄庭》[8]。"下一"存"字，正合庄子"在宥"二字之意。盖苏氏兄弟父子皆讲养生，窃取黄老[9]微旨，故称其子为"有奇志"。以尔之聪明，岂不能窥透此旨？余教尔从"眠、食"二端用功，看似粗浅，却得自然之妙。尔以后不轻服药，自然日就壮健矣。

余以十九日至济宁，即闻河南贼匪图窜山东，暂驻此间，不遽赴豫。贼于二十二日已入山东曹县境，余调朱星槛[10]三营来济护卫，腾出潘军[11]赴曹攻剿。须俟贼出齐境，余乃移营西行也。

尔侍母西行，宜作还里之计，不宜留连鄂中。仕宦之家，往往贪恋外省，轻弃其乡，目前之快意甚少，将来之受累甚大。吾家宜力矫此弊。余不悉。

涤生手示

李眉生[12]于二十四日到济宁相见矣。四叔、九叔寄余信二件寄阅。他人寄纪泽信四件、王成九信一件查收。

【注】

[1] 圣人：指孔子，"孟武伯问孝"一节出自《论语·为政》，该章之中孔子回答什么是孝则说"父母唯其疾之忧"，一说

是指做父母的心里总在为子女的疾病而担忧。

［2］妄施攻治：随意施加药物进行治疗，也即下文"服药而日更数方"，一药方才用不久感觉无效，便又换另一药方。

［3］在宥（yòu）：任物自在，无为而化，语出《庄子·在宥》。

［4］商君：指商鞅，辅助秦孝公变法，治理秦国使之强盛，然其法太过严苛、残酷，最后他自己也为其法所害，死于酷刑车裂。

［5］荆公：即王安石，辅助宋神宗变法，曾收到一定的成效，然而其变法部分不合时宜又执行不当，加之反对派的阻扰，其变法基本失败。

［6］柳子厚：即柳宗元。

［7］陆务观：即陆游。

［8］《黄庭》：指《黄庭经》，道家的养生之书。存《黄庭》，指其行为自然而符合道家之旨。

［9］黄老：指黄老学派，道家的早期学派之一，尊黄帝与老子为道教之祖而得名，倡导"无为""自然"。

［10］朱星槛：即朱式元，湘军将领。

［11］潘军：山东按察使潘鼎新指挥的淮军。

［12］李眉生：即李鸿裔，字眉生，号香严，四川中江人，官至江苏按察使加布政使衔、兵部主事。曾入曾国藩的幕府，与忠州（今重庆忠县）李士棻、剑州（今剑阁县）李榕并称"蜀三李"。

【译】

字谕纪泽、纪鸿儿：

二十日接到纪泽在清江浦、金陵所发出的信。二十二日李鼎荣来，又接到一信。二十四日又接到你刚到金陵的十九日那天所发出的信。船走得挺快的，你的病也大好了，欣慰！

老年以来，开始知道孔圣人教人"孟武伯问孝"一节的真切。你虽然体弱多病，然而只适宜清静地调养，不适宜妄自使用药物治疗。

庄子说："闻在宥天下，不闻治天下也。"苏东坡用这两句话，作为养生之法。你熟悉小学，试着将"在宥"二字的训诂，体会、品味一番，就会知道庄、苏都有顺其自然的意思。养生应当如此，治理天下也应当如此。

如果服药而一日更换数方，无缘无故而整年猛用补药，疾病较轻而妄用药物、强求发汗，那么就会像商君（商鞅）治理秦国、荆公（王安石）治理北宋，完全失去了顺其自然的妙处。柳子厚（柳宗元）所谓"名为爱之，其实害之"，陆务观（陆游）所谓"天下本无事，庸人自扰之"，都是这个意思了。东坡（苏轼）《游罗浮》一诗说："小儿少年有奇志，中宵起坐存《黄庭》。"用了一个"存"字，正好有合乎庄子"在宥"二字的意思。因为苏氏兄弟、父子都讲究养生，窃取了黄老家的微言大义，所以称他的儿子少年就"有奇志"。以你的聪明，难道不能窥透此中的真意吗？我教你从"眠、食"这两个方面用功，看似粗浅，其实也得了自然之妙。你以后不要轻易服药，自然一日比一日健壮了。

我在十九日到达济宁，就听说河南的贼匪企图窜入山东，暂且驻扎在这边，不会马上就赶赴河南去。贼军在二十二日已经进入山东的曹县境内，我调了朱星槛（朱式元）的三个营来济宁作护卫，腾出潘（鼎新）军赶赴曹州进攻围剿。必须等到贼军出了山东境界，我方才可以移营而西行了。

护送你母亲一路西行，应当早作回到家乡的打算，不应当流连于湖北了。官宦人家，往往贪恋外省的繁华，轻易抛弃自己的家乡，眼下得到的快意其实很少，将来所受的牵累却会很大。我家应当尽力矫正这种弊病。其余不详细说了。

涤生手示

李眉生（李鸿裔）在二十四日到济宁与我相见了。你四叔、九叔寄给我的信两件也寄到了。其他人寄给纪泽的信四件、王成九信一件也查收了。

常服党参膏，不强求发汗，不屡改药方

谕纪泽纪鸿　同治五年五月二十五日

【导读】

欧阳夫人患了"头昏泄泻"之病，曾国藩看来"阳亏脾虚"，需要"扶阳补脾"。高丽参容易导致"浮火"，即虚火上浮，辽参即东北长白山人参，则太过贵重，因此他建议服用党参，常服党参膏最为强身。曾国藩还批评纪泽求"发汗"，以及屡换药方，他认为药物的作用，有的见效快有的见效慢，有的治标有的治本，未等发生作用便换药方，会导致五脏六腑无所安命。这些看法大多还是很有道理的。

字谕纪泽、纪鸿儿：

五月十八日接泽儿四月二十八日禀函，二十一日又接初七日信各一件并诗文，具悉一切。

尔母患头昏泄泻，自是阳亏脾虚之症，宜以扶阳补脾为主。近日高丽参易照浮火，辽参贵重不可多得，不如多服党参，亦有效验而无流弊。道光二十八年，尔母在京大病，脾虚发泻，即系重服参、术、耆而愈。以大锅熬党参膏为君，每次熬十斤计。蒂村身体最强，据云不服它药，惟每年以党参二十余斤熬膏常服，日益壮盛，并劝余常服此药。

纪泽于看书等事，似有过人之聪明；而于医药等事，似又有过人之愚蠢。即如汗者，心之精液，古人以与精血并重。养生家惟恐出汗，有伤元气。泽儿则伤风初至即求发汗[1]，伤风将愈尚求大汗。屡汗，元气焉得不伤？腠理[2]焉得不疏？又如服药以达荣卫[3]，有似送信以达军营。治标病者似送百里之信，隔日乃有回信；治本病者似送三五百里之信，经旬乃有回信。泽儿则日更数方，譬之辰刻送信百里，午刻未回又换一信，酉刻未回再换一令，号令数更，军营将安所适从？方剂屡改，脏腑安所听命？

以后于己病母病宜切记此二事。即沅叔脚上湿毒，亦宜戒克伐之剂[4]，禁屡换之方。余近年学祖父星冈公夜夜洗脚，不轻服药，日见康强。尔与沅叔及诸昆弟能学之否？

宋生香先生文笔圆熟，尽可从游。鸿儿之文笔太平直，全无拄意。明年下场，深恐为同辈所笑。自六月以后，尔与纪瑞将各项工课渐停，专攻八股试帖，兼学经策。每月寄文六篇来营，断不可少。但求诗文略有可观，不使人讥尔兄弟案首[5]是送情的，则余心慰矣。常仪庵治齿方无处检寻。余不悉。

涤生手示

朱劭卿领批须院试入学后乃可放心，深为悬系。

【注】

[1]发汗：旧时一般认为伤风症状，出汗就可治愈。

[2]腠理：皮肤或肌肉的纹理。古人认为是汗液、血液等的通道。

[3]荣卫：即荣、卫二气，"荣"指血的循环，"卫"指气的周流。

[4]克伐之剂：药性猛烈，且有较多副作用的药剂。

[5]案首：指旧时童生考试，取中第一名。此处指曾纪鸿在同治元年（1862）县学考试获第一名。

【译】

字谕纪泽、纪鸿儿：

五月十八日接到泽儿四月二十八日的问安信，二十一日又接到初七日的信一件以及诗文，知晓了一切。

你们母亲患了头昏与腹泻的毛病，自然是一种阳亏脾虚的症状，应当以扶阳补脾为主。近日的高丽参容易导致浮火，辽参比较贵重所以不可多得，不如多服用一些党参，也会有所效验而没有什么流弊。道光二十八年，你们母亲在京城时生了大病，脾虚而引发腹泻，也就是多服党参、白术、黄耆（黄芪）而治愈的。用大锅熬党参膏作为君药（起主要治疗作用的药物），每次都以熬十斤计量。莤村的身体最为强健，据他说并不服用其他药物，只是每年用党参二十多斤熬成膏，经常服用，日益强壮，并且劝我也经常服用此药。

纪泽在看书等事上，似乎有着过人的聪明；然而对于医药等事，似乎又有过人的愚蠢。就比如汗液，这是人心之中的精液，古人将汗液与精液、血液并重。养生家唯恐经常出汗，而有伤元气。泽儿则一旦刚刚有点伤风，就想要发一通汗；伤风将要痊愈的时候，还想要出一身大汗。屡次出汗，元气怎么能够不伤？皮肤肌理怎么能够不疏松？又比如服药之后进入血气的循环，这与送信到达军营有些相似。对于病症起到治标作用的药物就像送一百里的信，隔日才会有回信；而起到治本作用的药物就像送三五百里的信，经过十来天才会有回信。泽儿则一日之内更换数次药方，譬如此日的辰时送出一百里外的信，午时没有得到回信就又换了一封信，酉时没有得到回信就再换一个命令，号令数次更改，军营里头又将如何适从？方剂屡次更改，五脏六腑如何听命？

以后对于自己的病、母亲的病，都应当切记不强求发汗、不屡改药方这两件事情。即便是你沅叔（曾国荃）脚上的湿毒，也应当戒用药性过猛的药剂，禁止屡次更换药方。我近年来学习你们祖父星冈公，夜夜都用热水洗脚，不去轻易服药，日见健康强壮起来了。这两条养身之道，你与沅叔以及诸位兄弟们能够学习吗？

宋生香先生的文笔圆熟，尽管跟着他交往好了。鸿儿的文笔太过平直，完全没有主导的大意。明年下考场，我很担心他会被同辈们所笑话。到了六月份以后，你与纪瑞就将其他的各项功课渐渐停下，专攻八股文、试帖诗，兼而学着写作五经文、策论。每个月寄六篇文章到军营来，千万不可少了。只求在诗文上头稍微有些可以看得过去，不让他人讥笑你们兄弟县里考试的第一名都是送人情的，那么我的心里也就欣慰了。常仪庵那个治疗牙齿痛的药方无处找寻了。其余不多说了。

涤生手示

朱劭卿是否领批一事，需要等到院试入学之后才可以放心，此事我也很为之挂念。

再讲养生之诀，知保养，宜勤劳

谕纪泽纪鸿　同治五年七月二十日

【导读】

　　曾国藩说自己衰老之态日益增添，然而坚持"诸事有恒"，比如每月写信六封，也一一介绍，不只是让其子核查，而是用作表率，借此督促儿子们当求"习勤有恒"，"家之兴衰，人之穷通"都在于勤、惰之别。比如纪鸿写信，最少半月一次；纪泽写信则要增加泛论时事或学业等。还有此前说过"养生五诀"，此次说要加上"不轻服药"，则是其家教之针对性所在。

字谕纪泽、纪鸿儿：

　　十六日寄信与沅叔，载十五日遇风舟危之状，想已到鄂。余自近三月以来，每月发家信六封：澄叔一封，专送沅叔三封，尔等二封。皆排递鄂署，均得达否？

　　在临淮住六七日，拟由怀远入涡河[1]，经蒙、亳以达周家口，中秋前必可赶到。届时沅叔若至德安，当设法至汝宁、正阳等处一会。

　　余近来衰态日增，眼光益蒙。然每日诸事有恒，未改常度。

　　尔等身体皆弱，前所示养生五诀[2]，已行之否？泽儿当添"不轻服药"一层，共六诀矣。既知保养，却宜勤劳。家之兴衰，人之穷通，皆于勤惰卜之。泽儿习勤有恒，则诸弟七八人皆学样矣。鸿儿来禀太少，以后半月写禀一次。泽儿六月初三日禀亦嫌太短，以后可泛论时事，或论学业也。此谕。

涤生手示

【注】

　　［1］涡（guō）河：淮河中游左岸一条支流，经过安徽的亳州、蒙城一带。

〔2〕养生五诀：眠食有恒、饭后散步、惩忿、节欲、睡前热水洗脚。

【译】

字谕纪泽、纪鸿儿：

十六日寄信给你沅叔，记载了十五日在船上遇到大风的危险状况，想必已经寄到湖北了。我自近三个月以来，每月发出家信六封：澄叔那里一封，专送到沅叔那里三封，你们两人那里两封。都通过排递寄到湖北的官署，都能够送达吗？

我在临淮住了六七日，准备从怀远进入涡河，经蒙城、亳州最后到达周家口，中秋之前必定可以赶到。到时候沅叔如果在德安，应当设法到汝宁、正阳等地方，二人可以一会。

我近年来衰老之态与日俱增，眼神也更加迷蒙。然而每日的各项事务都能做到有恒心，未曾改变平常的规矩法度。

你们两人身体都比较弱，前一家书所指示的"养生五诀"，已经实行了吗？泽儿应当增添"不轻服药"这一层意思，一共"六诀"了。既要知晓保养，却又应当勤劳。家庭的兴衰，人生的穷通，都可以从勤、惰当中看出来。泽儿如果能够习勤而有恒，那么七八个弟弟都可以学习榜样了。鸿儿来的信太少，以后每半月写信一次。泽儿六月初三日的信也嫌太短，以后可以泛论时事，或者泛论学业。此谕。

涤生手示

调养全在眠食，不可轻信医生危言

谕纪泽纪鸿　同治五年八月十四日

【导读】

曾纪鸿得了病，医生认为是痨病，即肺结核，但曾国藩认为不一定是此病，所谓不可轻信医生的"危言深语"，不可轻易服药。他还举例：欧阳晓岑之子欧阳功甫听了高云亭的话，始终不得效验；彭有十不听医生要大补的话，反而长寿。从自然养生的角度来看，则最适宜在眠、食二者上调养，不可郁郁寡欢，胸襟开阔，"弗药可愈"，这些说法也有其价值在。

字谕纪泽、纪鸿儿：

旬日以来接泽儿七月十五、二十四，八月初三日等禀，鸿儿八月初二日禀并诗文各二首。

余近况及八月上旬日记已于十二日寄沅叔矣。现在外病虽去，惟用心辄汗，近四日已不看书。眼蒙且疼，齿痛亦甚，盖元气亏而有虚火，且有肝郁，但平日调养得宜，不久或可复元。

鸿儿背痛微热等症，医者或即以痨病[1]目之，切不可误信危言深论，轻于服药。鹿胶[2]太滞，高丽参系硫磺水浇种，均不可轻服。昔晓岑之子功甫信高云亭深语不传之秘，终无效验。彭有十于壬子冬在余家，刘兰舟诊之，危言告余曰："若非峻补，难过明夏。"彭以无钱谢之。今兰舟已逝十年，而有十至今无恙。

凡医生危言深语，切弗轻信，尤不可轻于服药，调养工夫全在"眠食"二字上。观鸿儿此次禀信、诗文，似无病者。或聪明未开，才不能赴其所志，胸襟稍觉郁郁。或随母回湘，或来周口侍奉余侧，胸襟开扩，弗药可愈。叶亭甥[3]侍此一年，胸襟日畅，文与字均长进也。

回家馈赠，除澄叔三家从厚外，余可不必优厚。尔外祖父母宜送百金，此外辅臣公后裔各家、王氏四家、江氏三家、牧清一家、姊妹各家听尔母子商酌分送，极多者亦不过四十金耳，或请沅叔一酌。宋生香[4]处亦宜酌送脩金。尔待康侯起程，当在秋杪，计申夫八月中旬必达鄂省。彼急于回蜀，论文不能久耳。此谕。

涤生手示

【注】

[1] 痨病：中医指结核病。

[2] 鹿胶：可分为鹿皮胶和鹿角胶两类。中医认为鹿皮有"补气、涩精、敛疮"等功效。

［3］叶亭甥：王镇镛，字叶亭，曾国藩的外甥。

［4］宋生香：曾国藩幕府的一个文案，擅长作文，曾纪鸿曾向其学习。

【译】

字谕纪泽、纪鸿儿：

近十日以来接到泽儿七月十五、二十四，八月初三日等信，鸿儿八月初二日的信以及诗、文各二篇。

我近来的状况以及八月上旬的日记，已经在十二日寄给你沅叔了。现在外面的病虽然去除了，只是用心多了就会出汗，近四日已经不看书了。眼睛蒙蔽而且有些疼，牙齿痛也更严重了，大约是因为元气亏损而有虚火，而且还有肝脏的郁积，但是平日的调养还算得宜，不久或许就可以复原。

鸿儿的背痛、微热等症状，医生或许就会当作痨病来看，千万不要误信了医生的危言，进一步说就是轻信了服药。鹿胶太过黏滞，高丽参是用硫磺水浇过，都不可以轻易服用。当年晓岑（欧阳兆熊）之子功甫，信了高云亭郑重其事而说的不传之秘，终究没有效验。彭有十在壬子（咸丰二年）的冬天在我家，刘兰舟给他诊断，危言耸听地告诉我说：如果不是大补，难以度过明年夏天。彭因为没有钱而谢绝了。如今兰舟已经去世十年了，而有十却至今依旧无恙。

凡是医生的危言深语，都不可以轻易听信，尤其不可以轻易去服药，调养身体的功夫全在"眠食"二字上。看了鸿儿这次写的告安信、诗文，似乎没有什么大病。或许聪明才智未曾开启，才会不能找到自己的志愿，胸怀稍微觉得有些郁闷。或者跟随母亲回到湖南，或者来到周口侍奉在我的左右，胸怀宽广，不用药物也可以痊愈了。叶亭（王镇镛）外甥在我这边侍奉的一年里，胸襟日愈舒畅，文章与写字都有了长进。

回家之后的馈赠，除了你澄叔等三家要优厚些之外，其余可以不必优厚。你外祖父母那边应当送上一百两银子，此外辅臣公的后裔各家、王氏四家、江氏三家、牧清一家、姊妹各家，听你们母子的商量，酌情而分送，其中最多的也不过四十两就差不多了，或者请你沅叔一同商量。宋生香那处也应当酌情送上束脩礼金。你就等到健康之后再起程，应当在秋初，估计申夫（李榕）八月中旬必定会到达湖北省。他急着回到四川，跟纪鸿他们讨论八股文的写法，也不能时间长久了。此谕。

涤生手示

纪鸿迎考，用心太过，体弱生疾

谕纪泽　同治六年三月十八日

【导读】

　　曾纪鸿得病之后，曾国藩对于服药一事，多有关注，其总的原则还是不服药，因此纪鸿提出吃药太杂，停药一日则择善而从之。当时纪鸿的病症不很重，得病的主要原因则是用心太过而体弱，先滋阴后补阳，反而加重了病情，全身发红，还出了疹子，所以不如停药，或少用医药，而以养心为上。

字谕纪泽儿：

　　三月初十日罗登高来，接尔二月初六之信。十五日接二月十九日禀，具悉一切。余以初六日至金陵，初八日专差送信与澄叔，此外常有信与沅叔，不知尔常得知其详否？

　　鸿儿自今年以来长有小病，自二月二十六七以后常服清润之药。三月初八九作三文一诗，十一二日作经文五道，盖欲三四月试考二次，令五月回家乡试也。十四日作策三道，是夜即病。初意料其用心太过，体弱生疾。十五日服熟地[1]等滋阴之剂，是日竟日未起。十六日改服参、蓍、术、附等补阳之剂，不料壮热[2]大作，舌有芒刺，竟先伏有外感疫症在内。十七日改服犀角、生地等清凉之剂，亦未大效。现在遍身发红，疹子热尚未退。鸿儿之意因数日吃药太杂，自请停药一日。余向来坚持不药之说，近亦不敢力主，择众论之善者而从之。鸿儿病不甚重，惟体气弱，又适在考试用心太过之后，殊为焦虑。

尔母信来，欲带眷口仍来金陵。余本欲留尔母子在富坨立家作业，不令再来官署。今因鸿儿抱病，又思接全家来署，免得两地挂心。或早接或迟接，或令鸿儿病痊速归，旬日内再有确信。

余身体平安，但以见客太多为苦。鄂省军事日坏。杏南[3]殉难，春霆又两次奏请开缺，沅叔所处极艰，吾实无以照之。甲五[4]侄处，余近日作信慰之。尔六叔母所须绫、书，温印等物，亦于下次专人寄回。此信呈澄叔一阅，不另书。

涤生手示

【注】

［1］熟地：中药名，又称熟地黄或伏地，地黄的块根，其作用主要为滋阴。

［2］壮热：指病人自己觉得极热，体温较高，所谓以阳热内盛而蒸达于外。

［3］杏南：即彭毓橘，字杏南，湖南湘乡人，湘军将领，曾国藩的表弟。同治六年（1867）战死后，赠内阁学士，加骑都尉世职，并为三等男爵。

［4］甲五：即曾国潢之子曾纪梁。

【译】

字谕纪泽儿：

三月初十日罗登高来了，接到你二月初六日的信。十五日接到二月十九日的信，知晓了一切。我在初六日到金陵，初八日有专门的差人送信给你澄叔，此外也常有信给你沅叔，不知道你是否常有得知他那边的消息？

鸿儿自从今年以来，常有些小病，自从二月二十六七以后也常服清润肺部的药物。三月初八九日所作的三文一诗，十一二日所作经义论文五篇，大概想在三、四月间模拟考试两次，让五月就回家去参加乡试。十四日作了策论三篇，这一夜就生病了。起初估计是他用心太过，体弱而生病。十五日服用了熟地等滋阴的药剂，这一日整日都没有起床。十六日改为服用参、蓍、术、附等补阳的药剂，不料高温发作，舌上也有了芒刺，竟然起先已经潜伏有外感的疫症在内了。十七日改为服用犀角、生地等清凉的药剂，也没有大的收效。现在遍身都有发红，疹子的热度还未消退。鸿儿的意思是因为数日以来吃药太杂，自己请求停药一日。我向来坚持不用药的说法，近来也不太敢力主用药，选择众人的议论之中最善者而从之。鸿儿的病不太严重，只是身体的气息较弱，又正好在考试用心太过之后，特别地焦虑。

你母亲有来信，想要带着家眷仍旧来金陵。我本想留着你们母子在富坨确立家业，不让再来这边的官署。如今因为鸿儿的抱病，又想接了全家来官署，免得两地挂心。或者早接或者迟接，或者让鸿儿的病痊愈之后快速回家，十来天之内再有确切的信息吧。

我的身体平安，但是总以见客太多为苦。湖北省的军事日愈败坏。杏南（彭毓橘）遇难，春霆（鲍超）又两次奏请开缺军务，你沅叔所处的境地极其艰难，我实在没有办法照应他。甲五（曾纪梁）侄儿那边，我近日写信去慰问他。你的六叔母所需要的绫、书以及你温（曾国华）叔常用的印章等物件，也将在下次派专人寄回。此信呈送你澄叔一阅，不另外书写了。

涤生手示

三虑：享名太盛、聪明太过、顺境太久

谕纪泽　同治七年十二月十七日

【导读】

曾国藩对于医学，其总的看法就是顺其自然而少看病、少服药，作为原则当然有其道理，但就具体的病症来看则还是多有不当之处，如治目疾宜补阳，无甚根据；洋人治疗眼疾的"电气线"设备，因为接近于"奇技淫巧"，失于"智凿"，故不可信，这就有些迂腐了。

至于分析家人的人生际遇与性格缺陷则较有道理，他说自己享名太盛，故而难免发生一些缺陷、遗憾，比如天津教案；再说曾纪泽太过聪明，往往无法得到真正的福泽，做人还是要多一些粗略糊涂，少一些聪明算计；又说到欧阳夫人顺境太久，福祸相依，必然会生出一些波折、灾祸。他甚至担心欧阳夫人性急又好体面，一旦双目失明便会焦虑而影响了身体，难以活得长久，这也是很有道理的。

字谕纪泽儿：

河间途次奏稿箱到，接尔禀函。顷又由良乡送到十二月初一口一禀，具悉尔母目疾日剧，不知尚可医否？尔母性急而好体面，如其失明，即难久于存活。

余尝谓享名太盛，必多缺憾，我实近之；聪明太过，常鲜福泽，尔颇近之；顺境太久，必生波灾[1]，尔母近之。余每以此三者为虑。计惟力行孝友，多吃辛苦，少享清福，庶几挽回万一。家中妇女近年好享福而全不辛劳，余深以为虑也。

洋人电气线[2]之说断不宜信，目光非他物可比。所恶于智者，为其凿也。不如服药，专治本病，目光则听其自然。穆相[3]一生患目疾，尝语余云："治目宜补阳分，不可滋阴，尤不可服凉药。"如彼之说，则熟地大有碍于目矣，试详参之。

余十三日进京，十四五六日召见。应酬纷烦，尚能耐劳。拟正月灯节前后出京。兹将初一至十六日记寄南。尔可将十四五六日另出交子密[4]转与各契好[5]一看，但不可传播耳。此次日记，余另抄一分寄澄、沅叔矣，尔不转寄亦可。此嘱。

涤生手示

【注】

［1］波灾：波折，灾祸。

［2］电气线：大约指治疗眼疾的一些电气设备。

［3］穆相：穆彰阿，字子朴，号鹤舫，满洲镶蓝旗人，道光朝担任军机大臣二十多年。

［4］子密：钱应溥，字子密，别署葆真老人，浙江嘉兴人，

钱泰吉之子。曾入曾国藩幕府，后官至工部尚书。

　　[5] 契好：交好，友爱。

【译】

字谕纪泽儿：

　　在河间的途中奏稿箱收到，接到了你的信函。刚刚又从良乡送到十二月初二日一信，知晓了你母亲的眼睛疾病日愈加剧，不知还可以医治吗？你母的性子比较急而又好体面，如果她失明了，就怕难以长久地存活了。

　　我曾经说过，享有的名声太盛，必然多有缺憾，我实在近于这条；才智聪明太过，常常少有福泽，你颇为近于这条；顺境过得太久，必定会生出波折灾祸，你母亲近于这条。我总以这三者为忧虑。估计只有努力实行孝悌、友善，多吃一些辛苦，少享一些清福，大约可以挽回万分之一。家中的妇女，近年来好享福而全不愿意辛劳，我深以此为忧虑了。

　　洋人"电气线"治疗眼睛的说法，千万不要相信，目光并非他事物可比。人所厌恶于智慧的，是因为其中的取巧、穿凿。不如服用药物，专治本病，目光就只能听其自然了。穆相（穆彰阿）一生都患有眼病，曾经对我说："治疗眼睛应当补阳几分，不可以滋阴，尤其不可以服用凉药。"如果按照他的说法，那么熟地这药大有碍于眼睛了，试着去详细参考吧。

　　我在十三日进京，十四五六日等待召见。应酬纷繁，还算能够耐劳。打算正月的灯节前后出京。现在就将初一至十六日的日记寄到南边你那里，你可以将十四五六日的另外抄出交给子密（钱应溥），转给各位交好的朋友看一看，但是不可以传播广了。此次的日记，我另外抄一份寄给你澄、沅两叔了，你不去转寄也可以的。此嘱。

涤生手示

清心寡欲以养其内，散步习射以劳其外

谕纪泽　同治九年六月十一日

【导读】

曾国藩处理天津教案时，眼病之类依旧严重，然还能够耐劳耐暑，唯有"教案"的办理，则全无头绪，左右为难。在此之际，他还关心着纪泽的身体，强调自然养生之法，吃喝拉撒，都是人活着的基本，要与常人习惯相近方好。至于"清心寡欲以养其内，散步习射以劳其外"，就是说内心的各种欲望不可太强，包括读书求知都不可操之过急；还要经常饭后散步，按时参加射箭之类的运动，辅助于少量的药物，就能够保持健康了。

字谕纪泽儿：

接尔初八、初九日两禀，具悉一切。

余以初十日抵天津，途中尚能耐劳耐暑。惟左目益蒙，作字极难，焦灼之至。天津士民与洋人两不相下，其势汹汹。缉凶之说，万难着笔。办理全无头绪，亦断不能轻请回省，且看数日后机缘如何。

尔病小愈，为之一慰。然吃饭、出恭[1]二事，生人之定理，尔二事与人迥殊，余每以为虑。目下亦无它法，惟清心寡欲以养其内，散步习射以劳其外，病见则服姜、附等药治之，病退则药即止。如是而已。

鸿儿等京城寓所应在贡院附近看定，即日专人前去，不可再迟，或写信一托魏世兄亦可。尔母目有努肉[2]，似可置之不治。余不多及。

涤生手示

鸿儿起行之时，潘师处须送百金。

　　［1］出恭：科举考场中设有"出恭""入敬"牌，士子如厕须先领此牌，后来便称如厕排便为出恭。

　　［2］努肉：即息肉，肌体附生的肉块。

【译】

字谕纪泽儿：

　　接到你初八、初九日的两封信，知晓了一切。

　　我在初十日抵达天津，途中还能耐劳、耐暑。只是左边的眼睛更加蒙蔽，写字也极为困难，为此内心焦灼极了。天津的士人、民众与洋人两不相让，各自气势汹汹。缉拿凶手的说法，万万难以落实。办理此事真是全无头绪，但也是万万不能轻易请求回到省里，暂且看他数日之后的机缘如何吧！

　　你的病稍微好一些了，为此我感觉欣慰。然而吃饭、排便这两件事，那是活着的人必定要做的，你在这二事上与一般人习惯不太一样，我总以此为忧虑。眼下也没有其他法子，只有清心寡欲来调养于内部，散步、习射来运动于外部，病症明显就服用姜、附子等药物来治了，病情有所消退就停止药物。如是而已。

　　鸿儿等人在京城的寓所，应该在贡院附近去看了决定，这几日就派专人前去，不可以再迟了，或者写信去拜托魏世兄也是可以的。你母的眼睛里有了息肉，似乎可以先放着不去治疗。其余不多涉及了。

　　　　　　　　　　　　　　　　　　　　　　　滌生手示

　　鸿儿起程的时候，潘先生那边需要送银子一百两。

治疗眼疾偏方四种，都是聊以自解

谕纪泽　同治九年七月十七日

【导读】

　　曾国藩晚年得了类似白内障的病，医者束手无策，此处说的"轮睛"，鹅不食草、蒺藜果、羊肝之类的治鼻炎类的药，有补肝明目之效，然而对于白内障而言就是偏方而已，几乎无效。所以曾国藩说对于中医中药始终不太信任，这次信中也有说及。

正当天津教案处理之际，曾国藩病重，清廷派江苏巡抚丁日昌协同办案，又派工部尚书毛昶熙也到天津会办。然而正当中、法双方僵持之际，两江总督马新贻被刺杀，于是曾国藩回任两江总督，李鸿章北上担任直隶总督继续处理天津教案。

字谕纪泽儿：

十六、十七日接尔信并对笔[1]一包。前此已带笔来，吾偶忘之，遂复索取。昨日已写毕矣。

余日内胃口尚开，十四五仍水泻，十六七稍见干涩。医者谓系脾虚发泄，心脾两脉俱虚，阴分尤亏。余以真虚则难补，只好听之。惟眼蒙日甚，不能不治，又不欲服眼科习用之药。医者云：一贵轮睛[2]；二闻鼻药，鹅不食草[3]等三味，研末如鼻烟闻之；三服蒺藜[4]作茶；四以羊肝蒸药末吃。皆偏方也，聊以自解而已。腿软之症，想系衰年常态，不复施治。

全不看书则寸心负疚，每日仍看《通鉴》一卷有余。

法国之事，总署奏明仍归余与毛司空[5]筹办。俟丁中丞[6]、李中堂到后，余责日分，或可回省也。名已裂矣，亦不复深问耳。此谕。

涤生手示

【注】

[1] 对笔：指品种配套、成对出售的笔。

[2] 轮睛：指闭目并反复转动眼球，有利于眼睛的保健。

[3] 鹅不食草：一种菊科天胡荽属植物，可以治疗鼻塞。

[4] 蒺藜：一年生草本，果入药能平肝明目、散风行血。

[5] 毛司空：即毛昶熙，字旭初，河南怀庆（今河南沁阳）人，时任工部尚书，故雅称"司空"。

[6] 丁中丞：即丁日昌，字禹生，广东丰顺人，曾任江苏巡抚、福建巡抚，节制沿海水师兼理各国事务大臣等。

【译】

字谕纪泽儿：

十六、十七日接到你的信以及对笔一包。前此已经带过笔来，我偶尔也就忘记了，于是反复索取。此事昨日已经写上了。

我近日之内胃口还算大开，十四五日仍有点水泻，十六七日稍见干涩了。医生说是因为脾虚而发泄，心脾两脉都有些虚弱，更有几分的阴亏。我以为是真正的虚那就难以滋补，只好听之任之了。只有眼睛的蒙蔽日甚一日，不能不治，又不想服用眼科所常用的药物。医生说：一是贵在"轮睛"；二是闻一闻鼻药，鹅不食草等三味药，研制成粉末，如同鼻烟一般闻闻；三是将蒺藜当作茶一般服用；四是把羊肝蒸作药末来吃。都只是偏方，聊以自我安慰而已。腿软的病症，想必也是衰老的一种常态，不再考虑用什么办法来医治了。

全不去看书，那么心里总有一种负疚感，每日仍旧看《资治通鉴》一卷多一些。

法国的事情（指"天津教案"），总署奏明仍旧归我与毛司空（毛昶熙）来筹办。等丁中丞（丁日昌）、李中堂（李鸿章）到了之后，我的职责日渐分明，或许可以回到省里了。声名已裂了，也不再想深究什么了。此谕。

涤生手示

重申"每夜洗脚"等养生五事

谕纪泽纪鸿　同治十年八月二十五日

【导读】

曾国藩的养生之法，偏重顺应自然的保健，反对服用补药之类。此信便向其子重申多年总结的养生五法：每夜睡前热水洗脚；饭后千步；黎明吃白饭一碗不沾一点菜；有规律地参加射箭活动；有规律地进行静坐。此五者，能够坚持三四件事，就胜过吃药，而其中最重要则是洗脚一事。

字谕纪泽、纪鸿儿：

二十五接纪泽二十二三日两禀，具悉一一。

芗泉[1]信稿收到，少迟核过寄回。鉴海似须送五十金，不可再少。石泉[2]信已发，俟下次再谢申夫事也。余二十四宿露筋祠。二十五查堤工，泊宿马棚湾。

脚肿似已全消。养生无甚可恃之法，其确有益者：曰每夜洗脚，曰饭后千步，曰黎明吃白饭一碗不沾点菜，曰射有常时，曰静坐有常时。纪泽脾不消化，此五事中能做得三四事，即胜于吃药。纪鸿及杏生等亦可酌做一二事。余仅办洗脚一事，已觉大有裨益。

孙方与回籍，自可不候余信。余日来应酬极繁，尚可勉支。瑞亭[3]今日来见，臀痈[4]久未痊，弱瘦之状可虑。余不一一。

涤生手示（马棚湾）

【注】

[1]芗泉：蒋益澧，字芗泉，湖南湘乡人，湘军将领，罗泽南的弟子，曾任浙江巡抚、广东巡抚等。

[2]石泉：杨昌濬，字石泉，号镜涵，湖南湘乡人，湘军将领，曾任闽浙总督兼福建巡抚、陕甘总督兼甘肃巡抚、兵部尚书等。

[3]瑞亭：即王瑞臣，曾国藩的外甥。

[4]臀痈：发生在臀部的急性化脓性疾病。

【译】

字谕纪泽、纪鸿儿：

二十五日接到纪泽二十二三日的两信，事情都知晓了。

芗泉（蒋益澧）的信稿收到，稍迟一些日子等我核对过之后就寄回。鉴海那边似乎必须送五十两，不可再少了。石泉（杨昌濬）的信已经发出，等下次再感谢申夫（李榕）的那个事情。我在二十四日宿露筋祠。二十五日查访河堤工程，泊船宿在马棚湾。

我的脚肿似乎已经全消了。养生也没有什么特别可以依靠的方法，其中确实有益的有这五条：每夜热水洗脚；饭后行走千步；黎明只吃白饭一碗不沾一点菜；练习射箭有固定的时间；静坐有固定的时间。纪泽的脾胃不太消化，这五事之中能做好三四事，就胜过吃药了。纪鸿以及杏生（陈岱云之子）等人也可以酌情去做一二事。我仅仅坚持洗脚这一事，已经觉得大有裨益了。

孙方与想回到原籍，自然可以不等我信。我近日来的应酬极其繁忙，还可以勉强支撑。瑞亭今日过来见我，臀部脓包好久都未能痊愈，瘦弱的样子让人忧虑。其余不一一说了。

涤生手示（马棚湾）

交际篇

以「谦、敬」二字为主，事事请问意臣、芝生两姻叔，断不可送条子，致腾物议。十六日出闱，十七八拜客，十九日即可回家。九月初在家听榜信后，再起程来署可也。

择交是第一要事，须择志趣远大者。

岳家凋耗当慰藉，读经常读校勘记

谕纪泽 咸丰八年十二月初三日

【导读】

曾纪泽此次长沙之行，为参加其前妻之兄、贺长龄之子的丧礼。故曾国藩回忆友人贺长龄，说他人品、文章以及官声都很好，然而家运不昌，儿女早亡。希望儿子能够经常写信与岳母，以表慰藉。此信还指点其子，读《诗经》等书，当注意翻阅阮元等前人的校勘记，以及段玉裁《诗经小学》（即此处的《诗经撰异》）一书的考证，以解决文字的疑难问题。

字谕纪泽：

初一日接尔十二日一禀，得知四宅平安，尔将有长沙之行，想此时又归也。

少庚[1]早世，贺家气象日以凋耗，尔当常常寄信与尔岳母，以慰其意。每年至长沙走一二次，以解其忧。耦耕先生[2]学问文章，卓绝辈流，居官亦恺恻[3]慈祥，而家运若此，是不可解！尔挽联尚稳妥。

《诗经》字不同者，余忘之。凡经文板本不合者，阮氏[4]校勘记最详（阮刻《十三经注疏》，今年六月在岳州[5]寄回一部，每卷之末皆附校勘记，《皇清经解》中亦刻有校勘记，可取阅也）。凡引经不合者，段氏[6]《撰异》最详（段茂堂有《诗经撰异》《书经撰异》等著，俱刻于《皇清经解》中），尔翻而校对之，则疑者明矣。

【注】

[1] 少庚：曾纪泽的原配贺氏之兄、贺长龄之子，未满三十岁而早逝。

[2] 耦耕先生：贺长龄，字耦耕，号西涯，湖南善化人。

[3] 恺恻：和悦恻坦。

[4] 阮氏：指阮元，字伯元，号芸台，江苏仪征人，官至体仁阁大学士。又是乾嘉时期著名文献学家，主持校刻《十三经注疏》，并纂修《十三经注疏校勘记》。

[5] 岳州：即湖南岳阳。

[6] 段氏：即段玉裁，字若膺，号懋堂，一作茂堂，江苏金坛人，著名文字训诂学家。下文提及的当是指《诗经小学》与《古文尚书撰异》。

【译】

字谕纪泽：

初一日，接到你十二日寄出的一封信，我也得以知晓家中四宅平安，你将有长沙之行，想必此时已经回家了。

少庚去世得这么早，贺家的气象日渐衰败、凋零，你应当常常寄信给你的岳母，从而给她一些安慰。每年至少到长沙一两次，也可以给她消解一些忧愁。耦耕先生的学问文章，在他的同辈之中，也可算是卓绝了，身居高官而能和悦、慈祥，然而家运却到了如此地步，实在是不可理解！你所撰写的挽联，也还算稳妥。

《诗经》之中有字不同的情形，我忘记了。凡是经的文字，各种版本不同的，阮氏的校勘记最为详尽（阮刻《十三经注疏》，今年六月我在岳州的时候曾寄回一部，每卷的末尾都附有校勘记，《皇清经解》中也刻有校勘记，可以找来翻看一下）。凡是古书引用了经的文字而有不合的，段氏的《撰异》最为详尽（段茂堂有《诗经撰异》《书经撰异》等著作，都刊刻在《皇清经解》之中），你可以找来翻看并校对一下，那么有疑问的地方自然也就明白了。

赴省考试，须得老成者照应

谕纪鸿　同治二年五月十八日

【导读】

　　曾纪鸿因为是次子，不能荫袭而得到官职，故而在考中秀才之后，便要求其参加岁考、科考。于是叮嘱其进省城考试，或由塾师邓汪琼（寅皆）送考，或与易良翰（芝生）同住，或是有其他同伴，总之须有老成持重者陪伴赴考，以便照应一切。

字谕纪鸿儿：

　　接尔禀件，知家中五宅平安，子侄读书有恒，为慰。

　　尔问今年应否往过科考[1]，尔既作秀才，凡岁考[2]、科考，均应前往入场，此朝廷之功令[3]，士子之职业也。惟尔年纪太轻，余不放心，若邓师能晋[4]省送考，则尔凡事有所禀承，甚好甚好。若邓师不赴省，则尔或与易芝生先生同住，或随睪山、镜和、子祥诸先生同伴。总须得一老成者照应一切，乃为稳妥。

　　尔近日常作试帖诗否？场中细检一番，无错平仄，无错抬头[5]也。此次未写信与澄叔，尔为禀告。

涤生手示

【注】

　　[1]科考：三年一次的乡试之前举行的甄别考试，也由学政主持。

　　[2]岁考：每年由学政对所属府、州、县生员举行的考试。

　　[3]功令：法令。

　　[4]晋：进。

　　[5]抬头：古代书信、公文的行文，每遇尊长或对方姓名，要有抬头，以示尊敬。如空抬，即空一格再写；平抬，换一行再写。

【译】

字谕纪鸿儿：

接到你的信件，知道家中的五宅平安，子侄辈读书颇有恒心，我深为欣慰。

你问今年应不应该去参加科考？你既然做了秀才，凡是岁考、科考，都应该前往并进入考场，这是朝廷的法令、士子的职业。只是你的年纪太轻，我不放心，如果邓汪琼先生能够进省城去送考，那么你凡事都有了照应，那就很好了。如果邓先生不能去省城，那么你或者与易芝生先生同住，或者与罩山、镜和、子祥等先生为伴。总得需要有个老成的人照应一切，方为稳妥。

你近日常作试帖诗吗？在考场之中，要细细检点一番，不要错了平仄，不要错了抬头。此次未曾写信给你澄叔，代为禀告一下。

涤生手示

家人行船不可挂大帅旗、惊动官长

谕纪鸿　同治二年八月十二日

【导读】

告诫曾纪鸿，偕同家人从长沙一路坐船沿江向东，不可挂大帅旗，也不可惊动沿途府县各城的官长，以免烦人应酬，耗费钱财。可见曾国藩对家人的管束严苛，为官场表率。

字谕纪鸿儿：

尔于十九日自家起行，想九月初可自长沙挂帆东行矣。船上有大帅字旗，余未在船，不可误挂。经过府县各城，可避者略为避开，不可惊动官长，烦人应酬也。

余日内平安。沅叔及纪泽等在金陵亦平安。此谕。

涤生手示

字谕纪鸿儿：

你在十九日从家中起程，想必在九月初就可以从长沙挂帆而东行了。船上虽然有大帅旗，但是我不在船上，不可以误挂。经过的府、县各城，可以避开的尽量要避开，不可以惊动官长们，也厌烦来人应酬。

我近日内都很平安。你沅叔以及纪泽等人在金陵也平安。此谕。

涤生手示

为人当谦敬，择友看志趣

谕纪鸿　同治三年七月二十四日

【导读】

儿行千里母担忧，做父亲的也一样。曾纪鸿回湖南参加科考，久久未有来信，使得曾国藩不太放心了。去信告诫，曾氏一家在湖南而言，因门户太盛，故而子弟为人处世更当谦、敬，不可在官府送条子走后门，招致非议。择友更当谨慎，必须选择志趣远大者。

字谕纪鸿：

自尔还湘启行后，久未接尔来禀，殊不放心。今年天气奇热，尔在途次[1]平安否？

余在金陵，与沅叔相聚二十五日，二十日登舟还皖，体中尚适。余与沅叔蒙恩晋封侯伯，门户太盛，深为祗惧[2]。尔在省以"谦、敬"二字为主，事事请问意臣、芝生两姻叔[3]，断不可送条子，致腾物议[4]。十六日出闱，十七八拜客，十九日即可回家。九月初在家听榜信后，再起程来署可也。择交是第一要事，须择志趣远大者。此嘱。（旧县舟次）

【注】

[1] 途次：旅途之中。

[2] 祗（zhī）惧：小心、恐惧。祗，恭敬。

[3] 意臣：即郭嵩焘。芝生：即易良翰，曾家的姻亲兼塾师。

[4] 致腾物议：招致公众的非议。

【译】

字谕纪鸿：

自从你起程回湖南之后，很久都没有接到你的来信了，很不放心。今年的天气极热，你在路上一切都平安吗？

我在金陵，与你沅叔相聚了二十五日，二十日上船返回安徽，身体也还感觉舒适。我与你沅叔蒙受皇恩晋封为侯、伯，门户太过兴盛，内心深感小心、恐惧。你在省内，一切都应当以"谦、敬"二字为主，事事都要请问意臣（郭嵩焘）、芝生（易良翰）这两位姻叔，断断不可送条子，遭致公众的非议。十六日考试结束出闱，十七八两日拜客，十九日就可以回家了。九月初在家听了发榜的信息之后，再起程来安庆的官署也可以的。选择结交朋友，是人生的第一等要事，必须选择志趣远大的人。此嘱。（旧县舟次）

邵懿辰之子病故，嘱咐其子关顾邵家

谕纪泽纪鸿　同治四年六月十九日

【导读】

邵懿辰（字位西）是曾国藩在京时期的挚友，咸丰十一年（1861）太平军围攻杭州时曾赶赴曾的大营请求支援，回去不久即死于战乱。故曾国藩自觉愧疚，将其夫人、子女接到身边照顾，每月从官库中取银补助，此时其子邵顺年（字子龄）又病故了。于是曾国藩便感叹邵懿辰本人的道德文章，也即立身行己与读书作文都是极好的，然而家运却如此不昌！现在只能嘱咐曾纪泽应送的奠仪、每月的补助不可忽视，这些事项让儿子去落实，在某种意义上是一次如何处置友情的教育。

字谕纪泽、纪鸿儿：

十五日接泽儿十一日禀，鸿儿无禀，何也？今日接小岑信，知邵世兄一病不起，实深伤悼。位西立身行己、读书作文，俱无差谬，不知何以家运衰替若此？岂天意真不可测耶？

尔母之病，总带温补之剂，当无他虞[1]。罗氏外孙及朱金权已痊愈否？

此间大水异常，各营皆已移渡南岸。惟余所居淮北两营系罗茂堂所带，二日内尚可不移。再长水八寸，则危矣。阴云郁热，雨势殊未已也。

邵世兄处，应送奠仪五十金。可由家中先为代出，有便差来营即付去。滕中军所带百人，可令每半月派一兵来，此不必定候家乡长夫送信。余托陈小浦[2]买龙井茶，尔可先交银十六两，亦候下次兵来时付去。

邵宅每月二十金，尔告伊卿照常致送否？须补一公牍否？尔每旬至李宫保[3]处一谈否？幕中诸友凌晓岚[4]等，相见契惬[5]否？

气势、识度、情韵、趣味四者，偶思邵子[6]"四象"之说可以分配，兹录于别纸[7]。尔试究之。

涤生手示

【注】

[1] 他虞：别的变故。虞，忧虑。

[2] 陈小浦：即陈方坦，浙江海宁人，曾入曾国藩的幕府，后入李鸿章幕府。

[3] 李宫保：即李鸿章，被授予太子太保衔，故称宫保。

[4] 凌晓岚：即凌焕，字晓岚，李鸿章的幕友。

[5] 契惬：契合，投缘。

[6] 邵子：即北宋理学家邵雍，作有《经世天地四象图》等，丰富了《周易》"四象"之说。

［7］录于别纸的《文章各得阴阳之美表》，参见本书《读书篇·谕纪泽纪鸿·同治四年六月初一日》。

【译】

字谕纪泽、纪鸿儿：

十五日接到泽儿十一日的信，鸿儿为什么没有写信？今日接到小岑（欧阳兆熊）的信，知道邵世兄（邵顺年）一病不起，实在深为感伤、悲悼。位西（邵懿辰）本人在立身行己、读书作文等方面都没有什么差错，不知道为什么家运却是衰败到了如此地步？难道真是天意不可测吗？

你们母亲的病，总需要带点温补之剂，其他应当没有忧虑。罗家外孙以及朱金权（曾府管家）已经痊愈了吗？

这边的大水异于往常，各营都已经渡河，转移到了南岸。只有我所居住的淮北两营，都是罗茂堂（麓森）所带的，这两日之内还可以不转移。如果再涨水八寸左右，那么也危险了。阴云密布而郁闷炎热，雨势也还没有停息的迹象。

邵世兄那边，应当送去奠仪五十两。可以由家中先代为送出，如有便差来到军营随即寄回去。滕中军所带的一百人，可以让他们每半月派一个兵来，那就不必一定要等候家乡的长夫送信了。我托陈小浦（方坦）购买龙井茶，你可以先交给他银子十六两，也等下次有兵来到军营的时候再寄回去。

邵家的每月二十两，你告诉分管钱粮的伊卿（潘鸿寿）照常送去了吗？需要补上一份公牍吗？你每旬都到李宫保（李鸿章）那边谈天一次了吗？他幕中的诸友如凌晓岚（凌焕）等人，与你相处合得来吗？

上次说到的气势、识度、情韵、趣味四个方面，我偶然想到邵子（邵雍）的"四象"之说可以分别搭配，现在抄录在另一纸上。你可以试着研究一下。

涤生手示

交代为邵懿辰作墓志铭、纪瑞进学送贺礼等事

谕纪泽 同治四年八月十三日

【导读】

友人邵懿辰（位西）之侄儿邵长年（字子晋）送来邵懿辰的行略以及遗留的文集等，请求曾国藩作墓志铭，于是曾答应当月就草拟，下月亲自书写，并安排之前为季芝昌（季公）刻碑的金陵张氏兄弟钩刻，刊刻、拓印等事，一一安排妥帖。同时嘱咐其处置邵懿辰的安葬，以及前不久去世的其子邵顺年（字子龄）的丧事等，则当以速为妙，不必等碑刻完毕。此时安排之细致，可见曾国藩对已故友人的情谊。

字谕纪泽儿：

八月十一日接尔七月二十五、八月初三日禀二件，知王长胜有中途被抢之事，不知初六又派人送信否？

邵世兄开来行略[1]等件收到，位西先生遗文亦阅一过。本月当作墓铭，出月[2]亲为书写，仍付金陵，交刻季公[3]铭之张氏兄弟钩刻。大约刊刻、拓印，须三个月工夫，年底乃可藏事[4]。尔告邵子晋急急返杭，料理葬事，以速为妙。此石不宜埋藏土中，将来或藏之邵氏家庙，或嵌之邵家屋壁，或一二年后，于墓之址丈余另穿一小穴补行埋之，亦无不可。此次不可待碑成再定葬期也。

科四进学[5]在四十二名，其下尚有三名。余于八月六日送去贺礼银五十两，横批写格言一幅。尧阶[6]之世兄贺仪二十两亦已付去。尔九叔祖母生日，不便由余处寄礼，由尔母寄去为妥。潘文质即日坐舢板回金陵，此间有高丽参三斤带去，亦可用以配礼。

余以初四抵徐，一切平安。九叔自闻抚晋之命已来过信三

次，兹封寄尔等一阅。余不多及。

涤生手示

前初三日信全家回湘之说，尔母子议定否？若不愿遽归，迅速具禀来商。郭家如应允在湘阴成婚，则当依其十二月初二日之期，不可更改。或全家同行，或仅尔夫妇送去，总须在重阳前定局也。又示。

袁勿斋求挽联、书序，实无暇为之，尔婉辞之可也。

【注】

[1] 行略：生平事迹的梗概。

[2] 出月：即下个月。

[3] 季公：即季芝昌，原名震，字云书，谥文敏，江苏江阴人，颇有善政，后官至闽浙总督。

[4] 蒇（chǎn）事：完事，事情完全解决。

[5] 科四：曾国荃的长子曾纪瑞。进学：也即考中秀才。

[6] 尧阶：即朱尧阶，曾国藩的故友，常年居乡讲学，曾国荃、曾国华等出自其门下。尧阶之世兄，指朱尧阶之子，此次也一同进学。

【译】

字谕纪泽儿：

八月十一日接到你七月二十五、八月初三日的信二件，知道王长胜有在送信的中途被抢的事了，不知道初六日又派人送信了吗？

邵世兄（邵长年）送来的（邵懿辰）行略等各件都收到了，位西先生（邵懿辰）的遗文也阅读了。本月应当写作墓铭，出了月就亲自为他书写，仍旧寄回金陵，交给刻季公（季芝昌）铭的张氏兄弟钩刻。大约刊刻、拓印，必须三个月工夫，年底才可以完成此事。你告知邵子晋（邵长年）急急返回杭州，料理安葬的事情，以快速为妙。此碑石不宜埋藏在土中，将来或者藏在邵氏家庙，或者嵌在邵家的屋壁，或者一两年之后，在墓址的一丈远之处，另外挖一个小穴再埋下，也没有什么不可以的。这次就不必等待碑刻成再定葬期了。

科四（曾纪瑞）中秀才进学了，列在四十二名，他的下面还有三名。我在八月六日送去贺礼银子五十两，写了一幅格言的横批。朱尧阶之子的贺仪二十两，也已经寄去了。你九叔祖母的生日，不适合由我这边寄去礼物，由你母亲寄去比较妥当。潘文质即日就要坐舢板回金陵了，这边有高丽参三斤要他带去，也可以作配礼用。

我已经在初四日抵达徐州，一切平安。你九叔自从听到去山西做巡抚的任命之后，已经来过三次信了，现在这一封寄给你们一阅。余不多及。

涤生于示

前次初三日的信中全家回湖南的建议，你们母子议定了吗？如果不愿意马上就回去，迅速写一个具体的信件来作协商。郭（郭嵩焘）家如果应允在湘阴成婚，那么就应当依着他们的十二月初二日之期，不可以再更改。或者全家同行，或者仅仅你们夫妇送去，总必须在重阳节前定下。又示。

袁勿斋先生要的挽联、书序，实在没有空暇为他写，你可以婉言辞谢了。

交代邵懿辰墓志铭刻石等事

谕纪泽　同治四年九月二十五日

【导读】

友人邵懿辰（位西）的墓志铭写完，嘱咐纪泽请之前刻过季芝昌墓志铭的金陵张氏二匠钩刻，然而曾国藩嫌季铭太过时俗而无深厚意趣，故而要求匠人注意行气之法，不可过多地修、描，方可保持原书法的劲健之气。另，交代著、术、附子中药，以及马新贻、陈方坦等带来的茶叶等物品如何处置等事项。

字谕纪泽儿：

二十四日接尔十一日禀，并耆、术、附子收到。此间有马榖山[1]送龙井茶十二瓶，陈小浦[2]所买之茶应全留金陵。莫偲老[3]带来之二瓶，如有便，拟带寄澄、沅叔也。精茗[4]及各药物以后当交内银钱所收，辽参则交王芝圃收。贺胜臣现进京递折子，黄齐昂即日出外管带马队矣。

兹将邵位西墓铭付回。其兄之名空二字，尔可填写，交匠人钩摹刊刻。季公[5]墓铭，匠人刻出太时俗，无深厚之意，余字尚不如是薄也。尔可教张氏二匠，用刀须略明行气之法。刀下无气，则顺修逆描[6]，全失劲健之气矣。

《几何原本序》[7]付去照收。余十九日复奏李公[8]入洛、李、丁[9]迭迁一疏，尔可至李宫保署查阅。

此间带来之笔墨甚少，尔命曾文煜捡各种笔墨二十余支、十余笏[10]，便中付来。此嘱。

涤生手示

【注】

[1]马穀山：即马新贻，字穀山，回族，山东菏泽人，时任浙江巡抚，同治九年（1870）在两江总督任上被刺客张汶祥暗杀，即"刺马案"，此案经曾国藩的复审方才定案。

[2]陈小浦：即陈方坦，字谭衷，号筱甫、小浦，浙江海宁人，入曾国藩的幕府后，专办盐务。

[3]莫偲老：即莫友芝。

[4]精茗：即上好茶叶。

[5]季公：即季芝昌。

[6]顺修逆描：反复描摹、修补。

[7]《几何原本序》：此序文为曾纪泽代父而作。

[8]李公：即李鸿章，也即下文李宫保。

[9]李、丁：指江宁布政使李宗义、两淮盐运使丁日昌。李、丁二人更替升迁一事，关系两江总督的实权，故曾国藩上奏一疏，给予巧妙的回应。

[10]笏（hù）：古代君臣在朝廷上相见时手上所拿的狭长板子。

【译】

字谕纪泽儿：

二十四日接到你十一日的信，以及蓍、术、附子等药物都收到了。这边有马縠山（马新贻）送的龙井茶十二瓶，陈小浦（陈方坦）所买的茶应该全都留在金陵。莫偲老（莫友芝）带来的两瓶，如果有便，打算寄给你澄、沅叔了。上好的茗茶以及各种药物，以后应当交付内银钱所查收，辽参则交给王芝圃查收。贺胜臣现在进京递交折子，黄齐昂即日出外去管带马队了。

现在就将邵位西（邵懿辰）的墓志铭交付寄回。他兄长的名字空了两字，你可以填写，交付匠人钩摹刊刻。季公（季芝昌）的墓志铭，匠人刻得太过于时俗，缺乏深厚的意味，我的字刻出来后不要像他们那样单薄。你可以教张氏二匠，用刀必须略微知道一些行气的方法。刀下无气，那么顺修、逆描，全都失去劲健的气息了。

《几何原本序》交付过去照收。我在十九日回复奏请李公（李鸿章）进入河南以及李（宗羲）、丁（日昌）更替升迁的那一封奏疏，你可以到李宫保（李鸿章）的衙署查阅。

这边带来的笔墨很少，你让曾文煜选各种笔二十多支，十多个笏，顺便的时候寄过来。此嘱。

涤生手示

拟请吴汝纶之父为纪鸿塾师

谕纪泽纪鸿　同治四年十月二十四日

【导读】

门生吴汝纶本年连捷，已得内阁中书之职，然劝其再到幕府中读书、作文。还打算请其父吴元甲来做纪鸿、女婿陈远济之塾师，而原来的塾师则今冬再作辞谢。为敦促纪鸿交流读书心得，嘱咐其每十日写一禀寄到军营，且要求字宜略大、墨宜浓厚。可见以书信往来的方式教育子弟，总有着长远而周密的考虑。

字谕纪泽、纪鸿儿：

十八日接泽儿十一夜禀并笔墨二包。余日内偶忘写信，故戒国治未得速归。二十二日又接尔十一日禀。

余近日身体平安。捻匪自窜河南后，久无消息。十九日之折，顷接寄谕，业经照准。

明年寓中请师。顷桐城吴汝纶挚甫[1]来此，渠以本年连捷[2]，得内阁中书，告假出京。余劝令不必遽尔[3]进京当差，明年可至余幕中，专心读书，多作古文。因拟请其父吴元甲（号育泉）[4]者，至金陵教书，为纪鸿及陈婿之师。育泉以廪生举孝廉方正[5]，其子汝纶，系一手所教成者也。挚甫闻此言欣然乐从，归告其父，想必允许。惟澄、沅叔已答应将富坨让与我家居住，明岁将送全眷回湘，吴来金陵，恐非长久之局。挚甫由徐赴金陵，余拟派差官送之。尔可与之面商一切。沈戟门先生今冬可辞谢也。

邵铭[6]既难遽刻，拟换写后半。琦、赛两名之下各添一公字，便中寄来。滕将薪水单阅过，可照此发。

鸿儿每十日宜写一禀，字宜略大，墨宜浓厚。此嘱。

涤生手示

【注】

[1]吴汝纶：字挚甫，安徽桐城人，曾任深州、冀州知州等职，主讲莲池书院，晚年又被任命为京师大学堂总教习，并创办桐城学堂。曾入曾国藩幕府，与张裕钊、黎庶昌、薛福成并称"曾门四子"。

[2]连捷：考中举人后，接着便考中进士。

[3]遽（jù）尔：仓促，急切。

[4]吴元甲：字世求，号育泉，吴汝纶之父。吴元甲后因为不愿攀附侯门等原因，又谢绝了此次的邀请。

[5]廪生：府、州、县学生员每月都有廪膳，故称廪生。孝廉方正：清代特设的科举之外的制科之一，将汉代"孝廉""贤良方正"合为一科，被举荐者经礼部考试，便可授予知县等官职。

［6］邵铭：即曾国藩为邵懿辰所作的墓志铭，因为一时难以刻石，便再作修订，换写后半部分，可见其作文之认真。

【译】

字谕纪泽、纪鸿儿：

十八日接到泽儿十一夜的信与笔墨两包。我这几日内偶然忘记写信，故而戎国治也不能迅速赶回去。二十二日又接到你十一日的信。

我近来身体平安。捻匪自从窜入河南之后，许久都没有消息了。十九日的奏折，刚刚接到寄来的谕旨，已经批准了。

明年寓所之中，要聘请老师了。刚有桐城吴汝纶（字挚甫）来到此地，他在本年连获捷报，得了内阁中书的职务，告假出京来。我劝他不必急着进京去当差，明年可以到我的幕府之中，专心读书，多写作点古文。因此，打算请他的父亲吴元甲（号育泉），到金陵来教书，作为纪鸿以及陈家女婿的老师。育泉以廪生而被推举为孝廉方正，他的儿子吴汝纶，是他一手所教成的。挚甫听了我的话之后欣然而乐意地接受，回去告诉他的父亲，想必也会答应。只是澄、沅叔已经答应将富圫让给我家居住，明年将要送全部家眷回湖南，吴来到金陵，恐怕也不是长久之计。挚甫从徐州赶赴金陵，我打算派差官送去。你可以与他面商一切。沈戟门先生今年冬天可以辞谢了。

邵懿辰的墓志铭既然难以快速刻出来，我就想要改写后半部分。琦、赛两个名字的下面各添一个"公"字，顺便的时候寄过来。滕将的薪水单看过了，可以照此发放。

鸿儿每隔十日，应该写一信来，字应当略大些，墨应该浓厚些。此嘱。

涤生手示

新年移驻周家口，安排纪泽腊月来省觐

谕纪泽 同治四年十一月初六日

【导读】

与捻军作战，战局多变，故新年之际将移驻至周家口（今河南周口）。嘱咐纪泽该年腊月来徐州省亲，一同过年。于是详细安排其水陆十二三日的路程，坐船与坐轿车，派兵迎接等细节都考虑到了，这些对于日理万机的曾国藩而言，实在是难能可贵。此外，又详细告知要其子带到军营的《全唐文》残本中韩愈的文集、《明史》以及王念孙《广雅疏证》的具体版本，爱书之人总对家藏之书，了如指掌。

字谕纪泽儿：

十一月初五宛庆荣至，接尔二十六日一禀，具悉一切。

彭宫保[1]尚在安庆，松生陪王益梧[2]去，恐无所遇，抑别有他营耶？

日内贼尚在河南，吴中丞[3]疏称豫省情形万难，供职无状[4]，请另简贤能。谕旨又催移营，现因湖团一案[5]关系极大，必须在徐料理，新年即将移驻河南之周家口。尔可于腊月来徐省觐，随同度岁。由金陵坐船至清江，清江雇王家营轿车[6]至徐，余派弁至清江迎接。大约水陆不过十二三日程耳。季荃[7]无病，何必托词不来？

《聪训斋语》俟觅得再寄。余前信欲乞慕徐斋头《全唐文》残本中"韩文"一种，尔曾与慕徐说及否？《明史》亦未带来。其时尔疾未痊，鸿儿看信或不细心。尔腊月来营，可将此二书带来。《明史》即将陈刻本带来亦可，王氏《广雅疏证》可附带也。

尔岳[8]霞仙先生因杨厚庵[9]代陕绅奏留，仍抚秦中。金陵已见邸抄否？余不及。

涤生手示

〔1〕彭宫保：即彭玉麟，加太子少保衔，故称其宫保。

〔2〕王益梧：即王先谦，字益吾，湖南长沙人，时任翰林院庶吉士，后官至国子监祭酒、江苏学政，著名的经史学家。

〔3〕吴中丞：即吴昌寿，字仁甫，浙江嘉兴人，时任河南巡抚，后被降调。

〔4〕供职无状：官员自责任职而无业绩。

〔5〕湖团一案：当时苏北的铜山县、沛县境内的土著与山东曹州的流民之间，因为争夺湖田而爆发的武力冲突事件。曾国藩借口山东流民通捻，派兵弹压，并将之逐出江苏。

〔6〕轿车：一种轿顶车身的双轮骡车。

〔7〕季荃：即李鹤章，字季荃，李鸿章之三弟。

〔8〕岳：即岳父，曾纪泽的第二任妻子为刘蓉（霞仙）之女。

〔9〕杨厚庵：即杨岳斌，时任陕甘总督，故奏请留用将被革职的陕西巡抚刘蓉，该年十月起复，同治五年（1866），刘蓉为西捻军张宗禹部所败，革职回家。

【译】

字谕纪泽儿：

十一月初五日宛庆荣到了，接到你二十六日的一信，知晓了一切。

彭宫保（彭玉麟）还在安庆，松生（陈远济）陪同王益吾（王先谦）过去，恐怕不会遇见，或者还有别的军营吧？

这几日内贼军还在河南，吴中丞（吴昌寿）的奏疏说河南省内的情形非常困难，他在那边任职却没有什么功绩，故而希望朝廷另请贤能之士。谕旨又来催我移营，现在因为湖团一案关系极大，必须在徐州料理，新年即移驻到河南的周家口。你可以在腊月来徐州省亲，随我一同过年。从金陵坐船到清江，在清江雇用王家营的轿车到徐州，我派士兵到清江迎接你。大约水、陆加一起不过十二三日的路程。季荃（李鹤章）并没有生病，何必托词不来呢？

《聪训斋语》等我找到之后再寄给你。我在前一信中说想要慕徐（郭阶）书房里的《全唐文》残本之中韩愈的文集一种，你曾与慕徐说到过吗？《明史》也还未带来。那个时候你的疾病还未痊愈，估计鸿儿看信或许不够细心（所以没有注意落实这两件事情）。你腊月里来军营，可以将这两本书带来。《明史》将陈刻本带来也就可以了，王氏（王念孙）的《广雅疏证》可以顺便带来。

你岳父霞仙先生（刘蓉）因为杨厚庵（杨岳斌）代陕西的缙绅奏请留用，仍然做陕西的巡抚。金陵已经看到此事的邸抄了吗？其余不涉及了。

涤生手示

将才有志气，即可予以美名而奖成之

谕纪泽纪鸿　同治五年九月初九日

【导读】

曾国藩的幕友李榕（申夫）回四川老家，路过武昌时，与纪泽兄弟说起湘军与淮军孰优孰劣，以为"淮勇不足恃"。曾国藩听说之后，便在此信里强调，此类舆论"何足深信"？对于一人一事，当既知其好处又知其恶处，李榕自以为能洞悉几微，其实不能平心细察。所谓将才，杰出者极少，人但要有志气，即可给予美名，奖掖而成就之，而淮军之中也多有志之士，故未可厚非。另外，交代四女的嫁妆不可再加，以及纪鸿来军营等事。

字谕纪泽、纪鸿：

接泽儿八月十八日禀，具悉[1]。择期九月二十日还湘，十月二十四日四女喜事，诸务想办妥矣。凡衣服首饰百物，只可照大女、二女、三女之例，不可再加。纪鸿于二十日送母之后，即可束装来营，自坐一轿，行李用小车，从人或车或马皆可，请沅叔派人送至罗山，余派人迎至罗山。

淮勇不足恃，余亦久闻此言，然物论[2]悠悠，何足深信？所贵好而知其恶，恶而知其美。省三[3]、琴轩[4]均属有志之士，未可厚非。申夫好作识微之论，而实不能平心细察。余所见将才，杰出者极少，但有志气，即可予以美名而奖成之。

余病虽已愈，而难于用心，拟于十二日续假一月，十月奏请开缺[5]，但须沅弟无非常之举，吾乃可徐行吾志耳。否则别有波折，又须虚与委蛇[6]也。此谕。

【注】

[1] 具悉：尽知，全部了解。

[2] 物论：众人议论，舆论。

[3] 省三：即刘铭传。

[4] 琴轩：即潘鼎新，字琴轩，安徽庐江人。在乡办团练，后受曾国藩赏识，募勇立"鼎"字营，后成为淮军名将，官至巡抚。

[5] 开缺：旧时官吏因故不能留任，免除职务。

[6] 虚与委蛇（yí）：指对人虚情假意，敷衍应对。

【译】

字谕纪泽、纪鸿：

接到泽儿八月十八日的信，说起的事都知道了。选择在九月二十日回到湖南，十月二十四日办四女的喜事，各项事务想必都已经办妥了。凡是衣服、首饰等物品，只可以按照大女、二女、三女的先例，不可以再有所增加。纪鸿在二十日送完母亲等人之后，就可以束装前来军营，自己坐一乘轿子，行李用小车装，从人或坐车或坐马都可以，请你沅叔派人送到罗山，我派人到罗山去迎接。

淮军不足以为凭恃，我也早就听说过这样的话，然而众人的议论悠悠，又哪里值得深信呢？真正可贵的是，喜欢的人而能知道他的短处，厌恶的人而能知道他的长处。省三（刘铭传）、琴轩（潘鼎新）都属于有志之士，未可厚非了。申夫（李榕）喜欢发一些看似已经察识到了细微之处的议论，然而其实并不能平心静气去仔细观察。我所见过的将才，杰出的极少，但是只要有志气的，就可以给予他们美名、奖掖，从而帮助他们成才。

我的病虽然已经痊愈，然而难于用心思，打算在十二日续假一个月，十月就奏请开缺，免除我的职务，但是这也需要沅弟那边没有什么非常的举动，我就可以慢慢实现我的志向了。否则就怕另外还有什么波折，又需要跟那些人虚情假意敷衍一番了。此谕。

读书篇

譬之富家居积，看书则在外贸易，获利三倍者也；读书则在家慎守，不轻花费者也。譬之兵家战争，看书则攻城略地，开拓土宇者也；读书则深沟坚垒，得地能守者也。看书与子夏之「日知所亡」相近，读书与「无忘所能」相近，二者不可偏废。

看《汉书》两种难处：小学训诂、古文辞章

谕纪泽　咸丰六年十一月初五日

【导读】

　　曾国藩特别重视读的四部书为《史记》《汉书》《庄子》以及韩愈的文集，故而听曾纪泽说开始读《汉书》就特别欣慰。此信专门指点如何研读《汉书》，指出必须先通文字训诂之学与古文辞章之学。也就是说先准备《说文解字注》《经籍纂诂》《读书杂志》等书，以备查阅；先读《文选》《古文辞类纂》二书作为基础。最后，接着上回的书信，指出千万不要犯了"奢""傲"等官宦公子的毛病，特别是当时曾纪泽住在北京，常与一帮贵公子混在一起的事情。所谓防微杜渐，故而从习惯养成，言行细节加以提醒，也真是煞费苦心了。

字谕纪泽儿：

　　接尔安禀，字画略长进，近日看《汉书》。余生平好读《史记》、《汉书》、《庄子》、"韩文"四书，尔能看《汉书》，是余所欣慰之一端也。

　　看《汉书》有两种难处：必先通于小学[1]训诂之书，而后能识其假借奇字；必先习于古文辞章之学，而后能读其奇篇奥句。尔于小学、古文两者皆未曾入门，则《汉书》中不能识之字、不能解之句多矣。

　　欲通小学，须略看《段氏说文》[2]、《经籍纂诂》[3]二书。王怀祖（王念孙，高邮州人）先生有《读书杂志》，中于《汉书》之训诂极为精博，为魏晋以来释《汉书》者所不能及。

　　欲明古文，须略看《文选》[4]及姚姬传[5]之《古文辞类纂》二书。班孟坚[6]最好文章，故于贾谊、董仲舒、司马相如、东方朔、司马迁、扬雄、刘向、匡衡、谷永诸传，皆全录其著作；

即不以文章名家者，如贾山、邹阳等四人传，严助、朱买臣等九人传，赵充国屯田之奏、韦玄成议礼之疏以及贡禹之章、陈汤之奏狱，皆以好文之故，悉载巨篇。如贾生[7]之文，既著于本传，复载予《陈涉传》《食货志》等篇；子云[8]之文，既著于本传，复载于《匈奴传》《王贡传》等篇；极之《充国赞》《酒箴》，亦皆录入各传。盖孟坚于典雅瑰玮之文，无一字不甄采[9]。

尔将《十二帝纪》[10]阅毕后，且先读列传。凡文之为昭明暨姚氏所选者，则细心读之；即不为二家所选，则另行标识之。若小学、古文二端略得途径，其于读《汉书》之道，思过半矣。

世家子弟，最易犯一"奢"字、"傲"字。不必锦衣玉食而后谓之奢也，但使皮袍、呢褂俯拾即是，舆马、仆从习惯为常，此即日趋于奢矣。见乡人则嗤其朴陋，见雇工则颐指气使[11]，此即日习于傲矣。《书》称："世禄之家，鲜克由礼。"[12]《传》称："骄奢淫佚，宠禄过也。"[13]京师子弟之坏，未有不由于"骄""奢"二字者，尔与诸弟其戒之！至嘱，至嘱！

【注】

[1]小学：中国古代的文字、音韵、训诂类的统称。

[2]《段氏说文》：指段玉裁《说文解字注》。

[3]《经籍纂诂》：清代阮元等所编的字典，将唐以前古籍正文、注疏的训诂材料汇编而成。

[4]《文选》：梁太子萧统，也即下文"昭明"，萧统未即位而病逝，谥号昭明。他所编的《文选》，又称《昭明文选》。

[5]姚姬传：即姚鼐，字姬传，安徽桐城人。编有《古文辞类纂》。

[6]班孟坚：即班固，字孟坚，著有《汉书》。

[7]贾生：即贾谊，司马迁《史记》有《屈原贾生列传》，故又称贾生。

[8]子云：即扬雄，字子云。

[9]甄（zhēn）采：甄别，鉴别，选取。

〔10〕《十二帝纪》：《汉书》为纪传体史书，包括纪十二篇，表八篇，志十篇，传七十篇，共一百篇。《十二帝纪》即高帝纪、惠帝纪、高后纪、文帝纪、景帝纪、武帝纪、昭帝纪、宣帝纪、元帝纪、成帝纪、哀帝纪、平帝纪，共十二篇。

〔11〕颐指气使：用面部表情来指使人。比喻神情傲慢的样子。颐，面颊，腮。

〔12〕《书》：即《尚书》，又称《书经》。此句语出《尚书·毕命》，意思是说，世代享有官位的人家，少有遵循礼教的。

〔13〕《传》：指《春秋左氏传》，此句语出《石碏谏宠州吁》："骄奢淫佚，所自邪也。四者之来，宠禄过也。"意思是说，骄傲、奢侈、淫荡、逸乐，就是引向邪路的开始，这四方面的产生，都是因为宠爱与赏赐太多了。

【译】

接到你告安的信，写字笔画略有长进，知道近来你在看《汉书》。我生平最喜欢读《史记》《汉书》《庄子》《昌黎先生文集》这四种书，你能看《汉书》，也是令我感到欣慰的一个方面了。

看懂《汉书》则有两种难处：必须先精通小学训诂方面的书，然后才能认识其中一些不常见的假借用字；必须先熟习古文辞章方面的学问，然后才能读懂其中一些奇特的篇章与深奥语句。你对于小学、古文这两者都还未曾入门，那么《汉书》中不能认识的字、不能读懂的语句就还会有很多呢。

想要精通小学，必须大略看看段玉裁所著的《说文解字注》、阮元所编的《经籍纂诂》这两部书。王怀祖（王念孙，江苏高邮人）先生著有《读书杂志》，此书之中对《汉书》的训诂，作了极为博大精深的研究，这是魏晋以来解释《汉书》的学者所不能企及的。

想要读明白古文，必须大略看看昭明太子萧统所编的《文选》以及姚鼐（姬传）所编的《古文辞类纂》这两部书。班固（孟坚）最喜欢文章，所以在贾谊、董仲舒、司马相如、东方朔、司马迁、扬雄、刘向、匡衡、谷永等人的传记之中，都全部录入他们的著作；即使那些不以文章而著称的人，比如贾山、邹阳等四人的传记，严助、朱买臣等九人的传记，赵充国论述屯田的奏疏、韦玄成议论礼仪的奏疏，以及贡禹的奏章、陈汤的断案的奏章，都因为班固喜欢好文章的缘故，大多被记载进去了。再如贾谊的文章，既被著录于本传，又被记载在《陈涉传》《食货志》等相关篇目；扬雄（子云）的文章，既被著录于本传，又被记载在《匈奴传》《王贡传》等相关篇目；至于《充国赞》《酒箴》，也都被录入各个传记中了。这都是因为班固对于典雅瑰玮的文章，没有一字不想去甄别采录。

你将《十二帝纪》读完之后，暂且先读列传部分，凡是文章被昭明太子萧统与姚鼐所选的，则要细心去读；那些不被两家所选的，则要另外标识出来。如果小学、古文两种功夫大略识得了一些途径，那么对于读懂《汉书》来说，也就有了一半多的把握了。

世家子弟，最容易犯错的是在"奢"字、"傲"字上头。不是必须锦衣玉食而后才叫作奢，只要皮袍、呢褂之类的好衣服俯拾即是，车马、仆从之类习以为常，这也就是在渐渐走向奢侈了。见到乡村的人就嗤笑人家的粗俗鄙陋，见到雇工就颐指气使，这也就是在渐渐习惯于骄傲了。《尚书》说："世代享受俸禄的人家，少有依照礼仪办事的。"《春秋左氏传》说："骄奢淫佚，都是因为受宠、受禄太过的缘故。"京城的子弟学坏，没有一个不是因为"骄"（傲）"奢"（侈）二字的，你与弟弟们都要引以为戒！千万记住！

看、读、写、作四者，每日不可缺一

谕纪泽　咸丰八年七月二十一日

【导读】

咸丰七年（1857）二月，因父亲亡故，曾国藩回家守孝。咸丰八年（1858）六月再度出山，执掌军务。此家书写于此次即将再度长期离家之际，故而细细叮嘱关于读书、写字、作文与做人之道。还说今后要效仿林则徐，将自己出门时期所记的日记，定期随同家书寄回，好让子弟参阅，以利修身。

关于读书。曾国藩指出看、读、写、作四种方法缺一不可。看，是指广泛地浏览，积累、扩充知识储备，泛览各类"经史子集"。读，是指出声朗诵、吟咏，仅指最为基础的经典，在沉潜往复之中加深对经典的体会。写字，曾国藩强调一日都不可间断，既要求好又要求快。作文章，曾国藩指出，年轻时要奠定一个规模，无论是八股文、试帖诗，还是各体的诗、文都应学会，还要有狂者进取的精神，大胆尝试，不怕出丑。关于做人，曾国藩认为圣贤说过的千言万语，不过就是"敬"与"恕"二字，并且列举孔子、孟子所说过的相关言论，指出其中哪几句最为亲切，哪儿句分别是"敬"或"恕"的最好下手之处，这是对儒家修身之道的极好提炼。

字谕纪泽儿：

余此次出门，略载日记，即将日记封每次家信中。闻林文忠[1]家书，即系如此办法。尔在省，仅至丁、左[2]两家，余不轻出，足慰远怀。

读书之法，看、读、写、作四者，每日不可缺一。

看者，如尔去年看《史记》、《汉书》、"韩文"、《近思录》，[3]今年看《周易折中》[4]之类是也。读者，如"四书"、《诗》、《书》、《易经》、《左传》诸经，《昭明文选》，李杜韩苏[5]之诗，韩欧曾王[6]之文，非高声朗诵则不能得其雄伟之概，非密咏恬吟[7]则不能探其深远之韵。譬之富家居积[8]，看书则在外贸易，获利三倍者也；读书则在家慎守[9]，不轻花费者也。譬之兵家战争，看书则攻城略地，开拓土宇者也；读书则深沟坚垒，得地能守者也。看书与子夏之"日知所亡"相近，读书与"无忘所能"相近，[10]二者不可偏废。

至于写字，真[11]、行、篆、隶，尔颇好之，切不可间断一日。既要求好，又要求快。余生平因作字迟钝，吃亏不少。尔须力求敏捷，每日能作楷书一万，则几[12]矣。

至于作诸文，亦宜在二三十岁立定规模；过三十后，则长进极难。作四书文[13]，作试帖诗[14]，作律赋，作古今体诗，作古文，作骈体文，数者不可不一一讲求，一一试为之。少年不可怕丑，须有狂者进取[15]之趣，过时不试为之，则后此弥[16]不肯为矣。

至于作人之道，圣贤千言万语，大抵不外"敬""恕"二字。"仲弓问仁"[17]一章，言"敬""恕"最为亲切。自此以外，如"立则见参于前也，在舆则见其倚于衡也"[18]；"君子无众寡，无小大，无敢慢，斯为泰而不骄；正其衣冠，俨然人望而畏，斯为威而不猛"[19]：是皆言"敬"之最好下手者。孔言"欲立立人，欲达达人"[20]；孟言"行有不得，反求诸己"[21]，"以仁存心，以礼存心"[22]，"有终身之忧，无一朝之患"[23]：是皆言"恕"之最好下手者。尔心境明白，于"恕"字或易著功[24]，"敬"字则宜勉强行之。此立德之基，不可不谨。

科场[25]在即，亦宜保养身体。余在外平安。不多及。

涤生手谕（舟次樵舍下，去江西省城八十里）

再，此次日记，已封入澄侯叔[26]函中寄至家矣。

余自十二至湖口，十九夜五更开船晋[27]江西省，二十一申刻即至章门。余不多及。又示。

【注】

[1] 林文忠：林则徐，谥号文忠。此处说林则徐每隔一段时间，便将自己的日记封在家书中寄回，让家人传阅，以作修身指导。

[2] 丁、左：丁指丁义方，湖南益阳人；左指左宗棠，字季高，湖南湘阴人。二人都是曾国藩的友人，也是湘军的重要将领。

[3] "韩文"：指《昌黎先生文集》之类的唐代韩愈的文集。《近思录》：南宋朱熹、吕祖谦选编的北宋大儒周敦颐、张载、程颐、程颢的语录，是古代理学的入门读物。

[4] 《周易折中》：康熙帝御纂的《周易》注本，实际主持编

纂者为李光地，主要选取程颐、朱熹二人的解释，并有所折中、调和，此书即为清代学习《周易》的入门读本。

〔5〕李杜韩苏：李白、杜甫、韩愈、苏轼。

〔6〕韩欧曾王：韩愈、欧阳修、曾巩、王安石。

〔7〕密咏恬吟：细密、恬然的吟咏，指低声读书的一种状态。

〔8〕居积：囤积。

〔9〕慎守：谨慎守护。

〔10〕"看书与子夏之"两句：每日知道一些自己所未知的，每月不忘那些自己已知的。此处强调看书如初学未知，读书如巩固已知，二者的结合。语出《论语·子张》。

〔11〕真：楷书。

〔12〕几：接近，差不多。

〔13〕四书文：即八股文，又称时文、时艺、经义、制义。科举考试第一场考试，从儒家经典"四书"，即《大学》《中庸》《论语》《孟子》中选取考题，故又称四书文。

〔14〕试帖诗：科举考试中的诗，选取古人诗中某句为题，并限定韵脚作五言六韵或八韵诗。

〔15〕狂者进取：狂者、狷者做不到中庸之道，虽不能算是君子，然也是值得称赞的。语出《论语·子路》。

〔16〕弥：更加。

〔17〕仲弓问仁：语出《论语·颜渊》："仲弓问仁。子曰：出门如见大宾，使民如承大祭。己所不欲，勿施于人。在邦无怨，在家无怨。"意思是说出门在外要像拜见贵宾那样，治理百姓要像承担重大祭祀那样。自己不喜欢的，不要强加给别人。这样在朝廷或在家族之中都不会招致怨恨。"见大宾""承大祭"句阐发"敬"；"己所不欲"句阐发"恕"。

〔18〕此句语出《论语·卫灵公》。意思是说，"忠""信""笃""敬"四字，站立的时候就好像摆在面前，坐在车厢里就好像刻在车子的横木上。舆，车。衡，车前的横木。

［19］此句语出《论语·尧曰》，曾国藩凭记忆而引，故文字略有不同。意思是说，一位君子无论对方是众是寡，或小或大，总是不敢怠慢，那岂不是舒泰而不骄傲吗？君子使自己衣冠整肃，目光威严，便显得俨然，别人望见了他就会心生敬畏，那岂不也是威严而不刚猛吗？

［20］此句语出《论语·雍也》。意思是说，自己想要事业有所确立就先帮别人确立，自己想要事业有所通达就先帮别人通达。

［21］此句语出《孟子·离娄上》。意思是说，凡是行动而得不到预期的效果，都应该反过来从自己身上作检讨。

［22］此句语出《孟子·离娄下》。意思是说，君子内心所怀的念头是仁，是礼。

［23］此句语出《孟子·离娄下》。意思是说，君子有着为国为民的终身忧虑，但是不会有某一日突发的忧患。

［24］著功：明显的功效。

［25］科场：科举考试的场所，指代科举考试。

［26］澄侯叔：指曾国藩的大弟，曾国潢，字澄侯。

［27］晋：进。

【译】

字谕纪泽儿：

我这一次出门，简略地记下日记，并将日记封在每次寄回家的信中。听说林文忠公的家书，就是采用这样的办法。你在省城，仅仅到过丁、左两家，其余时间不曾轻易外出，这让我这个在外头的父亲也感到非常欣慰。

读书的方法，看、读、写字、作文四个方面，每日都不可缺少其中之一。

看书，就像你去年看的《史记》《汉书》《昌黎先生文集》《近思录》，今年看的《周易折中》之类，都属于看书的范围。读书，比如"四书"、《诗经》、《尚书》、《易经》、《左传》等经书，《昭明文选》，李白、杜甫、韩愈、苏轼的诗，韩愈、欧阳修、曾巩、王安石的文，不高声朗诵就不能体会到其中的雄伟气概；不细细吟咏就不能体会到其中的深远气韵。譬如富家的囤积财富，看书则是在外面进行贸易，获利当是成本的三倍；读书则是在家中谨守家业，不轻易花费了。譬如兵家的战争，看书则是四处攻城略地，开疆拓土；读书则是扎下深沟坚垒，所得之地能够守得住。看书又如《论语》子夏说的"日知所亡"相近，每日知道一些自己所未知的；读书则是子夏说的"无忘所能"相近，每月不忘那些自己已知的，这两个方面都是不可偏废的。

再说写字，楷书、行书、篆书、隶书，你都有所爱好，都要坚持下去，千万不要间断一日。既要求写得好，又要求写得快。我生平就是因为写字迟钝，吃亏不少。你必须力求敏捷，每日能够写上一万个楷书小字，也就差不多了。

再说写作各类文体的文章，也应当在二三十岁的时候基本定型，过了三十岁后，就很难再有大的长进了。写作四书文，写作试帖诗，写作律赋，写作古体诗、近体诗，写作古体散文，写作骈体韵文，这些文体不可不去一一讲求，一一尝试去写作。少年人不可害怕出丑，必须要有狂者进取的那种志趣，错过了少年时代而不曾尝试，那么到了以后就更加不敢去做了。

最后再说做人的道理，圣贤们的千言万语，大抵来看不外乎"敬""恕"这两个字。《论语》"仲弓问仁"一章，讲述"敬、恕"最为亲切。除此之外，比如"立则见参于前也，在舆则见其倚于衡也"，"君子无众寡，无小大，无敢慢，斯为泰而不骄；正其衣冠，俨然人望而畏，斯为威而不猛"，这几句都是讲"敬"字最好的下手实践之法。孔子说"欲立立人，欲达达人"，孟子说"行有不得，反求诸己""以仁存心，以礼存心""有终身之忧，无一朝之患"，这几句都是讲"恕"字最好的下手实践之法。你的心境明白，对于"恕"字大概容易见到效果，"敬"字则应当勉力去做了。这些都是立德的根本，不可不谨慎。

科举考试的日期就要到了，也应当注意保养身体。我在外平安。不多写了。

　　　　　滌生手谕（停船于樵舍镇之下，离江西省城八十里）
再，此次我的日记，已经封装入你澄侯叔的信函之中寄到家中了。

我从十二日开始到湖口，十九日夜五更开船进入江西省境内，二十一日申时就到达章门了。其余也不多写了。又示。

读书宜虚心涵泳、切己体察

谕纪泽　咸丰八年八月初三日

【导读】

咸丰八年（1858）六月曾国藩第二次担任湘军大帅，于军务百忙之中常写家书教导子弟读书，此次家书则重点谈了自己对《朱子读书法》之中的"虚心涵泳""切己体察"两点的体会。

关于"切己体察"，曾国藩举《孟子·离娄》中首、五二章为例，指出读书与个人阅历结合的重要性。关于"涵泳"，曾国藩以春雨滋润花草、清渠灌溉稻苗比喻"涵"，涵养的关键在于"适中"；又以鱼之游水、人之濯足比喻"泳"，鱼与水、人与水的快乐则是要沉浸于其中方能感知。最后，曾国藩又说，读书人当视书如水，以水润花、溉稻、游鱼、濯足，用心解书，才能透过文义有所深入。

字谕纪泽儿：

八月一日，刘曾撰[1]来营，接尔第二号信并薛晓帆[2]信，得悉家中四宅平安，至以为慰。

汝读"四书"无甚心得，由不能"虚心涵泳""切己体察"[3]。朱子教人读书之法，此二语最为精当。

尔现读《离娄》，即如《离娄》首章"上无道揆，下无法守"[4]，吾往年读之，亦无甚警惕；近岁在外办事，乃知上之人必揆诸道，下之人必守乎法，若人人以道揆自许，从心而不从法，则下凌上矣。"爱人不亲"章[5]，往年读之，不甚亲切；近岁阅历日久，乃知"治人不治"者，智不足也。此"切己体察"

之一端也。

"涵泳"二字，最不易识，余尝以意测之曰："涵"者，如春雨之润花，如清渠之溉稻。雨之润花，过小则难透，过大则离披，适中则涵濡而滋液[6]；清渠之溉稻，过小则枯槁，过多则伤涝，适中则涵养而浡兴[7]。"泳"者，如鱼之游水，如人之濯足。程子谓"鱼跃于渊，活泼泼地"；[8]庄子言"濠梁观鱼，安知非乐"？[9]此鱼水之快也。左太冲有"濯足万里流"之句，[10]苏子瞻有《夜卧濯足》诗，有《浴罢》诗，[11]亦人性乐水者之一快也。善读书者，须视书如水，而视此心如花、如稻、如鱼、如濯足，则"涵泳"二字，庶可得之于意言之表。

尔读书易于解说文义，却不甚能深入，可就朱子"涵泳""体察"二语悉心求之。

邹叔明新刊地图甚好。[12]余寄书左季翁[13]，托购致十副，尔收得后，可好藏之。薛晓帆银百两，宜璧还。余有复信，可并交季翁也。此嘱。

父涤生字

【注】

[1]刘曾撰：字芙孙，号咏如，阳湖（今江苏常州）人，当时在曾国藩营任职，后任辰州知府、安庆内军械所委员等。

[2]薛晓帆：即薛湘，字晓帆，无锡人，薛福成之父，曾国藩的友人，道光二十五年（1845）进士，曾任湖南安福、新宁县知县。

[3]此处指《朱子读书法》中的两个条目。《朱子读书法》是宋代理学家朱熹的弟子辅广等人，根据其讲学中论如何读书的相关语录归纳出来的，共六条：循序渐进、熟读精思、虚心涵泳、切己体察、着紧用力、居敬持志。

[4]语出《孟子·离娄上》："上无道揆也，下无法守也，朝不信道，工不信度，君子犯义，小人犯刑，国之所存者幸也。"揆，度，准则。此句是说道义与法度都重要，只讲道义则小人就

会以下欺上了。

［5］语出《孟子·离娄上》："爱人不亲，反其仁；治人不治，反其智；礼人不答，反其敬。"此处说治理别人没有做好，要反省自身关于治理的智力是否足够。

［6］涵濡（rú）：滋润，沉浸。滋液：汁液渗透。

［7］浡（bó）兴：兴起，涌起。

［8］语出《二程遗书》卷三："'鸢飞戾天，鱼跃于渊，言其上下察也。'此一段子思吃紧为人处，与'必有事焉，而勿正心'之意同，活泼泼地，会得时，活泼泼地，不会得时，只是弄精魂。"此处程子，当指大程子程颢。是说"正心"与"有事"二者的自然结合，方才是活泼泼、生机勃勃的。

［9］濠梁观鱼：语出《庄子·秋水篇》："庄子与惠子游于濠梁之上。庄子曰：'儵鱼出游从容，是鱼之乐也？'惠子曰：'子非鱼，安知鱼之乐？'庄子曰：'子非我，安知我不知鱼之乐？'惠子曰：'我非子，固不知子矣；子固非鱼也，子之不知鱼之乐，全矣。'庄子曰：'请循其本。子曰汝安知鱼乐云者，既已知吾知之而问我。我知之濠上也。'"此处是说游鱼在水中的从容，是鱼的快乐。

［10］左太冲：即西晋文学家左思。此句出自《咏史》之五。

［11］苏子瞻：即北宋文学家苏轼。《浴罢》，原题《次韵子由浴罢》。

［12］邹叔明：即邹汉章，湖南新化人，曾任湘军水师将领，后被太平军所杀。邹汉章平日留心地图与历代兵制，著有《黔滇楚粤水道考》《皇清舆地记》等，此处所说地图大概指其所绘舆地图。

［13］左季翁：即左宗棠。

【译】

字谕纪泽儿：

八月一日，刘曾撰来到军营，接到了你的第二号信和薛晓帆的信，得以知悉家中四宅平安，非常欣慰。

你读"四书"还没什么特别的心得，这是由于不能做到"虚心涵泳""切己体察"。朱子教人的读书法，这两条最为精辟得当。

你现今正在读《离娄》，比如《离娄》首章"上无道揆，下无法守"一句，我往年读的时候，也没觉得有什么警惕之处；近几年在外面办事，才知道处于高位的人必须遵守道德，处于下位的人必须遵守法纪，如果人人以遵守道德自许，只从心愿而不从法则，那么就会有以下欺上的事情发生了。再如"爱人不亲"章，往年读的时候，不曾感觉亲切；近几年阅历渐渐深了，方才知道治人者不能治理好人，那是因为智力不够。这就是"切己体察"的一个方面了。

"涵泳"二字，最不容易理解，我曾经从意蕴上加以推论。所谓"涵"，好比是春田的雨水滋润花朵，好比是清澈的渠水灌溉稻秧。雨水滋润花朵，太少了就难以浇透，太多了就下垂倒伏，适中方才滋润渗透而恰到好处；渠水灌溉稻秧，太少就枯槁，太多就造成洪涝，适中方才滋养得当而兴发起来。所谓"泳"，好比鱼的游水，好比人的洗足。程子说鱼儿跳跃于深渊，活泼泼的样子；庄子说在濠梁观鱼，怎么知道鱼儿不快乐呢？这就是鱼儿的快乐吧！左太冲曾有"濯足万里流"的句子，苏子瞻有《夜卧濯足》一诗，有《浴罢》一诗，也都是人性当中乐水的一种快乐呀！善于读书的人，必须将书看作水，而将心看作花朵、稻秧、游鱼、濯足，那么"涵泳"二字，也就差不多能够体会其中的意思了。

你读书比较容易解说文章的大义，但不太能深入体会。可以从朱子的"涵泳""体察"这两条去悉心追求一番。

邹叔明新刊刻的地图非常之好。我寄了书信给左季翁，托他购买十副地图，你收到之后，可要好好收藏起来。薛晓帆的一百两银子，应当完璧归还。我有复信，可以一起交给左季翁。特此叮嘱。

父涤生字

经书之外，将十一种书寻究一番

谕纪泽　咸丰八年九月二十八日

【导读】

　　曾国藩认为，读书应当以"五经""四书"为根本，此外还当通读列入"十三经"的《周礼》《仪礼》《尔雅》《孝经》《春秋公羊传》《春秋穀梁传》这六种书，然不必求熟。真正值得熟读的，先有司马迁的《史记》、班固的《汉书》、《庄子》与韩愈的文集这四种，再加上萧统选编的《文选》、杜佑的《通典》、许慎的《说文解字》、《孙子兵法》(《孙武子》)、顾祖禹的《读史方舆纪要》、姚鼐（字姬传）的《古文辞类纂》以及曾国藩所选编的《十八家诗钞》，共七种。这十一种书如果能够熟读深思，那么即便不能融会贯通，也可以见解大开了。

字谕纪泽儿：

　　闻儿经书将次[1]读毕，差用少慰[2]。

　　自"五经"外，《周礼》《仪礼》《尔雅》《孝经》《公羊》《穀梁》六书，自古列之于经，所谓"十三经"也。此六经宜请塾师口授一遍。尔记性平常，不必求熟。

　　"十三经"外所最宜熟读者莫如《史记》、《汉书》、《庄子》、"韩文"四种。余生平好此四书，嗜之成癖，恨未能一一诂释笺疏[3]，穷力讨治[4]。自此四种而外，又如《文选》、《通典》、《说文》、《孙武子》、《方舆纪要》、近人姚姬传所辑《古文辞类纂》、余所抄十八家诗，此七书者，亦余嗜好之次也。凡十一种，吾以配之"五经""四书"之后，而《周礼》等六经者，或反不知笃好，盖未尝致力于其间，而人之性情各有所近焉尔。

　　吾儿既读"五经""四书"，即当将此十一书寻究一番，纵不能讲习贯通，亦当思涉猎其大略，则见解日开矣。

　　　　　　　　　　　　　　　　　　　滌生手谕

【注】

　　[1]将次：依次。

　　[2]差用少慰：稍稍感觉欣慰。

　　[3]诂释笺疏：诠释经典的四种不同体例，大多以当代的语言来解释古代语言。

　　[4]穷力讨治：尽全力去加以研究探讨。

【译】

字谕纪泽儿：

　　听说孩儿将要把经书依次读完，稍稍让我感到欣慰。

　　在"五经"之外，《周礼》《仪礼》《尔雅》《孝经》《春秋公羊传》《春秋穀梁传》这六种书，自古以来就列在了经部，也就是所谓的十三经。这六经应当请塾师口授一遍。你的记性平常，不必要求熟练。

　　十三经之外所最应当熟读的，莫如《史记》《汉书》《庄子》《昌黎先生文集》这四种。我生平喜好这四种书，嗜好而几乎成了怪癖，恨不能一一加以训诂、解释、笺注、疏通，穷尽全力加以讨论研究。除了这四种之外，又如《文选》、《通典》、《说文解字》、《孙武子》（《孙子兵法》)、《读史方舆纪要》、近人姚姬传（姚鼐）所辑的《古文辞类纂》及我所抄录的十八家诗（《十八家诗钞》）这七种书，是我所嗜好的其次部分了。一共十一种，我将它们配在"五经""四书"之后，然而《周礼》等六部经书，或许反而不知如何去喜好，大约未曾致力于其间，而人的性情又会各自有所亲近了。

　　我的孩儿，既然读了"五经""四书"，就应当将这十一种书寻出来探究一番，纵然不能讲习得十分贯通，也应当想去涉猎其中一个大略，那么见解日益开阔了。

　　　　　　　　　　　　　　　　　　　　　　涤生手谕

读《诗经》法、作赋法以及习字法

谕纪泽　咸丰八年十月二十五日

【导读】

此信重点谈了如何读《诗经》，汉代的毛亨与毛苌作的传、郑玄作的注，唐代的孔颖达《诗经正义》(即此处所指《诗经注疏》)中的义疏，或是宋代朱熹《诗集传》的解释，在曾国藩看来都应当"虚心求之"，感觉"惬意"就用朱笔标出；有所怀疑则另找一小册子记下，等将来进一步整理为读书札记。其次，谈及如果作八股文（时艺）觉厌烦，则可以尝试作赋，学习《文选》中的汉魏六朝古赋，换一种意趣。此外，论及临习《玄教碑》与《孔宙碑》的得失，以及作为下辈之长，必须常常要存有一个乐育诸弟的念头。

字谕纪泽：

十月十一日接尔安禀，内附隶字一册。二十四日接澄叔信，内附尔临《元教碑》[1]一册。王五及各长夫[2]来，具述家中琐事甚详。

尔信内言读《诗经注疏》之法，比之前一信已有长进。凡汉人传注、唐人之疏，[3]其恶处在确守故训，失之穿凿；其好处在确守故训，不参私见。释"谓"为"勤"[4]，尚不数见；释"言"为"我"[5]，处处皆然。盖亦十口相传之诂，而不复顾文气之不安。如《伐木》为文王与友人入山，《鸳鸯》为明王交于万物，与尔所疑《螽斯》章解，同一穿凿。

朱子《集传》，一扫旧障，专在涵泳神味，虚而与之委蛇。然如《郑风》诸什，《注疏》以为皆刺忽[6]者固非，朱子以为皆淫奔者，亦未必是。尔治经之时，无论看《注疏》，看宋传，总宜虚心求之。其惬意者，则以朱笔识出；其怀疑者，则以另册写一小条，或多为辨论，或仅著数字，将来疑者渐晰，又记于此条之下，久久渐成卷帙，则自然日进。高邮王怀祖[7]先生父子，经学为本朝之冠，皆自札记得来。吾虽不及怀祖先生，而望尔为伯申氏[8]甚切也。

尔问时艺可否暂置，抑或它有所学？余惟文章之可以道古，可以适今者，莫如作赋。汉魏六朝之赋，名篇巨制，具载于《文选》，余尝以《西征》《芜城》及《恨》《别》等赋示尔矣。其小品赋，则有《古赋识小录》。律赋，则有本朝之吴榖人、顾耕石、陈秋舫诸家。[9]尔若学赋，可干每三、八日作一篇，大赋，或数十字；小赋，或仅数十字。或对或不对，均无不可。此事比之八股文略有意趣，不知尔性与之相近否？

尔所临隶书《孔宙碑》[10]，笔太拘束，不甚松活，想系执笔太近毫之故，以后须执于管顶。余以执笔太低，终身吃亏，故教尔趁早改之。《元教碑》墨气甚好，可喜可喜。郭二姻叔[11]嫌左肩太俯，右肩太耸，吴子序年伯[12]欲带归示其子弟。尔字姿于草书尤相宜，以后专习真、草二种，篆、隶置之可也。四体并习，恐将来不能一工。

余癣疾近日大愈，目光平平如故。营中各勇夫病者，十分已好六七，惟尚未复元，不能拔营进剿，良深焦灼。闻甲五[13]目疾十愈八九，忻慰之至。尔为下辈之长，须常常存个乐育诸弟之念。君子之道，莫大乎与人为善，况兄弟乎？临三、昆八，[14]系亲表兄弟，尔须与之互相劝勉。尔有所知者，常常与之讲论，则彼此并进矣。此谕。

【注】

　　[1]《元教碑》：即《玄教宗传碑》，避康熙帝玄烨讳故称《元教碑》，元代书法家赵孟頫所书，楷书。

　　[2]长夫：军队里雇佣的民夫。

　　[3]"凡汉人传注"两句中"传""注""疏"，都是对经书加以注解的一种方式。传，解释经义；注，解释字义。疏，即疏通，对前人注解的再注解。

［4］释"谓"为"勤"：如"求我庶士，迨其谓之"（《召南·摽有梅》）、"心乎爱矣，瑕不谓矣"（《小雅·隰桑》），郑玄认为"谓"字当解释为"勤"。

［5］释"言"为"我"：如"言念君子，温其如玉"（《秦风·小戎》）、"言告师氏，言告言归"（《周南·葛覃》），郑玄等人认为"言"字当解释为"我"，清代王引之《经传释词》则说："言，云也，语词也。"故曾国藩也提出怀疑。

［6］刺忽：即上文提及的将《伐木》一诗的意思解释为文王与友人入山之类，《毛诗序》解释《诗经》多用"刺忽""美刺"等说法，认为每篇诗背后都有讽喻，都有道德教化的用意在。朱熹《诗集传》则提出反对，但认为如《郑风》之中的多首诗为爱情诗，甚至为"淫奔"。

［7］王怀祖：即王念孙，字怀祖，江苏高邮人。乾隆四十年（1775）进士，官至直隶永定河兵备道。著名学者，其所著《读书杂志》等为曾国藩所推崇。

［8］伯申氏：即王念孙之子王引之，嘉庆四年（1799）进士，官至工部尚书，也是著名学者。

［9］吴毂人：即吴锡麒，字圣征，号毂人，钱塘（今浙江杭州）人。顾耕石：字印若，光绪十七年（1891）举人，江苏吴江人。陈秋舫：原名学濂，字太初，号秋舫，蕲水（今湖北浠水）人。这三位都是晚清的文学家。

［10］《孔宙碑》：即《汉泰山都尉孔宙碑》，东汉延熹七年（164）立碑，隶书。

［11］郭二姻叔：即郭嵩焘，与曾国藩为儿女亲家。

［12］吴子序年伯：即吴嘉宾，字子序，江西南丰人，与曾国藩为乡试同年。

［13］甲五：即曾国潢之子曾纪梁。

［14］临三、昆八：曾国藩的外甥。

【译】

字谕纪泽：

十月十一日，接到你告安的书信，里头还附有隶书习作一册。二十四日，接到你澄叔的信，里头附有你临写的《元教碑》一册。王五以及各位长夫来到军营，具体讲述了家中的琐事，很是详尽。

你的信中说起读《诗经注疏》的方法，比起前一封信来说，已经有了长进。凡是汉人所作的传、注，唐人所作的疏，其中的坏处就在于坚守传统的解释，故而失之穿凿；其中的好处在于坚守传统的解释，不掺杂自己的私见。将"谓"解释为"勤"，还不太多见；将"言"解释为"我"，处处都是这样的。大概也就是口口相传的训诂，故而不再顾及文气的不安了。比如《伐木》是说文王与友人入山，《鸳鸯》是说明王与万物相交，以及你所怀疑的《螽斯》的解释，同是一种穿凿附会。

朱子的《诗集传》，一扫陈旧迷障，专门在涵泳精神韵味上头下功夫，虚与委蛇。然如《郑风》等诗篇，《注疏》以为都是讽喻固然不对，朱子以为都是淫奔的爱情诗，也未必正确。你研读经典的时候，无论是看《注疏》，还是看宋人的诗传，都应当虚心去探求。其中的惬意之处，就用朱笔标记出来；其中的怀疑之处，就用另外的册子写一小条，有的多写些辨正的言论，有的仅仅写上几个字，等将来疑惑的地方渐渐明晰，再补记在这一条之下，时间久了逐渐积累成了卷帙，那么就自然日进不已了。高邮的王怀祖先生父子，他们的经学可以说是本朝之冠，都是从写作札记得来的。我虽然不及怀祖先生，但希望你能成为伯申氏的心却是很急切的呢！

你问起八股时艺是否可以暂时搁置，或者还有什么其他可以学习的？我认为各类文体之中，既可以道古又可以论今的，莫如写作赋了。汉魏六朝之赋，鸿篇巨制，都被记载在《文选》之中了，我曾经将《西征》《芜城》以及《恨》《别》等赋展示给你看了。其他的小品赋，则有《古赋识小录》一书。律赋，则有本朝的吴榖人、顾耕石、陈秋舫等家。你如果想要学赋，可以每逢三、八日写作一篇，大赋，或者数千字；小赋，或者仅仅数十字。无论对仗或不对仗，均无不可。这种文体，比起写作八股文来说，更有意趣一些，不知道是否会与你的性情比较相近呢?

你所临写的隶书《孔宙碑》,用笔太过拘束,不怎么松活,想来当是执笔太近笔头的缘故,以后必须执笔在笔管的顶部。我就是因为执笔太低,终身吃亏,故而教你趁早改掉这个毛病。《元教碑》的墨气很好,可喜可喜。郭二姻叔觉得你的字左肩太过低俯,右肩太过高耸;吴子序年伯想要带回去,给他的子弟们看看。你的字的姿态,如写作草书则较为相宜,以后专门练习楷书、草书二种,篆书、隶书可以暂时搁置一下。四种书体一起练习,恐怕将来不能有一种能够真正精通的了。

我的癣疾近段日子大好了,眼睛的视力则平平如故。军营中患病的兵勇们,十分已经好了六七分,唯独元气尚未恢复,不能拔营进剿,很是焦灼。听说甲五的眼疾十分已经好了八九分,让我感到欣慰极了。你作为下一辈之中的长房,必须常常存着一个关心、教导诸位兄弟的念头。君子之道,最为重要的就是与人为善,何况还是兄弟呢?临三、昆八,都是亲表兄弟,你应当与他们互相劝勉。你所知道的,常常与他们讲解讨论,那么就能彼此一起进步了。此谕。

看天文、认星座之指南,三河大败之感叹

诲纪泽　咸丰八年十月二十九日

【导读】

曾国藩一直希望其子能懂得一些天文知识,故之前便要求认识恒星星座,此次则指示翻阅秦蕙田《五礼通考》之《观象授时》之中的恒星图。学天文,但不主张讲"占验",即观察星象、云气,并占卜吉凶之类,认为通过《史记·天官书》与《汉书·天文志》了解一下即可;应当学习"推步",即通过推算天象、观测七大星的运行度数制定历法。

此时恰逢"三河挫败",曾国华是曾国藩的胞弟,他跟随李续宾,战死于安徽肥西的三河镇。当时的战局曾对清军有利,本

想着太平军指日可平，却又突发庐州之变，以及江浦、六合之变，再到三河镇的大变，原定的战局被破坏殆尽。战局的不利，胞弟的早亡，都使得曾国藩情怀难堪，想到曾氏家族，只能希望儿子在叔祖、叔父母面前多尽几分爱敬之心，多存几分大家族的休戚与共之念。

字谕纪泽：

二十五日寄一信，言读《诗经注疏》之法。二十七日县城二勇至，接尔十一日安禀，具悉一切。

尔看天文，认得恒星数十座，甚慰甚慰。前信言《五礼通考》[1]中《观象授时》二十卷内恒星图，最为明晰，曾翻阅否？国朝大儒于天文历数之学，讲求精熟，度越前古。自梅定九、王寅旭以至江、戴诸老，[2]皆称绝学，然皆不讲占验，但讲推步[3]。占验者，观星象云气以卜吉凶，《史记·天官书》《汉书·天文志》是也。推步者，测七政[4]行度，以定授时，《史记·律书》《汉书·律历志》是也。秦味经先生之《观象授时》，简而得要。心壸既肯究心此事，可借此书与之阅看（《五礼通考》内有之，《皇清经解》内亦有之）。若尔与心壸二人能略窥二者之端绪，则足以补余之阙憾矣。

四六[5]落脚一字粘法，另纸写示（因接安徽信，遂不开示）。

书至此，接赵克彰十五夜自桐城发来之信，温叔[6]及李迪庵方伯[7]，尚无确信，想已殉难矣，悲悼曷极！来信寄叔祖父[8]封内中有往六安州之信，尚有一线生机。余官至二品，诰命三代[9]，封妻荫子，受恩深重，久已置死生于度外，且常恐无以对同事诸君于地下。温叔受恩尚浅，早岁不获一第，近年在军，亦不甚得志，设有不测，赍[10]憾有穷期耶？

军情变幻不测，春夏间方冀此贼指日可平，不图七月有庐州之变，八、九月有江浦、六合之变，兹又有三河之大变，全局破坏，与咸丰四年冬间相似，情怀难堪。但愿尔专心读书，将我所

好看之书领略得几分，我所讲求之事钻研得几分，则余在军中，心常常自慰。尔每日之事，亦可写日记，以便查核。（建昌营次）

【注】

［1］《五礼通考》：清初秦蕙田所撰，凡七十五类，以天文推步、勾股割圆立为"观象授时"一题统之。秦蕙田，字树峰，号味经，江苏金匮人。

［2］"自梅定九"三句：梅定九，即梅文鼎，字定九，安徽宣城人。王寅旭，即王锡阐，字寅旭，江苏吴江人。梅、王二人都是天文历算学家。江、戴，即江永、戴震。

［3］推步：推算天象、历法。古人认为日月五星在天上的转运，犹如人的行步，可以推算而知。

［4］七政：又称七曜、七纬，太白星（金星）、岁星（木星）、辰星（水星）、荧惑星（火星）、镇星（土星）称为五星或五曜，加上太阳星（日）、太阴星（月），合称七曜。

［5］四六：指代骈体文，骈四俪六为骈体文的基本格式。

［6］温叔：即曾国华，字温甫。

［7］李迪庵方伯：即李续宾，字迪庵，官至浙江布政使。方伯，管理一方的行政长官。

［8］叔祖父：即曾骥云，无子，过继曾国华为嗣。

［9］诰命三代：明清时期有大的庆典，例行对五品以上官员的父、祖、妻授予相应品级的封赠。

［10］赍（jī）：带着，怀抱着。

【译】

字谕纪泽：

二十五日寄去的一封信，其中讨论了读《诗经注疏》的方法。二十七日县城来的两个兵勇到了，接到你十一日的告安信，了解了家中的一切。

你在看天文方面的书，认得了恒星的数十个星座，非常欣慰，非常欣慰。前一信说到《五礼通考》中《观象授时》二十卷内的恒星图，最为明晰，你已经翻阅过了吧？本朝的大儒对于天文历算象数之学，研究得最为精熟，超越了前代的古人。从梅定九、王寅旭一直到江永、戴震等老先生，都可以称为绝学，然而他们都不讲占验，只讲推步。占验之学，通过观测星象、云气来卜算吉凶，《史记·天官书》《汉书·天文志》就是记载这些的。推步之学，通过观测七大星运行的周期、轨迹来确定时日历法，《史记·律书》《汉书·律历志》就是记载这些的。秦味经先生的《观象授时》，简明而又得要领。心壶既然肯去研究这门学问，可以借这本书给他看看（《五礼通考》内有这书，《皇清经解》内也有这节）。如果你与心壶二人，能够大略看懂这两门学问的一些头绪，那么也就足以弥补我的缺憾了。

四六体的骈文落脚处一字的粘法，用另外一纸写给你（因为接到安徽来的信，所以不在此处写明了）。

信写到这里，接到了赵克彰十五日夜从桐城发来的信，你温叔以及李迪庵方伯，尚未有确切的消息，想必已经殉难了，悲悼之极！来信之中寄给你叔祖父的信封内有寄往六安州的信，还有一线生机。我官至二品，诰命三代，封妻荫子，领受皇恩深重，早就已经将生死置之度外，并且经常有一种恐惧，担心对不起死于地下的那些同事们。你温叔受恩不多，早年不能获得科举登第，近年来在军营之中，也不太能够得志，假如真有不测，那是抱憾无穷啊！

军情变幻不测，春夏之间正在期望指日即可将这些贼军平定了，没想到七月就有庐州之变，八、九月还有江浦、六合之变，现今又有三河这场大变，全局都被破坏了，与咸丰四年冬天相似，情形十分不利了。但愿你能够专心读书，将我所喜好研读的几种书，都能够领略得几分，我所讲求的学问钻研得几分，那么我在军营之中，内心常常能得以安慰了。你每天做的事情，也可写成日记，以便查看核对。（建昌营次）

指示读书次序，以及指点作文、写字

谕纪泽　咸丰八年十二月二十三日

【导读】

　　曾纪泽读完《左传注疏》之后，曾国藩认为不必急着读"三礼"注疏或《春秋公羊传》与《春秋穀梁传》的注疏，而当先去细看胡刻本的《文选》，并借此改掉文笔枯涩之弊，提升科举考试必须的、以"四书"为题的八股文的写作水平。讲完作文，又讲写字，如何运用中锋、偏锋，如何把握蹲锋等，也都有所指点。

字谕纪泽：

　　日来接尔两禀，知尔《左传注疏》将次看完。"三礼"注疏，非将江慎修[1]《礼书纲目》识得大段，则注疏亦殊难领会，尔可暂缓，即《公》《穀》[2]亦可缓看。尔明春将胡刻《文选》[3]细看一遍，一则含英咀华，可医尔笔下枯涩之弊；一则吾熟读此书，可常常教尔也。

　　沅叔及寅皆先生望尔作四书文，[4]极为勤恳。余念尔庚申、辛酉下两科场，[5]文章亦不可太丑，惹人笑话。尔自明年正月起，每月作四书文三篇，俱由家信内封寄营中。此外或作得诗赋论策，亦即寄呈。

　　写字之中锋者，用笔尖着纸，古人谓之蹲锋[6]，如狮蹲、虎蹲、犬蹲之象。偏锋者，用笔毫之腹着纸，不倒于左，则倒于右。当将倒未倒之际，一提笔则为蹲锋。是用偏锋者，亦有中锋时也。此谕。

涤生字

【注】

　　［1］江慎修：即江永，字慎修，江西婺源人，清代著名经学家、音韵学家。

[2]《公》《榖》：即《春秋公羊传》《春秋榖梁传》，与《春秋左氏传》合称《春秋》三传。

　　[3]胡刻《文选》：胡克家，字果泉，江西鄱阳人，乾嘉时期学者，他主持刊刻的《文选》与《资治通鉴》是清代中后期的著名刊本。

　　[4]沅叔：即曾国荃，字沅甫。寅皆先生：邓汪琼，字寅皆，曾长期担任曾家的私塾先生。

　　[5]庚申、辛酉：指咸丰十年（1860）、十一年（1861），曾纪泽为道光三十年（1850）的荫生，故这两年有资格直接参加录科与乡试。

　　[6]蹲锋：指中锋运笔而于缓行之中取蹲势，也即笔锋有所驻留，有欲进先退之意。

【译】

字谕纪泽：

　　近日来接到你的两封信，知道你已将《左传注疏》依次看完了。"三礼"注疏，如果不是将江慎修的《礼书纲目》也能读懂其中的大部分，那么该书的注疏极难领会，你可以暂缓阅读。还有《春秋公羊传》《春秋榖梁传》二书，也可以暂缓阅读。明年春天，你先将胡刻本的《文选》细细地看一遍，一方面可以含英咀华，正好医治你文笔枯涩的弊病；一方面因为我曾熟读此书，也可以常常教导你了。

　　你沅叔以及寅皆先生，都希望你写作科举考试用得着那种以"四书"为题的八股文，并且极为勤恳。我想到你庚申、辛酉两年就要下考场了，文章也不可以太过出丑，惹人笑话。你从明年正月开始起，每月写作四书文三篇，都通过家信的内封寄到军营中来。此外如果还有写作诗赋、论策，也可以一起寄来给我看。

　　写字所用的中锋，就是要用笔尖着纸，古人所谓的蹲锋，有如狮蹲、虎蹲、犬蹲等不同形象的。偏锋，则是用笔毫的腹部着纸，不是倒于左，就是倒于右。当笔毫将倒未倒之际，一提笔，就成为蹲锋了。所以说用偏锋的时候，也会有用到中锋的。此谕。

涤生字

读书篇

买书不可不多，看书不可不知所择

谕纪泽　咸丰九年四月二十一日

【导读】

　　曾国藩的原则：买书不可不多，看书不可不知所择。曾国藩做官之前，读书乡间，苦于无书，故等其做官之后，就大力购置书籍、字帖。此次家书列举韩愈、柳宗元的自述书目与王念孙、王引之父子的考订书目，以及曾国藩自己毕生喜好的书目，一方面告知曾纪泽读书当有选择，另一方面要曾纪泽核对家中藏书，然后再行添置。最后，又寄予殷切期望，要曾纪泽精读所开书目，并学习清代学者的方法来作札记，以志所得，以著所疑，且随时寄去汇报，自己也会随时批答。

字谕纪泽：

　　前次于诸叔父信中，复示尔所问各书、帖之目。乡间苦于无书，然尔生今日，吾家之书，业已百倍于道光中年[1]矣。买书不可不多，而看书不可不知所择。以韩退之[2]为千古大儒，而自述其所服膺之书，不过数种：曰《易》，曰《书》，曰《诗》，曰《春秋左传》，曰《庄子》，曰《离骚》，曰《史记》，曰相如、子云[3]。柳子厚[4]自述其所得，正者：曰《易》，曰《书》，曰《诗》，曰《礼》，曰《春秋》；旁者：曰《穀梁》，曰《孟》《荀》，曰《庄》《老》，曰《国语》，曰《离骚》，曰《史记》。二公所读之书，皆不甚多。

　　本朝善读古书者，余最好高邮王氏父子[5]，曾为尔屡言之矣。今观怀祖先生《读书杂志》中所考订之书：曰《逸周书》，曰《战国策》，曰《史记》，曰《汉书》，曰《管子》，曰《晏子》，曰《墨子》，曰《荀子》，曰《淮南子》，曰《后汉书》，曰《老》《庄》，曰《吕氏春秋》，曰《韩非子》，曰《杨子》，曰《楚辞》，曰《文选》，凡十六种。又别著《广雅疏证》一种。伯申先生《经义述闻》中所考订之书：曰《易》，曰《书》，曰《诗》，曰《周官》，曰《仪礼》，曰《大戴礼》，曰《礼记》，曰《左传》，曰《国语》，曰《公羊》，曰《穀梁》，曰《尔雅》，凡十二种。王氏父子之博，古今所罕，然亦不满三十种也。

余于"四书""五经"之外，最好《史记》、《汉书》、《庄子》、"韩文"四种，好之十余年，惜不能熟读精考。又好《通鉴》《文选》及姚惜抱[6]所选《古文辞类纂》、余所选《十八家诗钞》[7]四种，共不过十余种。早岁笃志为学，恒思将此十余书贯串精通，略作札记，仿顾亭林[8]、王怀祖之法。今年齿衰老，时事日艰，所志不克成就，中夜思之，每用愧悔。泽儿若能成吾之志，将"四书""五经"及余所好之八种，一一熟读而深思之，略作札记，以志所得，以著所疑，则余欢欣快慰，夜得甘寝，此外别无所求矣。至王氏父子所考订之书二十八种，凡家中所无者，尔可开一单来，余当一一购得寄回。

学问之途，自汉至唐，风气略同；自宋至明，风气略同。国朝[9]又自成一种风气，其尤著者，不过顾、阎（百诗）、戴（东原）、江（慎修）、钱（辛楣）、秦（味经）、段（懋堂）、王（怀祖）数人，[10]而风会所扇，[11]群彦[12]云兴。尔有志读书，不必别标汉学[13]之名目，而不可不一窥数君子之门径。凡有所见所闻，随时禀知，余随时谕答，较之当面问答，更易长进也。

【注】

[1]道光中年：曾国藩道光十九年（1839）进京为官，故道光中年即指此前，当时曾氏兄弟读书于乡间私塾。

[2]韩退之：即韩愈，字退之。

[3]相如：即司马相如。子云：即扬雄。二人都是西汉文学家。

[4]柳子厚：即柳宗元，字子厚。

[5]高邮王氏父子：即王念孙，字怀祖；其子王引之，字伯申。

［6］姚惜抱：即姚鼐，其书室名惜抱轩，故学者称惜抱先生。其所选编的《古文辞类纂》在清代中后期流传极广，曾国藩对其评价颇高。

［7］《十八家诗钞》：曾国藩于咸丰元年（1851）选编完成的历代诗歌选本。

［8］顾亭林：即顾炎武，号亭林，江苏昆山人，清初著名学者。

［9］国朝：古代当朝人称本朝为国朝。

［10］此处所说的清代学者指顾炎武、阎若璩、戴震、江永、钱大昕、秦蕙田、段玉裁、王念孙。

［11］风会：风气，风尚。扇：鼓动。

［12］群彦：众英才。彦，贤士。

［13］汉学：又称考据学、考证学。汉代儒学重视考据、训诂，清代学者便以汉儒为榜样，故称考据、训诂之学为汉学。与重视义理阐发的宋代儒学、宋学相对。

【译】

字谕纪泽：

前次在写给你的诸位叔父的信中，又展示了你所问起的各种书、帖的名目。乡间往往苦于无书，然而在你出生之后，我家的藏书，早就已经百倍于道光中期了。买书不可不多，但看书则不可不知如何选择。即便是韩退之（韩愈）这样的千古大儒，他自述所服膺的书，也不过数种：《周易》《尚书》《诗经》《春秋左传》《庄子》《离骚》《史记》，以及司马相如与扬雄的文章。柳子厚（柳宗元）自述他的读书所得，作为根本的正篇有《周易》《尚书》《诗经》《礼记》《春秋》；作为参考的旁篇有《春秋穀梁传》《孟子》《荀子》《庄子》《老子》《国语》《离骚》《史记》。二位先生所读的书，都不是很多。

本朝善于研读古书的，我最欣赏高邮的王氏父子，也曾多次跟你说起过了。如今再看怀祖先生（王念孙）《读书杂志》之中所考订的书，包括了《逸周书》《战国策》《史记》《汉书》《管子》《晏子》《墨子》《荀子》《淮南子》《后汉书》《老子》《庄子》《吕氏春秋》《韩非子》《杨子》《楚辞》《文选》，共十六种。他另外又著有《广雅疏证》一种。伯申先生（王引之）《经义述闻》之中所考订的书，包括了《周易》《尚书》《诗经》《周官》《仪礼》《大戴礼记》《礼记》《左传》《国语》《春秋公羊传》《春秋穀梁传》《尔雅》，共十二种。王氏父子的学识广博，古今罕见，然而真正精通的也不超过三十种。

我在"四书""五经"之外，最为喜好《史记》、《汉书》、《庄子》、"韩愈文集"四种，已经喜欢了十多年，可惜不能熟读与精细考证。又喜好《资治通鉴》《文选》以及姚惜抱（姚鼐）所选的《古文辞类纂》、我自己所选的《十八家诗钞》四种，总共不过十多种。找早年定下志向从事学问，经常在思考将这十多种书贯串并且精通，大略地作一些札记，效仿顾亭林（顾炎武）、王怀祖（王念孙）的方法。如今年齿渐老、体力衰退，时事也日愈艰难，曾经的志向不能完成了，半夜里想到这里，心中不免生出愧疚、悔恨来了。泽儿你如能完成我的志向，将"四书""五经"以及我所喜好的八种书，一一熟读而深思，也大略作些札记，用以记录自己的心得，或者疑惑之处，那么我就会欢欣快慰，夜里也能安睡有好梦，此外则别无所求了。至于王氏父了所考订的二十八种书，凡是家中所没有的，你可以开一个单子来，我会一一买到并且寄回的。

做学问的途径，从汉代到唐代，风气大略相同（汉唐经学）；从宋代到明代，也风气大略相同（宋明理学）。到了本朝则又自成了一种新的风气（清代考据），其中尤其突出的，不过顾（顾炎武）、阎（阎若璩）、戴（戴震）、江（江永）、钱（钱大昕）、秦（秦蕙田）、段（段玉裁）、王（王念孙）等数人，然而风气有所鼓动，一群群的英才就出现了。你有志于读书，不必特别标榜"汉学"的名目，然而不可不探究一下那几位学者的治学门径。凡是有所见有所闻的，随时写信告知，我也会随时给你解答，这比起当面问答来，更容易使你获得长进吧！

今古文《尚书》源流，读书宜求个明白

谕纪泽　咸丰九年六月十四日

【导读】

　　读书一怕无恒，二怕未看明白。读书，首先要知道所读之书的相关常识，故在曾纪泽读《尚书正义》之时，曾国藩便详细告知其今古文《尚书》的源流，特别是伪《古文尚书》与伪孔安国《尚书》传，这一大经学史的公案，希望其子在读书的时候能够看得明白，并得其中滋味。除了《尚书》，曾国藩还要求其子读《周易折中》，至于他自己曾圈点过的《通鉴》则怕污坏，故先不去读。此外，还问及每日起得早否，这些地方都可以看出做父亲的用心所在。

字谕纪泽儿：

　　接尔二十九、三十号两禀，得悉《书经注疏》[1]看《商书》已毕。《书经注疏》颇庸陋，不如《诗经》之该博。我朝儒者，如阎百诗[2]、姚姬传诸公，皆辨别《古文尚书》之伪，孔安国[3]之传亦伪作也。盖秦燔[4]书后，汉代伏生[5]所传，欧阳[6]及大、小夏侯[7]所习，皆仅二十八篇，所谓《今文尚书》者也。厥后孔安国家有《古文尚书》，多十余篇，遭巫蛊之事[8]，未得立于学官，不传于世。厥后张霸有《尚书百两篇》[9]，亦不传于世。后汉贾逵、马、郑[10]作《古文尚书》注解，亦不传于世。至东晋梅赜[11]始献《古文尚书》并孔安国传，自六朝、唐、宋以来承之，即今通行之本也。自吴才老及朱子、梅鼎祚、归震川，[12]皆疑其为伪。至阎百诗遂专著一书以痛辨之，名曰《疏证》。自是辨之者数十家，人人皆称伪古文、伪孔氏也。《日知录》中略著其原委，王西庄、孙渊如、江艮庭三家皆详言之[13]（《皇清经解》中皆有，江书不足观）。此亦"六经"中一大案，不可不知也。

尔读书记性平常，此不足虑。所虑者第一怕无恒，第二怕随笔点过一遍，并未看得明白，此却是大病。若实看明白了，久之必得些滋味，寸心若有怡悦之境，则自略记得矣。尔不必求记，却宜求个明白。

邓先生讲书，仍请讲《周易折中》[14]。余圈过之《通鉴》，暂不必讲，恐污坏耳。尔每日起得早否？并问。此谕。

涤生手示

【注】

[1]《书经注疏》：又称《尚书正义》或《尚书注疏》，此书将《今文尚书》二十篇分为三十三篇，再加上梅赜的伪《古文尚书》二十五篇，合为五十八篇，并用伪孔安国《尚书传》，孔颖达等作疏，后来成为通行本，对科举等影响颇大。

[2]阎百诗：即阎若璩，字百诗，号潜丘，山西太原人，清初著名考据学家，著有《尚书古文疏证》，辨析梅赜所献《古文尚书》及孔安国《尚书传》为伪作。

[3]孔安国：字子国，西汉经学家，孔子后裔。武帝末年，于孔府壁中得《古文尚书》，孔安国以今文读之并奉诏作传，定为五十八篇，此种《古文尚书》后来失传了。

[4]燔：焚烧。此处指秦始皇时的焚书事件。

[5]伏生：一作伏胜，字子贱，山东济南人，曾为秦博士，汉文帝时传《尚书》于晁错，此即《今文尚书》。

[6]欧阳：即欧阳容，字和伯，西汉千乘（今山东高青）人，受《尚书》于伏生，其后人亦传《尚书》，此即西汉今文《尚书》欧阳学。

[7]大、小夏侯：指西汉的今文《尚书》学者夏侯胜、夏侯建。

[8]巫蛊之事：孔安国将《古文尚书》献于朝廷时，恰逢巫蛊事件，汉武帝在盛怒之中，未将《古文尚书》列入学官，以至

于后世不传。

[9]《尚书百两篇》：西汉成帝时东莱人张霸，将《今文尚书》分作数十篇，又以《左传》《书序》作为首尾，编写成一百零二篇，该书已佚。

[10] 马、郑：马融与郑玄，东汉著名经学家。

[11] 梅赜（zé）：字仲真，东晋汝南（今湖北武昌）人，曾任豫章内史，传说得到孔安国之真本，便将《古文尚书》以及《尚书孔氏传》献于晋元帝，后被立为官学。

[12] 吴才老：即吴棫，南宋学者，建安（今福建建瓯）人，著有《书裨传》等，最早辨伪《古文尚书》。梅鼎祚：字禹金，安徽宣城人，明代文学家。归震川：即归有光，字熙甫，号震川，明代文学家。

[13] 王西庄：即王鸣盛，字凤喈，别字西庄，江苏嘉定（今属上海）人。孙渊如：即孙星衍，字渊如，江苏阳湖（今常州）人。江艮庭：即江声，字叔澐，号艮庭，安徽休宁人。

[14]《周易折中》：清李光地编纂，该书在遍采诸家的同时，又对程颐、朱熹的易学加以折中，后成为清代通行的易学著作。

【译】

字谕纪泽儿：

接到你二十九、三十两日的来信，得知你已将《书经注疏》之中的《商书》看完了。《书经注疏》一书其实颇为平庸、浅陋，不如《诗经》更为广博。本朝的儒者，如阎百诗（阎若璩）、姚姬传（姚鼐）等先生，都曾辨明《古文尚书》为伪书，所谓孔安国的《尚书》传也是后人伪作。大概秦代焚书之后，汉代的伏生所传授的，欧阳以及大小夏侯所讲习的，都仅为二十八篇，这就是所谓的《今文尚书》了。后来孔安国的家中出现了《古文尚书》，多了十多篇，此时正好遭遇巫蛊事件，《古文尚书》没有被朝廷设立学官，于是不传于后世。再后来张霸又有《尚书百两篇》，也不传于后世。后汉的贾逵、马融、郑玄作有《古文尚书》的注解，也不传于后世。直到东晋的梅赜才开始献上《古文尚书》以及孔安国《尚书》传，自从六朝、唐、宋以来一直沿袭下来，这也就是如今的《尚书》通行本。自吴才老（吴棫）以及朱子、梅鼎祚、归震川（归有光）以来，都怀疑此《古文尚书》为伪书。直到阎百诗方才专门著成一书来痛加辩驳，书名为《疏证》（《尚书古文疏证》）。自此以后辨析《古文尚书》的还有数十家，人人都称之伪古文、伪孔氏了。《日知录》之中大略记述了其中的原委，王西庄（王鸣盛）、孙渊如（孙星衍）、江艮庭（江声）三家也都详细讨论过（《皇清经解》中这几种书都有，江声的书不太值得读）。这也是"六经"之中的一大公案，不可以不知道。

你读书时记性平常，这点并不必担心。真正要担心的是，第一怕没有恒心，第二怕随意用笔标点过一遍，却并未看得明白，这确实是大毛病。如果真正看明白了，时间长了必能体会到书中的一些滋味，如果内心还能有种怡悦的境界，那么自然就能大略记得书中的内容了。所以你不必去死记硬背，而要求读个明白。

邓先生讲书，仍旧请他讲解《周易折中》。我圈点过的《资治通鉴》，暂时不必讲解，唯恐被污损破坏了。你每日起得早吗？并问。此谕。

涤生手示

评《十三经注疏》以及写字换笔法

谕纪泽　咸丰九年八月十二日

【导读】

此信写于黄州，当时曾国藩正与时任湖北巡抚的胡林翼协商军情，依旧还在百忙之中，但逐条详答曾纪泽来信所问诸事。如所作《五箴》的末句"敢告马走"的意思与出处，《十三经注疏》中收录各经书的醇正或驳杂，以及书法上的换笔之法，等等，真可谓无微不至。

字谕纪泽儿：

接尔七月十三、二十七日两禀并赋一篇，尚有气势，兹批出发还（尚未批，下次再发）。凡作文，末数句要吉祥；凡作字，墨色要光润。此先大夫竹亭公常以教余与诸叔父者，尔谨记之，无忘祖训。尔问各条，分列示知：

尔问《五箴》[1] 末句"敢告马走"。凡箴以《虞箴》为最古（《左传·襄公》），其末曰"兽臣司原，敢告仆夫"。[2] 意以兽臣有司郊原之责，吾不敢直告之，但告其仆耳。扬子云[3] 仿之作《州箴》，冀州曰"牧臣司冀，敢告在阶"，扬州曰"牧臣司扬，敢告执筹"，荆州曰"牧臣司荆，敢告执御"，青州曰"牧臣司青，敢告执矩"，徐州曰"牧臣司徐，敢告仆夫"。余之"敢告马走"，即此类也。走[4]，犹仆也（见司马迁《任安书》注、班固《宾戏》注）。朱子作《敬箴》，曰"敢告灵台[5]"，则非仆御之类，于古人微有歧误矣。凡箴以官箴为本，如韩公[6]《五箴》、程子《四箴》[7]、朱子各箴、范浚[8]《心箴》之属，皆失本义。余亦相沿失之。

尔问看注疏之法，"《书经》文义奥衍，注疏勉强牵合"，二语甚有所见。《左》疏浅近，亦颇不免。国朝如王西庄（鸣盛）、孙渊如（星衍）、江艮庭（声）皆注《尚书》，顾亭林（炎武）、惠定宇（栋）、王伯申（引之）皆注《左传》，皆刻《皇清经解》中。《书经》则孙注较胜，王、江不甚足取。《左传》则顾、惠、王三家俱精。王亦有《书经述闻》，尔曾看过一次矣。大抵《十三经注疏》以"三礼"为最善，《诗疏》次之。此外皆有醇有驳。尔既已看动数经，即须立志全看一过，以期作事有恒，不可半途而废。

尔问作字换笔之法，凡转折之处，如冂冂乚乚之类，必须换笔，不待言矣。至并无转折形迹，亦须换笔者。如以一横言之，须有三换笔（〰初入手，所谓直来横受也；右向上行，所谓勒[9] 也；中折而下行，所谓波[10] 也；末向上挑，所谓磔[11] 也。）以一直言之，须有两换笔（丆首横入，所谓横来直受也；上向左行，至中腹换而右行，所谓努[12] 也）。捺与横相似，特末笔磔处更显耳（〰直入一波一磔）。撇与直相似，特末笔更撇向外耳（丿横入一停一掠[13]）。凡换笔，皆以小圈识之，可以类推。凡用笔，须略带欹[14]斜之势，如本斜向左，一换笔则向右矣；本斜向右，一换则向左矣。举一反三，尔自悟取可也。

李春醴处，余拟送之八十金。若家中未先送，可寄信来。凡家中亲友有庆吊事，皆可寄信，由营致情[15]也。

涤生手示（黄州）

【注】

［1］《五箴》：曾国藩于道光五年（1825）仿韩愈而作《五箴》。

［2］《虞箴》：也即《虞人之箴》，出于《左传·襄公四年》，虞人为戒田猎而作的箴谏。兽臣：古代掌山泽、主田猎的官。

［3］扬子云：即扬雄。

［4］走：司马迁《报任安书》有句"太史公牛马走司马迁"，唐李善注："走，犹仆也。言己为太史公掌牛马之仆，自谦之辞也。"

［5］灵台：心，心灵。

［6］韩公：即韩愈。

［7］程子《四箴》：指程颐所作《视箴》《听箴》《言箴》《动箴》。

［8］范浚：字茂明，浙江兰溪人。

［9］勒：即横画，永字八法的横笔，起笔和收笔需要勒住笔锋，如勒马之用缰。

［10］波：即横画，先向左微顿，后向右稍带波浪式，收笔时有捺脚并略向上挑；撇画收笔时也略向上挑。

［11］磔（zhé）：即捺画，如水波的曲折。一说左撇曰波，右捺曰磔。

［12］努：即直画，努即弩，书写时如拉弓射箭，蕴含力量。

［13］掠：即撇画，如燕之掠檐而下，轻捷利落。

［14］欹（qī）：通"攲"，倾斜。

［15］致情：送人情。

读书篇

149

【译】

字谕纪泽儿：

接到你七月十三、二十七日的两封信，还有赋一篇，比较有气势，此次已经批改过的就寄回（还没有批改的，下次再寄回）。凡是作文，末尾的几句要用吉祥的话；凡是写字，墨色要显得光润。这是先大夫竹亭公经常教导我与你的几位叔父的，你也要谨记在心，不要忘了祖训。你所问的各条，下面分别列出告知：

你问《五箴》的末句"敢告马走"。凡是箴类文体，以《虞箴》为最古（《左传·襄公》），他的末句说"兽臣司原，敢告仆夫"。意思是说，兽臣有掌管郊原的职责，不敢直接告知他，只告知他的仆人。扬子云（扬雄）模仿《虞箴》而创作了《州箴》，讲到冀州说"牧臣司冀，敢告在阶"，讲到扬州说"牧臣司扬，敢告执筹"，讲到荆州说"牧臣司荆，敢告执御"，讲到青州说"牧臣司青，敢告执矩"，讲到徐州说"牧臣司徐，敢告仆夫"。我的《五箴》里的"敢告马走"，也就是这一类。走，也就是"仆"的意思（见于司马迁《报任安书》注、班固《宾戏》注）。朱子（朱熹）作《敬箴》，其中说"敢告灵台"，则不是讲"仆御"之类，在古人看来则稍微有点歧义、误会了。凡是箴体，以官箴为本，比如韩公（韩愈）《五箴》、程子（程颐）《四箴》、朱子的各篇箴、范浚的《心箴》之类，都失去了箴体的本义。我也是沿袭了他们的失误，并非箴体的本义。

你问看懂注疏的方法，你说"《书经》的文义深奥而繁杂，注疏也有勉强牵合的"，这两句话非常有见地。《左传》的注疏比较浅显，也不免这样子。本朝如王西庄（王鸣盛）、孙渊如（孙星衍）、江艮庭（江声）都注释过《尚书》，顾亭林（顾炎武）、惠定宇（惠栋）、王伯申（王引之）都注释过《左传》，都刊刻在《皇清经解》之中。《书经》则孙注比较优胜，王、江的不太足取。《左传》则顾、惠、王三家都很精到。王也有《书经述闻》一书，你曾经看过一次了。大体而言，《十三经注疏》以"三礼"为最佳，《诗经》注疏其次。此外都有醇正也有驳杂。你既然已经看过几种经了，就必须立志全都看一遍，用来考验自己做事有恒心，不可半途而废。

你问写字的换笔之法，凡是转折之处，比如"┐┒┘└"之类，必须换笔，这就不必说了。至于并无转折形迹的地方，也有必须换笔的。比如以一横画来说，必须有三处换笔（〰最初入手的起笔，就是所谓的"直来横受"了；从右向上行，就是所谓的"勒"；中折而后下行，就是所谓的"波"；末笔向上挑，就是所谓的"磔"。）以一直画来说，必须有两处换笔（〒直画的横入，就是所谓"横来直受"；由上向左行，到中间换而后再向右行，就是所谓的"努"）。捺画与横画相似，特别是末笔的"磔"处更加明显了（〰直入—波—磔）。撇画与直画相似，特别是末笔更加撇向外了（〒横入—停—掠）。凡是换笔，我画的图中都用小圈标识出了，你也可以类推。凡是用笔，必须略带一点倾斜之势，如本来斜向左的，一换笔则向右了；本来斜向右的，一换笔则向左了。举一反三，你自己领悟也就可以了。

李春醴那里，我打算送银子八十两。如果家中还未先送去，也可以寄信来。凡是家中的亲友有庆、吊之类的红白喜事，都可以寄信来，由我在军营里直接送上人情。

涤生手示（黄州）

告知近日军情，古人解经有内传有外传

谕纪泽　咸丰十一年正月二十四日

【导读】

前一年秋，曾国藩在祁门的大营遭李秀成的围攻，此次家书则告知家人近日军情的转机，以及自己的谨慎图之、泰然处之。同时，依旧不忘给予家中孩子读书指导。其中提及所选古文的目录，也即《经史百家杂钞》一书的选目。曾纪泽问起《左传》对其中所引《诗经》《尚书》与《周易》的解释，与今人的解释不同的缘故。曾国藩说，凡是古人解经，分内传、外传，内传解释本义；外传为引申、推衍之余义。这么说来，《左传》中对所引之文的解释，当属于"外传"之"余义"。

字谕纪泽儿：

正月十四发第二号家信，谅已收到。日内祁门尚属平安。鲍春霆自初九日在洋塘获胜后，即追贼至彭泽。官军驻牯牛岭，贼匪踞下隅坂，与之相持，尚未开仗。日内雨雪泥泞，寒风凛冽，气象殊不适人意。伪忠王李秀成[1]一股，正月初五日围玉山县，初八日围广丰县，初十日围广信府，均经官军竭力坚守，解围以去。现窜铅山之吴坊、陈坊等处；或由金溪以窜抚、建[2]，或径由东乡以扑江西省城，皆意中之事。余嘱刘养素[3]等坚守抚、建，而省城亦预筹防守事宜。只要李逆一股不甚扰江西腹地，黄逆[4]一股不再犯景德镇，等三、四月间，安庆克复，江北可分兵来助南岸，则大局必有转机矣。目下春季必尚有危险迭见，余当谨慎图之，泰然处之。

余身体平安，惟齿痛时发。所选古文，已抄目录寄归。其中有未注明名氏者，尔可查出补注，大约不出《百三名家全集》[5]及《文选》《古文辞类纂》三书之外。

尔问《左传》解《诗》《书》《易》与今解不合。古人解经，有内传，有外传。内传者，本义也；外传者，旁推曲衍，以尽其余义也。孔子系《易》[6]，"小象"则本义为多，"大象"则余义为多。孟子说《诗》，亦本子贡之因贫富而悟切磋，子夏之因素绚而悟礼后，亦证余义处为多。[7]《韩诗外传》，尽余义也。《左传》说经，亦以余义立言者多。

袁奂生[8]之二百金，余去年曾借松江二百金送季仙九[9]先生，此项只算还袁宅可也。树堂先生[10]送尔三百金，余当面言只受百金。尔写信寄营酬谢，言受一璧二[11]云云。余在营中备二百金，并尔信函交冯可也。此字并送澄叔一阅，此次不另作书矣。

涤生手示

【注】

[1] 李秀成：广西藤县人，太平天国后期的重要将领，被封为忠王。

［2］抚、建：指江西的抚州、建昌两府，建昌府为今江西南城、黎川、广昌一带。

［3］刘养素：即刘于浔，字养素，江西南昌人，历任清河知县、通判，后丁忧回乡，以在籍官员身份办团练，咸丰五年（1855）任水师统领，军功卓著，赏"花图萨大巴图鲁"称号，后补甘肃兵备道，擢甘肃按察使。

［4］黄逆：即黄文金，广西博白人，太平军将领。

［5］《百三名家全集》：即《汉魏六朝百三家集》，明代张溥选编。

［6］孔子系《易》：孔子晚年读《易》，"韦编三绝"，《易传》之中的《系辞》《象辞》与"小象""大象"等传说为孔子所作，"小象"解释爻辞，"大象"解释卦辞。

［7］子贡之因贫富而悟切磋：语出《论语·学而》："子贡曰：'贫而无谄，富而无骄，何如？'子曰：'可也，未若贫而乐，富而好礼者也。'子贡曰：《诗》云：如切如磋，如琢如磨，其斯之谓与？'子曰：'赐也，始可与言《诗》已矣，告诸往而知来者。'"子夏之因素绚而悟礼：语出《论语·八佾》："子夏问曰：'巧笑倩兮，美目盼兮，素以为绚兮，何谓也？'子曰：'绘事后素。'曰：'礼后乎？'子曰：'起予者商也！始可与言《诗》已矣。'"

［8］袁夷生：即曾国藩的大女婿袁秉桢，字夷生，一作榆生。

［9］松江：指在松江的袁家，当时袁秉桢之父袁芳瑛任松江知府。季仙九：即季芝昌，字云书，号仙九，江苏江阴人，道光十二年（1832）一甲三名进士，官至闽浙总督。

［10］树堂：即冯作槐，又名卓怀，字树堂，湖南长沙人，道光十九年（1839）解元。曾国藩在京时的友人，后任四川万县（今重庆万州）县令，一度也在曾国藩幕府任职，也做过曾家的塾师。

［11］受一璧二：意思是说接受其一，退还其二。璧，取完璧归赵之义，即璧还、退还。

【译】

字谕纪泽儿：

正月十四日发出的第二号家信，想必已经收到了。目前的祁门还算平安。鲍春霆（鲍超）自从初九日在洋塘获胜之后，随即追击贼军到了彭泽。官军驻扎在牯牛岭，贼军盘踞在下隅坂，与鲍军相持，但尚未开仗。近日来雨雪交加，道路泥泞，寒风凛冽，天气很不合人意。伪忠王李秀成这一股贼军，正月初五日围攻玉山县，初八日围攻广丰县，初十日围攻广信府，都经过了官军的竭力坚守，各城得以解围，贼军离去。现在流窜到了铅山的吴坊、陈坊等处；有的从金溪而窜到抚州、建昌，有的直接从东乡而扑向江西省城，这些都是意料之中的事。我嘱咐刘养素（刘于浔）等人坚守抚州、建昌，而省城也在预备筹划防守的事宜。只要李（秀成）逆一股不太骚扰江西的腹地，黄（文金）逆一股不再进犯景德镇等地，三、四月之间，安庆收复，江北也就可以分兵，前来相助江南这边，那么大局必定会有转机了。眼下的春季里，必定还会有危险迭见的情况发生，我也当谨慎图之，泰然处之。

我的身体平安，只有牙齿痛还时常发作。我所挑选的古文，已经抄出目录寄回了。其中也有未注明作者姓名的，你可以查出补注，大约不出《百三名家全集》以及《文选》《古文辞类纂》这三部书之外。

你问《左传》解说《诗经》《尚书》《周易》，与今人的解说不合。古人解经，有内传，也有外传。所谓内传，也就是本义；所谓外传，就是由此及彼的推论、曲折的推衍，用以尽量引申、发挥经典之中的余义。孔子解《周易》，"小象"部分则以讲本义为多，"大象"部分则以讲余义为多。孟子说《诗经》，也本着《论语》之中的子贡因为"贫富"而体悟"切磋"，子夏的因为"素绚"而体悟"礼后"，也是论证余义之处为多。《韩诗外传》，则都是在讲余义了。《左传》说经，也以讲余义而立说之处为多。

袁臾生（袁秉桢）的二百两银子，我去年曾借松江袁家的二百两银子送给季仙九先生，这一项只算是还给袁宅也就可以了。冯树堂先生送你的三百两银子，我当面说过只接受一百两。你写信寄到营中的酬谢册子，也说了受一璧二之类的话。我在营中准备了二百两，和你的信函一起交给冯就可以了。这一封信也送给你澄叔一阅，此次不再另外写信给他了。

涤生手示

抄《说文》阅《通鉴》，看读写作之安排

谕纪泽　咸丰十一年七月二十四日

【导读】

此信再度强调分类摘抄《说文解字注》，为作文积累词藻，并注意读《资治通鉴》，摹欧体、柳体楷书等。曾纪泽十多岁从京城回乡，缺少父亲与名师的教导，故曾国藩说他十余岁至二十岁虚度光阴，只得现在在家中坚持看书、诵读、写字、作文四者不可间断了。

字谕纪泽：

前接来禀，知尔抄《说文》，阅《通鉴》，均尚有恒，能耐久坐，至以为慰。去年在营，余教以看、读、写、作，四者阙一不可。尔今阅《通鉴》，算"看"字工夫；抄《说文》，算"读"字工夫。尚能临帖否？或临《书谱》，或用油纸摹欧、柳楷书，以药尔柔弱之体。此"写"字工夫，必不可少者也。尔去年曾将《文选》中零字碎锦[1]分类纂抄，以为属文[2]之材料，今尚照常摘抄否？已卒业[3]否？或分类抄《文选》之词藻，或分类抄《说文》之训诂，尔生平作文太少，即以此代"作"字工夫，亦不可少者也。

尔十余岁至二十岁虚度光阴，及今将"看""读""写""作"四字逐日无间，尚可有成。尔语言太快，举止太轻，近能力行"迟重"二字以改救否？

此间军事平安。援贼于十九、二十、二十一日扑安庆后濠，均经击退。二十二日自巳刻起至五更止，猛扑十一次，亦竭力击

读
书
篇

155

退。从此当可化险为夷，安庆可望克复矣。

余癣疾未愈，每日夜手不停爬，幸无他病。皖南有左、张，江西有鲍，均可放心。目下惟安庆较险，然过二十二之风波，当无虑也。

【注】

[1] 零字碎锦：形容富有文采的词句。

[2] 属文：作文。

[3] 卒业：完成学业。卒，结束完成。

【译】

字谕纪泽：

前一次接到来信，知道你抄写《说文》，阅读《通鉴》，都还算有恒心，能够耐久地坐着用功，深为欣慰。去年在营中，我教你看、读、写、作，四者缺一不可。你如今阅读《通鉴》，算是"看"字的功夫；抄写《说文》，算是"读"字的功夫。还在临帖吗？或者临习《书谱》，或者用油纸摹写欧阳询、柳公权的楷书，用以治好你的柔弱字体。这都是"写"字功夫，所必不可少的。你去年曾将《文选》中零字碎锦分类编纂地摘抄，作为写作文章的材料，如今还在照常摘抄吗？已经完成这个事情了吗？或者分类摘抄《文选》之中的词藻，或者分类摘抄《说文》之中的训诂，你生平写作文章太少，就用这个事情来代替，"作"字功夫，也是不可缺少的。

你十多岁到二十岁虚度了光阴，到如今要将"看""读""写""作"四字，每日都不间断，还可以有所成就。你的语言太快速，举止太轻浮，近来能力行"迟重"二字来改正、救治吗？

这边的军事平安。前来支援的贼军在十九、二十、二十一日扑向安庆的后方战壕，都已经被击退。二十二日从巳刻起到五更止，猛扑了十一次，也已竭力击退了。从此应当可以化险为夷，安庆有望克复了。

我的癣疾还未治愈，每日夜里用手不停地抓，幸好没有其他毛病。皖南有左宗棠、张运兰，江西有鲍超，都可以放心了。眼下只有安庆较为危险，然而过了二十二日的那场风波，应当无须忧虑了。

目录分类之法，以《尔雅》为最古

谕纪泽　咸丰十一年九月初四日

【导读】

曾国藩之前曾指示其子，注意摘抄词汇、典故，积少成多；而摘抄之时，则还要注意分类方法。此次收到曾纪泽的分类目录，便结合《尔雅》等书，详细介绍分类目录之学，以及典籍之中分类纂记之书的概况。

字谕纪泽：

接尔八月十四日禀并日课一单、分类目录一纸。日课单批明发还。

目录分类，非一言可尽。大抵有一种学问，即有一种分类之法，有一人嗜好，即有一人摘抄之法。若从本原论之，当以《尔雅》为分类之最古者。

天之星辰，地之山川，鸟兽草木，皆古圣贤人辨其品汇[1]，命之以名。《书》所称大禹主名山川，《礼》所称黄帝正名百物是也。[2]物必先有名，而后有是字，故必知命名之原，乃知文字之原。舟车弓矢、俎豆[3]钟鼓，日用之具，皆先王制器以利民用，必先有器，而后有是字，故又必知制器之原，乃知文字之原。君臣上下、礼乐兵刑，赏罚之法，皆先王立事以经纶天下，或先有事而后有字，或先有字而后有事，故又必知万事之本，而后知文字之原。此三者，物最初，器次之，事又次之。三者既具，而后有文词。

《尔雅》一书，如释天、释地、释山、释水、释草木、释鸟兽虫鱼，物之属也；释器、释宫、释乐，器之属也；释亲，事之属也；释诂、释训、释言，文词之属也。《尔雅》之分类，惟属事[4]者最略；后世之分类，惟属事者最详。事之中又判为两端焉：曰虚事，曰实事。虚事者，如经之"三礼[5]"，马之"八书"[6]，班之"十志"[7]，及"三通"[8]之区别门类是也。实事者，就史鉴中已往之事迹，分类纂记，如《事文类聚》《白孔六帖》《太平御览》及我朝《渊鉴类函》《子史精华》等书是也。[9]

尔所呈之目录，亦是抄摘实事之象，而不如《子史精华》中目录之精当。余在京藏《子史精华》，温叔于二十八年带回，想尚在白玉堂，尔可取出核对，将子目略为减少。后世人事日多，史册日繁，摘类书者，事多而器物少，乃势所必然。尔即可照此抄去，但期与《子史精华》规模相仿，即为善本。其末附古语鄙谚，虽未必无用，而不如径摘抄《说文》训诂，庶与《尔雅》首三篇相近也。余亦思仿《尔雅》之例抄纂类书，以记"日知、月无忘"[10]之效，特患年齿已衰，军务少暇，终不能有所成。或余少引其端，尔将来继成之可耳。

余身体尚好，惟疮久不愈。沅叔已拔营赴庐江、无为州，一切平安。胡宫保[11]仙逝，是东南大不幸事，可伤之至！紫兼毫[12]营中无之，兹付笔二十支、印章一包查收。蓝格本下次再付。澄叔处尚未写信，将此送阅。

【注】

　　[1] 品汇：品类。

　　[2]《书》：指《尚书》。《尚书·吕刑》："禹平水土，主名山川。"《礼》：指《礼记》。《礼记·祭法》："黄帝正名百物，以明民共财。"

　　[3] 俎（zǔ）豆：俎和豆，古代祭祀、宴会时盛食品的两种器皿。

　　[4] 属（zhǔ）事：做事。

　　[5] 三礼：指《仪礼》《周礼》《礼记》三书。

　　[6] 马之"八书"：指司马迁《史记》中的礼书、乐书、律书、历书、天官书、封禅书、河渠书、平准书。

　　[7] 班之"十志"：指班固《汉书》中的律历志、礼乐志、刑法志、食货志、郊祀志、天文志、五行志、地理志、沟洫志、

艺文志。

[8] 三通：唐代杜佑的《通典》、宋代郑樵的《通志》、宋末元初马端临的《文献通考》，这三部书主要记录历代典章制度。

[9]《事文类聚》：即《古今事文类聚》，南宋祝穆等编。《白孔六帖》：原名《经史类要》，唐代白居易等编。《太平御览》：北宋李昉等奉宋太宗之命编撰。《渊鉴类函》：清代康熙朝张英等编撰。《子史精华》：康熙朝允禄、吴襄等编纂。

[10] 日知、月无忘：语出《论语·子张》："子夏曰：日知其所亡，月无忘其所能，可谓好学也已矣。"此处是指曾国藩的"日课十二条"，第九条：日知其所亡，每日记"茶余偶谈"一则；第十条：月无忘其所能，每月作诗文数首。

[11] 胡宫保：即胡林翼，字贶生，号润芝，湖南益阳人，湘军重要将领，官至湖北巡抚，加太子太保。

[12] 紫兼毫：羊毛与紫色兔毛合制的毛笔，如七紫三羊、五紫五羊等，软硬适中。

【译】

字谕纪泽：

接到你八月十四日的书信与日课的一个单子、分类目录的一张纸。日课单子我批点明白了就发还给你。

目录分类，不是一言可以说尽的。大体来说，有一种学问，就有一种分类之法，有一个人的喜好，就有一个人的摘抄之法。如从本原上来说，应当以《尔雅》为最古老的分类之书。

天上的星辰，地上的山川，鸟兽草木，都是古代圣贤辨别它们的品种类别，给予它们命名。《尚书》所说的大禹"主名山川"，《礼记》所说的黄帝"正名百物"，就是指这件事。万物必定先有了命名，而后才有与之对应的这些文字，所以必定要知道了万物命名的本原，才能知道相关文字的本原。舟车弓矢、俎豆钟鼓，以及日用的器具，都是先王制作器具用以便利民众使用，必定是先有了器具而后才有与之对应的这些文字，所以又必定要知道了制作器具的本原，才能知道相关文字的本原。君臣上下、礼乐兵刑，以及赏罚的法规，都是先王

读书篇

确立政事用以治理天下，或者先有政事而后才有与之对应的这些文字，或者先有这些文字而后才有对应的政事。所以又必定要知道了万事的本原，而后才能知道相关文字的本原。这三方面，万物是最先有的，器具其次，政事又其次。三方面都具备，而后才有了写作文章的词语。

《尔雅》一书，比如释天、释地、释山、释水、释草木、释鸟兽虫鱼，这些是物一类；释器、释宫、释乐，这些是器一类；释亲，这是事一类；释诂、释训、释言，这些是文词一类。《尔雅》的分类，唯独事这一类最为简略；后世的分类，唯独事这一类最为详细。在事之中又可以判为两个方面：虚事、实事。虚事，比如"十三经"之中的"三礼"，司马迁《史记》的"八书"，班固《汉书》的"十志"，以及"三通"之中区别的门类，都是这方面的。实事，就是以史为鉴，已往的历史事迹，分类编纂记载的书，比如《事文类聚》《白孔六帖》《太平御览》以及本朝的《渊鉴类函》《子史精华》等书，就是这方面的。

你所呈上的目录，也属于摘抄实事的样子，然而不如《子史精华》中的目录精当。我在京城时收藏有《子史精华》，你温叔在道光二十八年带回家了，想必还在白玉堂，你可以取出来核对，将子目略为减少一些。后世的人事日益繁多，史册日益繁多，摘抄类书的，事多而器物少，这也是势所必然。你可以就照这书的目录去作摘抄，只要期待能与《子史精华》的规模相仿，也就是善本了。此书末附录的古语鄙陋戏谑，虽然未必没有用处，然而不如直接摘抄《说文解字》的训诂，大概与《尔雅》的起首三篇相近。我也想仿效《尔雅》之例抄录、编纂类书，用来记录"日知、月无忘"这两条日课的功效，但是担心年纪已衰老，军务少有空暇，终究不能有所成就。或者我稍微引导出一个开端，你将来继续完成也是可以的。

我身体还好，唯独疮疾久治不愈。你沅叔已经拔营赶赴庐江、无为州，一切平安。胡宫保（胡林翼）仙逝，真是东南战事的一大不幸之事，令人悲伤之极！你要的紫兼毫军营中没有，现在交付笔二十支、印章一包，注意查收。蓝格本下次再寄。你澄叔处还没写信，将此信送他一阅。

古雅与雄骏，《十八家诗钞》之选读

谕纪泽　同治元年正月十四日

【导读】

　　曾纪泽来信附有所写之诗，故做父亲的便大谈自己的诗学主张，指出纪泽才思能古雅而不能雄骏，较为适合作五言诗。曾国藩有选编的《十八家诗钞》，让曾纪泽注意专心诵读与自己气质相近的汉魏六朝的六家，再以气质不相近的唐、宋及金的八家来开拓心胸，扩充气魄、"穷极变态"。为了促进儿子学诗，曾国藩还让他将《十八家诗钞》寄一部到军营，还说要与其相互和答，这些地方都可以看出做父亲的用心之细。

字谕纪泽儿：

　　正月十三、四日，连接尔十二月十六、二十四两禀，又得澄叔十二月二十二一缄、尔母十六日一缄，备悉一切。

　　尔诗一首，阅过发回。尔诗笔远胜于文笔，以后宜常常为之。余久不作诗，而好读诗。每夜分辄[1]取古人名篇，高声朗诵，用以自娱。今年亦当间作二三首，与尔曹[2]相和答，仿苏氏父子[3]之例。

　　尔之才思，能古雅而不能雄骏，大约宜作五言，而不宜作七言。余所选十八家诗，凡十厚册，在家中，此次可交来丁带至营中。尔要读古诗，汉魏六朝，取余所选曹、阮、陶、谢、鲍、谢[4]六家，专心读之，必与尔性质相近。至于开拓心胸，扩充气魄，穷极变态，则非唐之李、杜、韩、白[5]，宋、金之苏、黄、陆、元[6]八家，不足以尽天下古今之奇观。尔之质性，虽与八家者不相近，而要不可不将此八人之集悉心研究一番，实"六经"外之巨制，文字中之尤物[7]也。

　　尔于小学粗有所得，深用为慰。欲读周、汉古书，非明于小学，无可问津[8]。余于道光末年，始好高邮王氏父子之说，从事戎行未能卒业，冀尔竟其绪耳[9]。

余身体尚可支持，惟公事太多，每易积压。癣痒迄未甚愈。家中需用银钱甚多，其最要紧者，余必付回。京报在家，不知系报何喜？若节制四省[10]，则余已两次疏辞矣。此等空空体面，岂亦有喜报耶？

葛家信一封、扁字四个付回。澄叔处此次未写信，尔将此呈阅。

涤生手示

【注】

　　[1] 辄（zhé）：总是。

　　[2] 尔曹：你们。

　　[3] 苏氏父子：指北宋文学世家苏洵与苏轼、苏辙父子，苏氏父子常有诗词唱和。

　　[4] 曹、阮、陶、谢、鲍、谢：曹植、阮籍、陶渊明、谢灵运、鲍照、谢朓。

　　[5] 李、杜、韩、白：李白、杜甫、韩愈、白居易。

　　[6] 苏、黄、陆、元：苏轼、黄庭坚、陆游、元好问。

　　[7] 尤物：珍贵、特异之人或物。

　　[8] 问津：原指询问渡口，后引申为探询、尝试。

　　[9] 冀：希望。竟其绪：完成前人未完成的事业。

　　[10] 节制四省：即可以调度江苏、浙江、安徽、江西四省巡抚、提督以下的文武官员的特权。

【译】

字谕纪泽儿：

　　正月十三、四两日，连接收到你十二月十六、二十四日的两信，又收到你澄叔十二月二十二日一信、你母亲十六日一信，知道了家中的一切。

　　你写的诗一首，我批阅过后寄回。你写诗的才华远胜于作文的才华，以后应当常常写一写。我已经许久不作诗了，但还喜欢读诗。每天夜晚时分，总会取古人的名篇，高声朗诵，用作自娱。今年也应当偶尔写作二三首，与你们相互唱和，效仿苏氏父子的先例。

你的才思，能够古雅而不能够雄骏，大约适宜写作五言诗，而不宜写作七言诗。我所选十八家诗，共十厚册，放在家中，这次可以交来家里送信的兵丁带到军营之中。你要读古诗，汉魏六朝的，只取我所选曹、阮、陶、谢、鲍、谢六家，专心读读，必定会与你的性情气质相近。至于开拓心胸，扩充气魄，极尽变化的风格，那就非唐代李、杜、韩、白，宋代以及金代苏、黄、陆、元这八家，不足以穷尽天下古今的奇观。你的气质与性情，虽然与这八家不太相近，然而不可不将这八人的诗集悉心去研究一番，这实在也是"六经"之外的鸿篇巨制，文字之中的尤物呢！

你对于小学训诂，粗略有所得了，我深感欣慰。想要读懂周代、汉代的古书，如果不明白小学就无可问津。我在道光末年，开始喜好高邮王氏父子的相关学说，从事军务之后就不能完成这方面的学业，希望你能实现我的这一理想。

我的身体还可以支持，唯独公事太多，经常容易积压。身上的癣痒迄今未曾大愈。家中需要的银钱很多，其中最为要紧的，我必定寄回来。京报到家了，不知道是报的什么喜事？如果是让我节制四省，那么我已经两次上疏请辞了。这一类空空的体面，岂能也算喜报呢？

葛家的来信一封、匾额题字四个寄回。你澄叔那里这次未曾写信，你将此亲呈他一阅。

涤生手示

小学三大宗：字形、训诂、音韵

谕纪泽　同治元年十月十四日

【导读】

接到家书，知晓在湘的李续宜（希庵）病愈，而曾国荃（沅叔）指挥的金陵也日趋平稳，唯有鲍超（春霆）军因为士卒大病之后布置散漫而有所虑，甚至危及宁国的张运兰（凯章）军，故战局尚难平定。曾纪泽在家勤于小学的研习，于是详尽指导其小学之三大宗，也即字形、训诂、音韵三者分别该参考哪些学者的哪些书分别作了介绍，而重点则又在其中的顾炎武、江永、段玉裁、邵晋涵、郝懿行、王念孙六家。

字谕纪泽儿：

十月初十日接尔信与澄叔九月二十日县城发信，具悉五宅平安，希庵病亦渐好，至以为慰。

此间军事，金陵日就平稳，不久当可解围。沅叔另有二信，余不赘告。鲍军日内甚为危急，贼于湾沚渡过河西，梗塞[1]霆营粮路。霆军当士卒大病之后，布置散漫，众心颇怨，深以为虑。鲍若不支，则张凯章困于宁国郡城之内，亦极可危。如天之福，宁国亦如金陵之转危为安，则大幸也。

尔从事小学《说文》，行之不倦，极慰极慰。小学凡三大宗。言字形者，以《说文》为宗。古书惟大、小徐二本，至本朝而段氏特开生面，而钱坫、王筠、桂馥之作亦可参观。[2]言训诂者，以《尔雅》为宗。古书惟郭注邢疏[3]，至本朝而邵二云之《尔雅正义》、王怀祖之《广雅疏证》、郝兰皋之《尔雅义疏》，[4]皆称不朽之作。言音韵者，以《唐韵》为宗，古书惟《广韵》《集韵》，至本朝而顾氏《音学五书》乃为不刊之典，而江（慎修）、戴（东原）、段（懋堂）、王（怀祖）、孔（巽轩）、江（晋三）诸作，亦可参观。[5]尔欲于小学钻研古义，则三宗如顾、江、段、邵、郝、王六家之书，均不可不涉猎而探讨之。

余近日心绪极乱，心血极亏。其慌忙无措之象，有似咸丰八年春在家之时，而忧灼过之。甚思尔兄弟来此一见。不知尔何日可来营省视？仰观天时，默察人事，此贼竟无能平之理。但求全局不遽[6]决裂，余能速死，而不为万世所痛骂，则幸矣。此信送澄叔一阅，不另致。

涤生手示

【注】

〔1〕梗塞（gěng sè）：阻塞不通。

〔2〕大小徐：指徐铉、徐锴兄弟，徐铉所校订《说文解字》世称"大徐本"，徐锴所作的《说文解字系传》世称"小徐本"。段氏：指段玉裁，号懋堂，著有《说文解字注》与《六书音韵表》等。钱坫（diàn）：字献之，上海嘉定人，著有《说文解字斠铨》。王筠：字贯山，山东安丘人，著有《说文句读》《说文释例》等。桂馥：字未谷，山东曲阜人，著有《说文解字义证》。

〔3〕郭注邢疏：《十三经注疏》之中的《尔雅注疏》，有晋代郭璞的注与北宋邢昺的疏。

〔4〕邵二云：即邵晋涵，字二云。王怀祖：即王念孙。郝兰皋：即郝懿行，号兰皋。

〔5〕顾氏：即顾炎武，其《音学五书》分为音论、诗本音、易音、唐韵正、古音表五部分。江慎修：即江永，字慎修，著有《音学辨微》。戴东原：即戴震，著有《声韵考》。孔巽轩：即孔广森，著有《诗声类》。江晋三：即江有诰，著有《江氏音学十书》。

〔6〕遽（jù）：就，仓促。

【译】

字谕纪泽儿：

十月初十日接到你的信与你澄叔九月二十日在县城发出的信，知道了家中的五宅平安，希庵（李续宜）的病也渐渐好转，非常欣慰。

这边的军事现状，金陵日愈平稳，不久应当可以解围。你沅叔另外还有两信，所以我也不赘言相告了。鲍（超）军前几日内很是危急，贼军在湾沚渡过河西，梗塞了他的霆营的粮路。霆军正当士兵们大病之后，布置较为散漫，众士兵心里颇有怨愤，我深以为忧虑。鲍军如果不能支持，那么张凯章（张运兰）被困于宁国郡城之内，也极其可危了。如有天赐之福，宁国也像金陵一样能够转危为安，那就是大幸了。

你从事小学，《说文解字》的学习一直坚持不倦，极为欣慰。小学共有三大宗。解说字形的，以《说文解字》为宗。古书只有大小徐（徐铉、徐锴兄弟）所著的两本，到了本朝而有段氏（段玉裁）别开生面，而钱坫、王筠、桂馥的著作也可以参考着看看。解说训诂的，以《尔雅》为宗。古书只有郭（璞）注、邢（昺）疏，到了本朝而有邵二云（邵晋涵）的《尔雅正义》、王怀祖（王念孙）的《广雅疏证》、郝兰皋（郝懿行）的《尔雅义疏》，都堪称不朽之作。解说音韵的，以《唐韵》为宗，古书只有《广韵》与《集韵》，到了本朝而有顾氏（顾炎武）的《音学五书》，乃是不刊之典，而江慎修（江永）、戴东原（戴震）、段懋堂（段玉裁）、王怀祖、孔巽轩（孔广森）、江晋三（江有诰）诸人的著作，也可以参考着看看。你想要在小学方面钻研一下古义，那么这三宗之中比如顾、江、段、邵、郝、王六家的著作，都不可不去涉猎并且有所探讨。

我近日来心绪极为杂乱，心血极为亏损。特别是慌忙无措的病象，有似咸丰八年春天在家发病的时候，然而忧灼的样子则又超过当年。很想让你们兄弟来这边一见。不知你什么时候可以来营省亲探视？仰观天象，再默默考察人事，这些贼军竟然还没有能够平定的道理。只求全局不会马上决裂，我能够速死，从而不为万世后人所痛骂，就是幸运了。此信送给你澄叔一阅，不另外致信了。

涤生手示

韩愈四言诗，奇崛之中迸出声光

谕纪泽　同治元年十一月初四日

【导读】

曾国藩十分在意儿子的诗文功夫，此信便专门讨论了四言诗的学问，他最欣赏的四言之作当属韩愈，特别是《祭柳子厚文》《祭张署文》《进学解》《送穷文》等文中的四言诗句，真是奇崛之中迸出声光。而扬雄（子云）的《州箴》《百官箴》太"刻意摹古"故达不到此境界，班固（孟坚）《汉书·叙传》的四言则较为隽雅。他还指出诗文如欲求其雄奇矫变，则立意必须超群离俗，如潘岳《马洴督诔》以及鲍照《芜城赋》、庾信《哀江南赋》、宋玉《九辩》等篇，如再三吟玩则可声情自茂，文思汩汩。

字谕纪泽儿：

二十九接尔十月十八在长沙所发之信，十一月初一又接尔初九日一禀，并与左镜和唱酬诗及澄叔之信，具悉一切。

尔诗胎息[1]近古，用字亦皆的当[2]。惟四言诗最难有声响、有光芒，虽《文选》韦孟以后诸作，亦复尔雅有余，精光不足。[3]扬子云之《州箴》《百官箴》诸四言，刻意摹古，亦乏作作之光、渊渊之声。[4]

余生平于古人四言，最好韩公之作，如《祭柳子厚文》《祭张署文》《进学解》《送穷文》诸四言，固皆光如皎日，响如春霆。即其他凡墓志之铭词及集中如《淮西碑》《元和圣德》各四言诗，亦皆于奇崛之中迸出声光。其要不外意义层出、笔仗雄拔而已。自韩公而外，则班孟坚《汉书·叙传》一篇，亦四言中之最隽雅者。尔将此数篇熟读成诵，则于四言之道自有悟境。

镜和诗雅洁清润，实为吾乡罕见之才，但亦少奇矫之致。凡诗文欲求雄奇矫变，总须用意有超群离俗之想，乃能脱去恒蹊[5]。尔前信读《马洴督诔》，谓其沉郁似《史记》，极是极是。余往年亦笃好斯篇。尔若于斯篇及《芜城赋》《哀江南赋》《九辩》《祭张署文》等篇吟玩不已，则声情自茂，文思汩汩矣。

此间军事危迫异常。九洑洲之贼纷窜江北，巢县、和州、含山俱有失守之信。余日夜忧灼，智尽能索[6]，一息尚存，忧劳不懈，他非所知耳！

尔行路渐重厚否？纪鸿读书有恒否？至为廑念[7]。余详日记中。此次澄叔处无信，尔详禀告。

涤生手示

【注】

［1］胎息：原指道家修炼呼吸的方法，后指气息或师承

脉络。

　　[2] 的当：的确，恰当。

　　[3] 韦孟：西汉初年诗人，《文选》卷十九收录其四言长诗《讽谏诗》。尔雅：文雅，雅正。精光：明亮，光亮。

　　[4] 作作：光芒四射，声势逼人。渊渊：深广，深邃。

　　[5] 恒蹊：常走的路。借指俗套。

　　[6] 智尽能索：智慧与能力用尽用光。

　　[7] 廑（qín）念：怀念，挂念。

【译】

字谕纪泽儿：

　　二十九日接到你十月十八日在长沙所发出的信，十一月初一日又接到你初九日的一信，还有你与左镜和唱酬的诗，以及你澄叔的信，详细了解到家中的一切。

　　你的诗胎息上近于古人，用字也都比较恰当。只有四言诗最难有声响、有光芒，虽然《文选》之中韦孟以后的那些诗作，也不过是雅正有余，而精神光亮不足。扬子云（扬雄）的《州箴》《百官箴》等四言，刻意摹古，也缺乏四射的光芒、深广的声气。

　　我生平对于古人的四言诗，最为喜好的是韩公（韩愈）之作，如《祭柳子厚文》《祭张署文》《进学解》《送穷文》其中的诸多四言，固然都是光芒如同皎皎的白日，响声如同春天的雷霆。即使其他凡是墓志的铭词，以及集中如《淮西碑》《元和圣德》之中各篇四言诗，也都是在奇崛之中迸发出声光了。其中的关键不外乎是意义层出、笔力雄拔而已。自韩公而外，则还有班孟坚（班固）《汉书·叙传》一篇，也是四言中之最为隽雅的。你将这几篇熟读而能成诵，那么对于四言诗的写作之道自然就有了体悟，境地也不同了。

　　镜和的诗雅洁清润，实在是我们家乡罕见的人才，但是也缺少雄奇、矫变之韵致。凡是诗文想求雄奇、矫变，总是需要在用意上有这超群离俗之想，方才能够脱去俗套。你前一信提及读《马汧督诔》，说其中的沉郁像是《史记》，极是极是。我往年也笃好这一篇。你如能就这篇以及《芜城赋》《哀江南赋》《九辩》《祭张署文》等篇，吟诵把玩不已，那么声情自然能够丰茂，文思汩汩而来了。

此地的军事危险、紧迫得异于往常。九洑洲的贼军纷纷窜到江北，巢县、和州、含山都有失守的信息传来。我日夜忧惧、焦灼，智力、才能都已经用尽了，唯有一息尚存，必定忧国忧民辛劳不懈，这就不是他人所能知道的了！

你走路渐渐持重了吗？纪鸿的读书能够坚持吗？非常挂念！其余详见我寄回的日记之中。此次澄叔那里没有去信，你去详细禀告他。

涤生手示

韩愈五言诗领会怪奇可骇处、诙谐可笑处

谕纪泽　同治元年十二月十四日

【导读】

在简要说明曾国葆的追赠与议恤，以及开吊、发引、灵柩的护送者等之外，重点谈论学韩愈五言诗如何入手的问题。曾国藩认为当从其"怪奇可骇处、诙谐可笑处细心领会"，并举例《秋怀诗十一首·其九》《送无本师归范阳》与《寄崔二十六立之》《苦寒》四诗，如用心则可"长才力""添风趣"。

字谕纪泽儿：

十一日接十一月二十二日来禀，内有鸿儿诗四首。十二日又接初五日来禀，其时尔初自长沙归也。两次皆有澄叔之信，具悉一切。

韩公五言诗本难领会，尔且先于怪奇可骇处、诙谐可笑处细心领会。可骇处，如咏落叶，则曰"谓是夜气灭，望舒霣其圆[1]"；咏作文，则曰"蛟龙弄角牙，造次欲手揽"。可笑处，如咏登科，则曰"侪辈[2]妒且热，喘如竹筒吹"；咏苦寒，则曰"羲和[3]送日出，恇怯频窥觇[4]"。尔从此等处用心，可以长才力，亦可添风趣。

鸿儿试帖，大方而有清气，易于造就，即日批改寄回。

季叔奉初六恩旨追赠按察使，照按察使军营病故例议恤^[5]，可称极优。兹将谕旨录归。此间定于十九日开吊，二十日发引^[6]，同行者为厚四、甲二、甲六、葛翠山、江龙三诸族戚，又有员弁亲兵等数十人送之，大约二月可到湘潭。葬期若定二月底三月初，必可不误。

下游军事渐稳。北岸萧军于初十日克复运漕，鲍军粮路虽不甚通，而贼实不悍，或可勉强支持。此信送澄叔一阅。外，冯春皋对一付查收。

涤生手示

【注】

［1］望舒：为月神驾车的御者。霣（yǔn）：通"陨"，落下。

［2］侪（chái）辈：同辈，等辈。

［3］羲和：为日神驾车的御者。

［4］恇（kuāng）怯：胆怯，害怕。觇（chān）：偷偷察看。

［5］议恤（xù）：指对立功殉难人员，评议其功绩，给予褒赠抚恤。

［6］发引：出殡。

【译】

字谕纪泽儿：

十一日接到你十一月二十二日来信，内有鸿儿的诗四首。十二日又接到你初五日来信，那时你刚从长沙回家。这两次都有你澄叔的信，知道了家中的一切。

韩公（韩愈）的五言诗本来就难以领会，你暂且先在那些怪奇而让人觉得惊骇之处、诙谐而让人觉得可笑之处，细心去领会。觉惊骇之处，如咏落叶，就说"谓是夜气灭，望舒霣其圆"；咏作文，就说"蛟龙弄角牙，造次欲手揽"。觉可笑之处，如咏登科，就说"侪辈妒且热，喘如竹筒吹"；咏苦寒，就说"羲和送日出，恇怯频窥觇"。你从这一类地方去用心，可以增长你的才力，也可以增添你的风趣。

鸿儿写的试帖诗，大方而又有清新之气，应该可以有所造就，即日就批改了再寄回。

你季叔在初六日奉恩旨追赠为按察使，依照按察使在军营病故的常例来议抚恤，可以说是极为优厚了。现在就将谕旨抄录寄回。这边定于十九日开始祭奠，二十日出发送灵柩返乡，同行的人为厚四、甲二、甲六、葛翠山、江龙三这些族戚，又有相关官员与亲兵等数十人护送，大约二月可以到达湘潭。葬期如定在二月底、三月初，必定可以不耽误。

长江下游的军事情况逐渐安稳了。北岸的萧军在初十日收复了漕运通道，鲍军的运粮道路虽然不太通畅，但贼军实在不太强悍，大概可以勉强支持。此信送给你澄叔一阅。另外，给冯春皋的对联一副请查收。

涤生手示

好文字气势、识度、情韵、趣味必有一长

谕纪泽纪鸿　同治四年六月初一日

【导读】

曾国藩率军由洪泽湖进入淮河，抵达临淮。刘铭传（省三）则由徐州支援雄河集，英翰（西林）则攻克了高炉集，再加罗麓森、张树声、朱品隆等军队陆续到来，军情稳定了。

再说曾国藩督查二子读书，要求他们写长信来，就所读之古人文字，或放言高论，或详言质问，抒发自己所领略的古文意趣。他指出，有气则有势，有识则有度，有情则有韵，有趣则有味，古人的绝好文字在此四者之中必有一长处。气势、识度、情韵、趣味四者，以邵雍的"四象"说来搭配，制作成《文章各得阴阳之美表》，帮助理解文章志趣之分别。

字谕纪泽、纪鸿儿：

闰五月三十日由龙克胜等带到尔二十三日一禀，六月一日由驲递到尔十八日一禀，具悉一切。罗家外孙既系漫惊风[1]，则极难医治。

余于二十五、六日渡洪泽湖面二百四十里，二十七日入淮。二十八日在五河停泊一日，等候旱队。二十九日抵临淮。闻刘省三[2]于二十四日抵徐州，二十八日由徐州赴援雉河。英西林于二十六日攻克高炉集。雉河之军心益固，大约围可解矣。罗、张、朱等明日可以到此，刘松山初五六可到。余小住半月，当仍赴徐州也。毛寄云[3]年伯二十五日至清江，急欲与余一晤。余二十八日寄一信，因太远，止其来临淮。

尔写信太短。近日所看之书，及领略古人文字意趣，尽可自摅[4]所见，随时质正。前所示：有气则有势，有识则有度，有情则有韵，有趣则有味。古人绝好文字，大约于此四者之中必有一长。尔所阅古文，何篇于何者为近？可放论而详问焉。鸿儿亦宜常常具禀[5]，自述近日工夫。此示。

涤生手草

附：文章各得阴阳之美表[6]

理气之成象者	文境各有所长	经书之可指者	百家之相近者	自抄分类古文	自抄十八家诗
太阳	气势	书之誓 孟子	扬雄 韩文	论著 奏议	李 韩
少阴	情韵	诗经	楚辞	词赋	少陵 义山
少阳	趣味	左传	庄子 韩文	传志	韩 苏
太阴	识度	易十翼	史记序赞 欧文	序跋	陶

【注】

[1]漫惊风：又称惊厥、抽风，中医小儿科常见的一种急病，以抽搐、昏迷为特征。

[2]刘省三：即刘铭传，字省三，号大潜山人，安徽合肥人，淮军将领，台湾省首任巡抚。

[3]毛寄云：即毛鸿宾，字寅庵，又字寄云，号菊隐，山东

历城人，曾任湖南巡抚、两广总督等。毛与曾为同榜进士，也即同年，儿子一辈称父亲的同年则为年伯。

〔4〕摅（shū）：即抒发、发表或表达出来。

〔5〕具禀：详尽地写信禀告。禀，向尊长报告。

〔6〕本表为曾国藩本人对于各类文章境界的看法，原附于《谕纪泽纪鸿·同治四年六月十九日》，为对照方便故移至此处。

【译】

字谕纪泽、纪鸿儿：

闰五月三十日由龙克胜等人带到你二十三日的一信，六月一日由驿站送到你十八日的一信，知晓了一切。罗家外孙既然是漫惊风，那么就极难医治。

我在二十五六日渡过洪泽湖面，行船二百四十里，二十七日进入淮河。二十八日在五河停泊了一日，等候陆军。二十九日抵达临淮。听说刘省三（刘铭传）在二十四日抵达徐州，二十八日从徐州赶赴雉河支援。英西林（英翰）在二十六日，攻克了高炉集。雉河那边的军心更加稳固，大约可以解围了。罗麓森、张树声、朱品隆等人明日可以到此，刘松山初五六日也可以到此。我在这边小住半个月，应当仍旧赶赴徐州。毛寄云（毛鸿宾）年伯二十五日到了清江浦，急着想跟我会面一次，我在二十八日寄给他一信，因为路途太远，制止他来临淮了。

你写的信太短。近几日里所看的书，以及领略到的古人文字意趣，都可以抒发你自己的所见，让我随时给予订正。前一次信曾有指出：有气则有势，有识则有度，有情则有韵，有趣则有味。古人那些最好文字，大约在这四个方面，必定会有其中的一个长处。你所阅读的古文，哪一篇与哪一点较为接近？可以放言高论，并且详细地请问一番了。鸿儿也应当常常写信来禀告，自己讲述一下，近日的工夫都花在什么地方。此示。

涤生手草

曾国荃的授职以及取阅之书单

谕纪泽　同治四年六月二十五日

【导读】

　　已在徐州办公的曾国藩，写信告知纪泽收到的书籍与物品，再告知其曾国荃被授予山西巡抚一事，让儿子去李鸿章（少泉）处借阅谕旨，以及了解曾国荃的病情。还表示希望二人能在徐州相会，可见兄弟情深。曾国藩设置的书局刻印的《二十四史》完成，希望纪泽检查一下，还有李善兰等人翻译的《几何原本》完成，嘱咐先印刷一百部。另告知自己在徐州想要读的书单，其中大多为唐人诗集，还有元代思想家吴澄的《易经纂言》《诗经纂言》。可见其随时随地，不忘读书。

字谕纪泽儿：

　　二十三日接尔十七日禀，并汪刻《公羊》、陈刻《后汉书》、茶叶、腊肉等事具悉。

　　二十四日接奉寄谕，知沅叔已简授[1]山西巡抚。谕旨咨少泉宫保处，尔可借阅。沅叔闰五月初六至十四之病，不知此时全愈否？余须寄信嘱其北上陛见[2]之便，且至徐州，兄弟相会。

　　陈刻《二十四史》颇为可爱，不知其错字多否？《几何原本》[3]可先刷一百部。曾恒德[4]无事，亦可来营。余又有取阅之书，可令滕中军派兵送来，录如别纸。

涤生手示

　　《刘禹锡集》《王昌龄集》《张籍集》，右三种于全唐诗内抽出寄来（刘集有单行本否，试问子偲丈[5]）。

　　唐四家诗选（王、孟、韦、柳四本）。

　　《易经纂言》《诗经纂言》，右二种《吴文正公（澄）集》中有之，《通志堂经解》中亦有之，兹取吴集本。

【注】

[1] 简授：铨叙授职，即审查官员的资历和政绩之后，确定其升降并授予官职。

[2] 陛见：臣下谒见皇帝。清代被任命为高级文武官员则需要陛见请训。

[3]《几何原本》：欧几里得所著的《几何原本》，明末的徐光启与意大利传教士利玛窦合译前六卷，清末的李善兰与英国传教士伟烈亚力合译后九卷，由金陵官书局刊行。

[4] 曾恒德：曾国藩的家人，同治二年（1863）夏从老家护送家眷而来到金陵。

[5] 子偲丈：即莫友芝。

【译】

字谕纪泽儿：

二十三日接到你十七日的信，以及汪刻《春秋公羊传》、陈刻《后汉书》、茶叶、腊肉等，各项事情也都知晓了。

二十四日接到谕旨，知道了你沅叔已经授职山西巡抚。谕旨咨文在少泉宫保（李鸿章）那里，你可以去借阅。你沅叔闰五月初六至十四日的病，不知道此时是否已经痊愈了？我还要寄信，嘱咐他北上谒见皇帝的时候，顺便来徐州，我们兄弟正好相会。

陈刻《二十四史》非常可爱，不知道其中的错字多吗？《几何原本》可以先印刷一百部。曾恒德没事，也可以来军营。我又有需要取来阅读的书，可以让滕中军派士兵送过来，书单抄录在另一纸上。

涤生手示

《刘禹锡集》《王昌龄集》《张籍集》，这三种从全唐诗内抽出并寄来（刘集有单行本吗？试着问问子偲丈莫友芝）。

唐四家诗选（王维、孟浩然、韦应物、柳宗元四本）。

《易经纂言》《诗经纂言》。这二种《吴文正公（澄）集》中有，《通志堂经解》中也有，现在取吴集本。

少壮时读书，从"有恒"二字痛下功夫

谕纪泽　同治四年七月十三日

【导读】

关于福秀脾亏之病，曾国藩重提"老米炒黄"这一偏方。勉励纪泽，少壮之时用功读书，当从"有恒"二字痛下功夫，然而还得有情韵趣味，不可拘苦疲困。回顾自己的读书历程，李商隐的《义山集》所批无多，真正批点得首尾完毕的只有司马迁《史记》、韩愈的文集与诗集、杜甫的诗集、姚鼐编的《古文辞类纂》以及归有光的《震川集》、黄庭坚的《山谷集》等不多的几种，可见读书有恒，还是不容易做到的。

字谕纪泽儿：

十二日接尔初八日禀，具悉一切。福秀之病，全在脾亏。余前信已详言之。今闻晓岑先生峻补[1]脾胃，似亦不甚相宜。凡五藏极亏者，皆不受峻补也。尔少时亦极脾亏，后用老米[2]炒黄，熬成极酽[3]之稀饭，服之半年，乃有转机。尔母当尚能记忆。金陵可觅得老米否？试为福秀一服此方。

开生[4]到已数日，元徵[5]信接到，兹有复信，并邵二世兄[6]信。尔阅后封口交去。渠需银两，尔陆续支付可也。

《义山集》似曾批过，但所批无多。余于道光二十二、三、四、五、六等年，用胭脂圈批。唯余有丁刻《史记》（六套，在家否？）、王刻韩文（在尔处）、程刻韩诗（最精本）、小本杜诗、康刻《古文辞类纂》（温叔带回，霞仙借去）、《震川集》（在季师[7]处）、《山谷集》（在黄恕皆[8]家）首尾完毕，余皆有始无终，故深以无恒为憾。近年在军中阅书，稍觉有恒，然已晚矣。故望尔等于少壮时，即从"有恒"二字痛下工夫。然须有情韵趣味，养得生机盎然，乃可历久不衰。若拘苦疲困，则不能真有恒也。

密禀悉，当细察耳。

涤生手示

正封缄间，又接泽儿初九日禀。小孩病尚未好。尔母泄泻，系脾虚火亏。昔年在京服重剂黄芪参术，此后不宜日日服药，服则补火补气。内银钱所房屋尽可退还侪山租钱。李宫保处宜旬一往，幕中陈、凌、蒋、陈等皆熟人也。又示。（十四日申刻）

【注】

［1］峻补：猛补，用强力补益之药来治疗。

［2］老米：陈米。

［3］酽（yàn）：浓，稠。

［4］开生：即刘瀚清，字开生，江苏武进人，曾国藩平定捻军时，曾入曾国藩幕府。

［5］元徵：即方骏谟，字元徵，江苏阳湖（今江苏武进）人，曾国藩的幕僚。

［6］邵二世兄：邵懿辰之侄儿邵长年。

［7］季师：即季芝昌，字云书，号仙九，江苏江阴人，曾国藩会试时的房师，后官至闽浙总督。

［8］黄恕皆：即黄倬，字恕皆，一作恕阶，湖南善化人，官至吏部左侍郎。

【译】

字谕纪泽儿：

十二日接到你初八日的信，知晓了家中的一切。福秀的病，全都因为脾亏。我前一信已经详细说过了。今日听说晓岑先生（欧阳兆熊）猛补脾与胃，似乎也不太相宜。凡是五脏极为亏损的，都不能承受猛补。你小的时候也极为脾亏，后来将陈米炒黄，熬成极为酽稠的稀饭，服用了半年，才有了转机。你母亲应当还能记忆起此事。金陵可以寻觅到老米吗？试着给福秀服用此方。

开生（刘瀚清）已经到了几日，元徵（方骏谟）的信接到了，现在有了给他的复信，以及给邵二世兄（邵长年）的信。你阅读之后封口交过去。他需要的银两，你陆续支付就可以了。

《义山集》我似乎曾批点过，但所批的并不多。我在道光二十二、二十三、二十四、二十五、二十六等年，用胭脂色圈点批改过。但是我有丁刻《史记》(六套，在家吗？)、王刻韩文(在你那边)、程刻韩诗(最精本)、小本杜诗、康刻《古文辞类纂》(你温叔带回家，刘蓉借去)、《震川集》(在季芝昌先生处)、《山谷集》(在黄倬家)批点首尾完毕，其余都是有始无终，所以我深以读书"无恒"而遗憾。近年来在军营之中读书，稍稍觉得能够有恒一些，然而为时已晚了。故希望你们在少壮之时，就从"有恒"二字痛下功夫。然而也需要有情韵与趣味，心灵养得生机盎然，方才可以历久而不衰。如果读书的时候，总是觉得拘谨、痛苦、疲倦、困顿，那么就不能真正有恒心了。

密禀收悉，应当仔细察看。

涤生手示

正在封信件之间，又接到泽儿初九日的信。小孩病还未好。你的母亲腹泻，应是脾虚而火亏。昔年我在京的时候，曾服用重剂黄芪、参术，此后不应当日日服药，要服药就选择补火、补气的。内银钱所的房屋都可以退还给俦山去出租收钱。李宫保(鸿章)那边应当每旬都去一次，他幕中的陈、凌、蒋、陈等都是你的熟人。又示。(十四日申刻)

《船山遗书》刊刻，备寄军营之书

谕纪泽　同治四年八月十九日

【导读】

　　曾国藩、曾国荃兄弟在平定太平天国的同时，也积极于湖湘文化，共同主持王夫之(船山)《船山遗书》的刊行，请欧阳兆熊(晓岑)在金陵刻书局具体负责。曾国藩注意搜集王夫之著作各种版本，此信便提及《书经稗疏》等书，请刘昆代为抄出文渊阁藏本。此信还交代上次从《全唐诗》中抽出的四本，寄去回归于整部之中；从刘松山处取回了的地图册七本，及留在金陵的地图册二十六本也要寄至大营，以便一整部配齐。还要寄到大营的书则有《韩昌黎集》与《文献通考》《晋书》《新唐书》等，则分别交代需要的是何种版本，或是殿本与毛刻本对照的，或是无注而便于诵读的。此信交代的种种，可见其善于读书与藏书。

字谕纪泽儿：

兹因潘文质回金陵，寄去鹿胶二斤、高丽参三斤并冬菜、口蘑[1]等物查收。又付《全唐诗》四本[2]，即六月间取来者。恐其遗失，故寄回，归于全部之中。

王船山先生《书经稗疏》三本、《春秋家说序》一薄本，系托刘韫斋[3]先生在京城文渊阁抄出者。尔可速寄欧阳晓岑丈处，以便续行刊刻。刘松山前借去鄂刻地图七本，兹已取回。尚有二十六本在金陵，可寄至大营，配成全部（此书金陵寓中尚有十余部，尔珍藏之，将来即以前代之图用朱笔写于此图之上）。

《全唐文》太繁，而郭慕徐[4]处有专集十余种，其中有《韩昌黎集》，吾欲借来一阅，取其无注，便于温诵也。又，《文献通考》（吾曾点过田赋、钱币、户口、职役、征榷、市籴、土贡、国用、刑制、舆地等门者）、《晋书》、《新唐书》（要殿本[5]，《晋书》兼取李芋仙[6]送毛刻本[7]）均取来，以便翻阅。《后汉书》亦可带来（殿本）。冬春皮衣，均于此次舢板带来（缺衬者一裹圆者皆要，袍褂不要）。此嘱。

涤生手示

【注】

［1］口蘑：生长在蒙古草原的一种白色野生蘑菇。

［2］此处说的"四本"是指《刘禹锡集》《王昌龄集》《张籍集》等，前段时间曾国藩要求从整部《全唐诗》之中抽出寄到军营，事见《谕纪泽·同治四年六月二十五日》。

［3］刘韫斋：即刘崐，字玉昆，号韫斋，云南景东人，时任太仆寺卿，后官至湖南巡抚。

[4]郭慕徐：即郭阶，字慕徐，湖北蕲水人，时任李鸿章幕府。其父郭沛霖与曾国藩为同榜进士，其妹郭筠后嫁于曾纪鸿。

　　[5]殿本：即武英殿本的简称，康熙年间在武英殿开馆校刻《佩文韵府》，此后成为内府的修书印书机构，殿本是清代影响最大的官刻本。

　　[6]李芋仙：即李士棻，字芋仙，重庆忠州（今重庆忠县）人。曾国藩的门生，诗人，富有藏书。

　　[7]毛刻本：明代毛晋刊刻的汲古阁本。

【译】

字谕纪泽儿：

　　现在因为潘文质回金陵，寄去鹿胶二斤、高丽参三斤以及冬菜、口蘑等物，注意查收。又寄了《全唐诗》抽出的那四本，也就是六月的时候取过来的。恐怕遗失了，故而先寄回，归总到一整部之中去。

　　王船山先生《书经稗疏》三本、《春秋家说序》一薄本，都是托了刘韫斋（刘昆）先生在京城的文渊阁抄出来的。你可以迅速寄到欧阳晓岑（欧阳兆熊）丈处，以便继续进行《船山遗书》的刊刻。刘松山前段时间借去鄂刻的地图七本，现在已经取回了。还有二十六本留在金陵的，可以寄到大营，配成此书的一整部。金陵寓所中此书还有十多部，你要珍藏好，将来就把前代的图，用朱笔写在这张图的上面。

　　《全唐文》太繁复，而郭慕徐（郭阶）那里有专集十多种，其中有《韩昌黎集》，我想要借来一读，因为此书没有注只有原文，方便于温习、诵读。另外，《文献通考》（我曾经圈点过田赋、钱币、户口、职役、征榷、市籴、土贡、国用、刑制、舆地等门类）、《晋书》、《新唐书》（要殿本的，《晋书》再取李芋仙送的毛晋刻本）都取来以便翻阅。《后汉书》也可以带来（殿本）。冬春皮衣，都用此次的舢板带来（缺个交领的、有一个裹圆的都要，袍褂不要）。此嘱。

涤生手示

读史须作史论咏史诗，妇女须作小菜

谕纪泽纪鸿　同治五年八月初三日

【导读】

读史书，须作史论、咏史诗，方才能够使得所读之史书进入内心，熟练记忆，如读《通鉴》则可兼读王夫之（船山）《读通鉴论》。家中的妇女则须讲究学做小菜，如腐乳、酱油、酱菜、好醋、倒笋之类，做好了寄到军营之中，如是外间买的则不必寄来了。让儿子寄诗文，女儿、儿媳寄小菜以及鞋子之类，既是鉴赏又是督促，故其家教很是实在。

字谕纪泽、纪鸿儿：

接纪泽六月二十三、七月初三日两禀，并纪鸿及瑞侄禀信、八股。两人气象俱光昌[1]，有发达之概，惟思路未开。作文以思路宏开为必发之品。意义层出不穷，宏开之谓也。

余此次行役，始为酷热所困，中为风波所惊，旋为疾病所苦。此间赴周家口尚有三百余里，或可平安耳。

尔拟于《明史》看毕，重看《通鉴》，即可便看王船山之《读通鉴论》，尔或间作史论，或作咏史诗。惟有所作，则心自易入，史亦易熟，否则难记也。余近状详日记中。到周口后又专□送信。此示。

涤生手谕

早间所食之盐姜[2]已完，近日设法寄至周家口。吾家妇女须讲究作小菜，如腐乳、酱油、酱菜、好醋、倒笋之类，常常做些寄与我吃。《内则》言事父母舅姑[3]，以此为重。若外间买者，则不寄可也。

【注】

[1]光昌：光大昌盛。

[2] 盐姜：用食盐、辣椒等腌制的姜。

[3] 舅姑：指公婆，即丈夫之父母。

【译】

字谕纪泽、纪鸿儿：

接到纪泽六月二十三、七月初三日的两信，以及纪鸿及瑞侄（曾纪瑞）的信、八股文。两人文章的气象都光大而昌盛，有发达的气概，只是思路还没有打开。作文以思路宏大开阔的，方为必会发达的作品。意蕴层出不穷，就是所谓的宏大开阔。

我这一次的行程，开始时为酷热所困，中途又为风波所惊，旋即又为疾病所苦。此处赶赴周家口，还有三百多里，大概可以平安了。

你打算将《明史》看完，重新再看《资治通鉴》，那么可以顺便看看王船山（王夫之）的《读通鉴论》，你或者偶尔写作史论，或者写作咏史诗。只有进行相关的写作，所读的东西自然就容易进入心里，历史也容易熟悉起来，否则就难以记得了。我最近的详情都在日记之中。到了周家口之后又会有专人送信。此示。

涤生手谕

早间所吃的盐姜已经吃完，近日设法寄一些到周家口。我家的妇女必须讲究制作小菜，如腐乳、酱油、酱菜、好醋、倒笋之类，常常做些寄来给我吃。《内则》里说的侍奉父母舅姑，以此为重。如果是外间买的，也就不寄也可以了。

读古文古诗，先认其貌后观其神

谕纪泽　同治五年十月十一日

【导读】

大家名家必然形成自己独特的面貌、神态，也就是说"辨识度"非常之高。后人读其诗文如不能做到"辨识其貌，领取其神"，则是自己的功夫未曾到家，而非作者之咎。培养自己的辨识能力，也当在诵读之中体会各家之面貌、神态，所谓"观千剑而后识器"也。曾国藩晚年作诗作文吃力，然还有笔债在，如唐鉴的墓志铭与罗泽南的碑文，则都非亲自撰写不可，故要求纪泽帮助准备参考材料。

字谕纪泽儿：

九月二十六日接尔初九日禀，二十九、初一等日接尔十八、二十一日两禀，具悉一切。二十三如果开船，则此时应抵长沙矣。二十四之喜事，不知由湘阴舟次而往乎？抑自省城发喜轿[1]乎？

尔读李义山诗，于情韵既有所得，则将来于六朝文人诗文，亦必易于契合。凡大家名家之作，必有一种面貌、一种神态，与他人迥不相同。譬之书家，羲、献、欧、虞、褚、李、颜、柳[2]，一点一画，其面貌既截然不同，其神气亦全无似处。本朝张得天[3]、何义门[4]虽称书家，而未能尽变古人之貌。故必如刘石庵[5]之貌异神异，乃可推为大家。诗文亦然。若非其貌其神迥绝群伦[6]，不足以当大家之目。渠既迥绝群伦矣，而后人读之，不能辨识其貌，领取其神，是读者之见解未到，非作者之咎也。尔以后读古文古诗，惟当先认其貌，后观其神，久之自能分别蹊径。今人动指某人学某家，大抵多道听途说，扣槃扪烛[7]之类，不足信也。君子贵于自知，不必随众口附和也。

余病已大愈，尚难用心，日内当奏请开缺。近作古文二首，亦尚入理，今冬或可再作数首。唐镜海[8]先生殁时，其世兄求作墓志，余已应允，久未动笔，并将节略失去。尔向唐家或贺世兄处（庶农[9]先生子，镜海丈婿也），索取行状节略寄来。罗山[10]文集、年谱未带来营，亦向易芝生[11]先生（渠求作碑甚切）索一部付来，以便作碑，一偿夙诺。

纪鸿初六日自黄安起程，日内应可到此。余不悉。

涤生手示

【注】

[1] 发喜轿：即发亲，发送结婚时新娘坐的花轿。

〔2〕羲、献、欧、虞、褚、李、颜、柳：指东晋的王羲之、王献之父子，唐代的欧阳询、虞世南、褚遂良、李邕、颜真卿、柳公权。

〔3〕张得天：即张照，字得天，上海华亭（今上海松江）人，清初书法家，官至刑部尚书。

〔4〕何义门：即何焯，学者称义门先生，江苏长洲（今苏州）人，著名学者、书法家。

〔5〕刘石庵：即刘墉，字崇如，号石庵，谥文清，山东诸城人，官至体仁阁大学士、太子太保，同时也是著名的书法家。

〔6〕迥绝群伦：超群卓绝，超越于一般人。

〔7〕扣槃扪（pán）扪（mén）烛：比喻片面的、不得要领的认识。

〔8〕唐镜海：即唐鉴，字镜海，湖南善化人，官至太仆寺卿。

〔9〕庶农：即贺熙龄，字光甫，号庶龙、庶农，湖南善化人。

〔10〕罗山：即罗泽南，字仲岳，号罗山，湖南湘乡人，湘军早期将领，曾国藩的三女嫁给其子。

〔11〕易芝生：即易良翰，曾家的姻亲兼塾师。

【译】

字谕纪泽儿：

九月二十六日接到你初九日的信，二十九、初一等日接到你十八、二十一日的两信，知晓了一切。二十三日如果开船，那么此时应该抵达长沙了。二十四日的喜事，不知道是不是从湘阴坐船前往的？还是直接从省城发出的喜轿？

你读李义山（李商隐）的诗，在情韵方面既然有所心得，那么将来对于六朝文人的诗文，也必定容易有所契合。凡是大家、名家之作，必定会有一种面貌、一种神态，与他人是迥然不同的。譬如书法家，王羲之、王献之、欧阳询、虞世南、褚遂良、李邕、颜真卿、柳公权，一点一画之中，既在面貌上是截然不同的，又在神气上也是全无相似之处的。本朝的张得天（张照）、何义门（何焯）虽然称为书法家，然而未能全部变换古人的面貌。所以必定要像刘石庵（刘墉），他能够与古人貌异、神异，方才可以被推为大家。诗文上的道理也一样。如果不是其貌其神都能够迥异于群伦，与大多数人都不同，就不足以称得上是真正的大家。他既然能够迥异于群伦了，然而后人读了，不能够辨识他的面貌、领会他的神气，那就是读者的见解还未能到，而不是作者的过错了。你以后读古文、古诗，就应当先去辨认其中的面貌，然后观察其中的神气，时间久了就自然能够分别出其中的蹊径了。今人动辄指出某人学某家，大多只是道听途说，属于扣槃扪烛之类，并不足以为信。君子贵在自知，不必去跟随众人随声附和了。

我的病已经大愈，还难以多用心思，近日之内当会奏请开缺职务。近来写作了古文两篇，也还算入理，今年冬天或许还可以再写作几篇。唐镜海（唐鉴）先生去世的时候，他的儿子求我写作墓志，我已经应允了，但许久都未动笔，还将他的生平概略都丢失了。你向唐家或者贺世兄处（庶农先生贺熙龄之子，镜海丈的女婿），索取行状、节略寄过来。罗山（罗泽南）的文集、年谱，未曾带到营里来，也向易芝生（易良翰）先生（他要求为罗泽南作碑的心较为迫切）索要一部寄来，以便作碑之用，也算是一偿曾经的诺言。

纪鸿初六日从黄安起程，近日之内应该可以到此。其余不具体说了。

涤生手示

告知书箱式样，读书乃寒士本业

谕纪泽　同治五年十二月二十三日

【导读】

　　曾国藩坚辞回任两江总督未获应允，暂回徐州接受关防，李鸿章（少泉）赶赴前敌接替平定捻军之重任。曾国藩因为精力日衰，既不能多读公文，又不肯割弃欲看之书，所以"决计不为疆吏，不居要任"。告知纪泽近期所造书箱式样，要儿子明白读书乃寒士本业，切不可有宦家风味，文房器具也不可求珍异。至于"莫作代代做官之想，须作代代做士民之想"，则更是强调官位靠不住，唯有耕读可传家。

字谕纪泽儿：

十二月初六日接尔十一月二十一日排递之信，十八日接二十七日专勇之信，具悉一切。

余自奉回两江本任之命，十七、初三日两次具疏坚辞，皆未俞允[1]，训词肫挚[2]。只得遵旨暂回徐州，接受关防，令少泉得以迅赴前敌，以慰宸廑[3]。兹将初九日寄谕、二十一日奏稿抄寄家中一阅。余自揣精力日衰，不能多阅文牍，而意中所欲看之书，又不肯全行割弃，是以决计不为疆吏，不居要任。两三月内，必再专疏恳辞。

军务极为棘手。二十一日有一军情片，二十二日有与沅叔信，兹抄去一阅。

朱金权利令智昏[4]，不耐久坐，余在徐州已深知之。今年既请彭芳六[5]照管书籍、款接人客，应将朱金权辞绝之，并请澄叔专信辞谢，乃有凭据。

余近作书箱，大小如何廉舫[6]八箱之式。前后用横板三块，如吾乡仓门板之式。四方上下皆有方木为柱为匡，顶底及两头用板装之。出门则以绳络之[7]而可挑，在家则以架乘之而可累两箱、三箱、四箱不等。开前仓板则可作柜，并开后仓板则可过风。当作一小者送回，以为式样。吾县木作最好而贱，尔可照样作数十箱，每箱不过费钱数百文。

读书乃寒士本业，切不可有宦家风味。吾于书籍及文房器具，但求为寒士所能备者，不求珍异也。家中新居富圫，一切须存此意，莫作代代做官之想，须作代代做士民之想。门外挂匾，不可写"侯府""相府"字样。天下多难，此等均未必可靠，但挂

"宫太保第"[8]一匾而已。

吾明年正月初赴徐，纪鸿随往。二月半后天暖，令鸿儿坐炮船至扬州，搭轮船至汉口，三月必可到家。郭婿[9]读书何如？详写告我。此信呈澄叔一阅。

涤生手示

【注】

[1]俞允：应允、应诺，多用于君主。

[2]训词：帝王诰敕文词。肫挚（zhūn zhì）：真挚诚恳。

[3]宸廑（chén jǐn）：皇帝的关切。宸，本指北极星，后代指帝王。

[4]朱金权：长期担任曾国藩老家的管家。利令智昏：因贪图私利而失去理智。

[5]彭芳六：曾国藩家的管家之一。

[6]何廉舫：即何栻，字廉舫，一作莲舫，江苏江阴人，曾国藩的门生、幕僚，擅诗文，多藏书，曾任江西建昌知府、吉州知府，后经商致富。

[7]络之：捆住。

[8]宫太保第：即"太子太保"的府第，曾国藩以获此虚衔为荣。

[9]郭婿：即郭依永，字刚基，曾家四女婿，郭嵩焘之子。

【译】

字谕纪泽儿：

十二月初六日接到你十一月二十一日通过排单递送的信，十八日接到二十七日由专门的勇夫送来的信，知晓了一切。

我自从奉命回去再任两江总督的职务后，十七日、初三日两次上疏坚决请辞，都没有获得应允，训词真挚诚恳。只得遵旨暂时回到徐州，接受总督的关防，让少泉（李鸿章）得以迅速赶赴前敌，以便让皇帝欣慰。现在将初九日寄来的谕旨、二十一日的奏稿抄出寄到家中供大家一阅。我自己感觉精力日渐衰弱，不能多去阅读公文、书牍，然而心中所想看的书，又不肯全部都割舍了，因此决定不再担任封疆大吏，不再居于重要职务。两三个月内，必定再次专门上疏恳请辞职。

军务上头极为棘手。二十一日有一份军情的奏折片子，二十二日有与你沅叔的信，现在抄录回去供一阅。

朱金权利令智昏，不能忍耐久坐，我在徐州的时候已经深知其人了。今年既然请了彭芳六过来照管书籍、接待客人，应当将朱金权推辞拒绝，并且请你澄叔专门写信辞谢，方才都有凭据。

我最近在做书箱，跟何廉舫（何栻）八箱的式样、大小相同。前后都用横板三块，好比我们家乡的仓门板的式样。四方、上下都有方木作为柱子或框子，顶上、底下以及两头用木板来安装。出门用绳子捆住就可以挑，在家就用架子来安放，然后可以累放两箱、三箱、四箱不等了。打开前仓板又可以用作书柜，再同时打开后仓板就可以通风。应当做一个小的送回家，作为参考的式样。我们县里的木工做得最好而价格最贱，你可以照样子做几十箱，每箱也不过花费几百文钱。

读书乃是寒士的本业，千万不可以有官宦人家的风气。我对于书箱以及文房所用的器具，只求作为寒士所能具备的，不去寻求奇珍异宝。家中在富圫的新居所，一切必须存有这一意思，不要存有代代都会做官的想法，必须存有代代都会做普通士子、农民的想法。家门外头挂的匾，不可以写"侯府""相府"的字样。天下多难，这些爵位、官位都未必可靠，只要挂上"宫太保第"一个匾就可以了。

我明年正月初赶赴徐州，纪鸿跟随前往。二月半之后天气暖和，就让鸿儿乘坐炮船到扬州，搭乘轮船到汉口，三月必定可以回到家了。郭家女婿（依永）读书怎么样？详细写信来告知我。此信呈给你澄叔一阅。

涤生手示

诗文趣味二种：诙诡之趣、闲适之趣

谕纪泽　同治六年三月二十二日

【导读】

　　曾国藩听从其祖父之教"不信地仙"，然而因为其长子纪桢为天花病亡，故此次纪鸿出痘，也曾敬奉痘神，此后作有《礼送痘神祝文》，又以二千金修金陵痘神庙并作门联，也是舐犊情深了。

　　关于诗文趣味，曾国藩提出诙诡之趣、闲适之趣二种，前者文为庄子、柳宗元，诗为苏轼、黄庭坚，以及韩愈诗文；后者文为柳宗元之游记，诗为韦应物、孟浩然、白居易（白傅）。至于陶渊明的五古、杜甫的五律、陆游的七绝，更具有"高淡襟怀"，所谓"南面王不以易其乐也"，故希望纪泽多琢磨此三人之诗，然要避免走入孤僻之途。

字谕纪泽儿：

　　十八日寄去一信，言纪鸿病状。十九日请一医来诊，鸿儿乃天花痘喜[1]也。余深用忧骇，以痘太密厚，年太长大，而所服十五、六、七、八、九等日之药，无一不误。阖署惶恐失措，幸托痘神[2]佑助，此三日内转危为安。兹将日记由鄂转寄家中，稍为一慰。再过三日灌浆[3]，续行寄信回湘也。

　　尔与澄叔二月二十八日之信顷已接到。尔七律十五首圆适深稳，步趋[4]义山，而劲气倔强处颇似山谷。尔于情韵、趣味二者皆由天分中得之。凡诗文趣味约有二种：一曰诙诡之趣，一曰闲适之趣。诙诡之趣，惟庄、柳之文，苏、黄之诗，韩公诗文，皆极诙诡，此外实不多见。闲适之趣，文惟柳子厚游记近之，诗则韦、孟、白傅均极闲适。而余所好者，尤在陶之五古、杜之五律、陆之七绝，以为人生具此高淡襟怀，虽南面王[5]不以易其乐也。尔胸怀颇雅淡，试将此三人之诗研究一番，但不可走入孤僻一路耳。

余近日平安，告尔母及澄叔知之。

涤生手示

【注】

[1] 天花痘喜：天花，又称出痘子，由天花病毒引起的烈性传染病，痊愈后可终身免疫，故此处称"痘喜"。

[2] 痘神：民间信仰的神明，传为主司麻豆之神，又为护佑儿童的司命之神。

[3] 灌浆：本指谷类作物开花受精后将营养输送入种子。此处指疮疤化脓出水后病毒去除。

[4] 步趋：亦步亦趋，效仿。

[5] 南面王：南面称王，古人以坐北朝南为尊。"虽南面王乐，不能过也"，语出《庄子·至乐》。

【译】

字谕纪泽儿：

十八日寄去的一封信，说了纪鸿生病的状况。十九日请了一个医生前来诊治，鸿儿乃是天花、出痘子。我深为担忧、惊骇，因为所出的痘太过密厚，年纪也太大了，然而在十五、十六、十七、十八、十九等日所服用的药，无一不是错误的。整个官署之人都惶恐而手足无措，幸好托了痘神的保佑，这三日之内转危为安。现在将日记从湖北转寄到家中，也稍能作为一个安慰。再过三日水痘灌浆，我会接着再寄信回湖南的。

你与澄叔二月二十八日的信刚才已经接到。你的七律十五首写得圆适而平稳，效仿义山（李商隐），而在劲气、倔强之处很像山谷（黄庭坚）。你对于情韵、趣味这两方面，都是在自己的天分之中所得。凡是诗文的趣味，大约有两种：一是诙谐奇诡之趣，一是闲适自在之趣。诙谐奇诡之趣，只有庄子、柳宗元的文章，苏轼、黄庭坚的诗，韩公（韩愈）的诗与文，都是极为诙诡的，此外就实在不多见了。闲适自在之趣，文章只有柳子厚（柳宗元）的游记接近，诗则有韦应物、孟浩然、白傅（白居易）都极为闲适。然而我所喜好的，还是陶渊明的五古、杜甫的五律、陆游的七绝，并且认为人生应当具有如此高远、淡泊的襟怀，即使南面为王，也不以此来换了其中的乐趣。你的胸怀颇为雅淡，试着将这三人的诗研究一番，但是也不可走入孤僻一路！

我近日来身体平安，告诉你的母亲以及澄叔知道。

涤生手示

写字篇

大抵写字只有用笔、结体两端。学用笔，须多看古人墨迹；学结体，须用油纸摹古帖。此二者，皆决不可易之理。

欧、虞、颜、柳四大家，是诗家之李、杜、韩、苏，天地之日、星、江、河也。尔有志学书，须窥寻四人门径。

写字、作文宜模仿古人间架

谕纪泽　咸丰九年三月初三日

【导读】

咸丰九年（1859），曾国藩在军中接到曾纪泽的书信以及为贺桂龄所写的墓志，对儿子的书法进步，表示欣慰。于是大谈书法与作文学习过程中模仿古人的重要性。

曾国藩认为书法的关键只有用笔、结体两个方面。学用笔要多看古人墨迹，学结体要临摹古帖。又结合自己的学书经历来说明在间架结构上多用临摹功夫的重要性。接着他又指出作诗赋也要留心模仿，并以汉代扬雄为例，强调模仿的意义。其实在曾国藩看来，书法、诗赋乃至做人之道，其中多有相通之处，都应当师法古人而笃实磨炼。

字谕纪泽：

三月初二日接尔二月二十日安禀，得知一切。内有《贺丹麓[1]先生墓志》，字势流美，天骨[2]开张，览之忻慰。惟间架间有太松之处，尚当加功。

大抵写字只有用笔、结体两端。学用笔，须多看古人墨迹；学结体，须用油纸摹古帖。此二者，皆决不可易之理。小儿写影本，肯用心者，不过数月，必与其摹本字相肖。吾自三十时，已解古人用笔之意，只为欠却间架工夫，便尔作字不成体段[3]。生平欲将柳诚悬[4]、赵子昂[5]两家合为一炉，亦为间架欠工夫，有志莫遂。尔以后当从间架用一番苦功，每日用油纸摹帖，或百字，或二百字，不过数月，间架与古人逼肖而不自觉。能合柳、赵为一，此吾之素愿也。不能，则随尔自择一家，但不可见异思迁耳。

不特写字宜摹仿古人间架，即作文亦宜摹仿古人间架。《诗经》造句之法，无一句无所本。《左传》之文，多现成句调。扬子云为汉代文宗[6]，而其《太玄》摹《易》，《法言》摹《论语》，《方言》摹《尔雅》，《十二箴》摹《虞箴》，《长杨赋》摹《难蜀父老》，《解嘲》摹《客难》，《甘泉赋》摹《大人赋》，《剧秦美新》摹《封禅文》，《谏不许单于朝书》摹《国策·信陵君谏伐韩》，几于无篇不摹。即韩、欧、曾、苏[7]诸巨公之文，亦皆有所摹拟，以成体段。尔以后作文作诗赋，均宜心有摹仿，而后间架可立，其收效较速，其取径较便。

前信教尔暂不必看《经义述闻》[8]，今尔此信言业看三本，如看得有些滋味，即一直看下去，不为或作或辍，亦是好事。惟《周礼》《仪礼》《大戴礼》《公》《穀》《尔雅》《国语》《太岁考》等卷，尔向来未读过正文者，则王氏《述闻》亦暂可不观也。

尔思来营省觐[9]，甚好，余亦思尔来一见。婚期[10]既定五月二十六日，三四月间自不能来，或七月晋[11]省乡试，八月底来营省觐亦可。身体虽弱，处多难之世，若能风霜磨炼、苦心劳神，亦自足坚筋骨而长识见。沅甫叔向最羸弱[12]，近日从军，反得壮健，亦其证也。赠伍嵩生[13]之君臣画像乃俗本，不可为典要。奏折稿当抄一目录付归。余详诸叔信中。

【注】

　　[1] 贺丹麓：即贺桂龄，贺长龄之弟，曾任广东潮阳知县，权潮州府通判、擢府同知。道光二十八年（1848）去世。

　　[2] 天骨：天生骨骼，也指气度、格调。

　　[3] 便尔：就。体段：结构，规模。

　　[4] 柳诚悬：即柳公权，字诚悬，京兆华原（今陕西铜川）人，唐代书法家。

　　[5] 赵子昂：即赵孟頫，字子昂，宋元之际的书法家、画家。

　　[6] 扬子云：即扬雄，著有《太玄》《法言》《方言》等，分别模仿《周易》《论语》《尔雅》等。文宗：文章为后世师法的人物。

　　[7] 韩、欧、曾、苏：即韩愈、欧阳修、曾巩、苏轼。

［8］《经义述闻》：清代学者王引之所著，其中半数为其父王念孙关于经史典籍的论述，主要解释古书中的讹字、衍文、脱简、句读等，被作为研读经史的重要参考书。下文的《周礼》以及《太岁考》等都是《经义述闻》中的卷名，《公》《穀》即《春秋》三传之《公羊传》《穀梁传》。

［9］省觐：拜见尊者、长辈。

［10］婚期：此处指咸丰七年（1857），曾纪泽原配夫人贺氏因难产而去世。咸丰八年，刘蓉将女儿嫁给曾纪泽作为继室。

［11］晋：进。

［12］沅甫叔：即曾国荃，当时刚开始领兵打仗。羸（léi）弱：瘦弱。

［13］伍嵩生：即伍肇龄，字崧生，今四川邛崃人，与李鸿章同为道光二十七年（1847）进士，曾任翰林院编修、侍讲等。

【译】

字谕纪泽：

三月初二日接到你二月二十日的告安信，得知家中的一切。你在信封内附上的《贺丹麓先生墓志》，字势流畅优美，字体气度开张，我看了之后颇感欣慰。唯独在间架结构上偶有太松的地方，还当加紧用功。

大抵而言，写字只有用笔、结体两个方面。学用笔，必须多看古人的墨迹；学结体，必须用油纸摹写古帖。这二者最为基本功，都有绝不可改的道理在。小孩子写影本，肯用心的人，不过几个月，必定能够写得跟摹本上的字很像了。我从三十岁开始，就已经理解了古人用笔的大意，只是因为间架结构的功夫还有欠缺，也就导致写字不能形成自己的风格。我生平想要将柳诚悬（柳宗元）、赵子昂（赵孟頫）两家的书法合为一炉，也是因为间架上欠功夫，有志而不能成。你以后应当在间架上用一番苦功，每日用油纸摹写古帖，或写百来字，或写二百来字，不超过几个月，间架上就会与古人字体逼真而不自觉了。能够做到合柳、赵两家为一，那是实现我的素愿了。不能，则随你的意思自己选择一家，但是不可以见异思迁了。

不只是写字应当模仿古人的间架结构，就是作文也应当模仿古人的间架结构。《诗经》的造句之法，没有一句是没有所本的。《左传》的文章，也多有现成的句子格调。扬子云（扬雄）乃是汉朝的一代文宗，然而他的《太玄》模仿《周易》，《法言》模仿《论语》，《方言》模仿《尔雅》，《十二箴》模仿《左传》中的《虞箴》，《长杨赋》模仿司马相如的《难蜀父老》，《解嘲》模仿东方朔的《客难》，《甘泉赋》模仿司马相如的《大人赋》，《剧秦美新》模仿司马相如的《封禅文》，《谏不许单于朝书》模仿《战国策·信陵君谏伐韩》，几乎没有一篇不是模仿他人的。即使韩、欧、曾、苏这几位巨公的文章，也都有所模拟，方才形成了自己的风格。你以后写作文章、写作诗赋，都应当内心有所模仿，而后才能够确立起自己的文章格局，这种方法收效较为快速，取径也较为方便。

前一信中，教你暂时不必去看王引之的《经义述闻》，如今你在信中说已经看了其中的三本，如果看了觉得有些滋味，即可一直看下去，不管是否有时看有时停的，也都是好事情。唯独其中的《周礼》《仪礼》《大戴礼》《春秋公羊传》《春秋穀梁传》《尔雅》《国语》《太岁考》等卷，你从来没有读过相关经典的正文，那么王氏的《述闻》也可以暂时不去看了。

你想来军营中探亲，很好，我也正想你来一次呢。婚期既然定在五月二十六日，那么三四月间自然就不能来了，或者等到七月，你进省城参加乡试，八月底来军营探亲也是可以的。你的身体虽然较弱，但是处于多难的世道，如果能够经历一些风霜磨炼、苦心劳神，也就自然足以磨炼筋骨而增长见识了。你沅甫叔向来最为羸弱，近日来从军以后，反而变得壮健，这也是一个证明了。赠给伍嵩生（伍肇龄）的那册君臣画像乃是俗本，不可用作可靠的依据。奏折稿子准备抄一个目录带回家中。其余则详见写给你诸位叔叔的信中。

论赵体书法之南北两派源流

谕纪泽　咸丰九年三月二十三日

【导读】

　　与曾国藩的祖、父辈不同，他对子女虽然要求严格，却少了苛责，多了赞扬鼓舞。当曾国藩再度收到曾纪泽的书法习作时，也多有鼓励。又因为曾纪泽的书法学习赵孟頫的间架结构，故㕯谈及赵体书法的源流，指出书法原本分为南派与北派，赵孟頫则合两派为一，从赵体入门则将来可以或趋于南派，或趋于北派，不会迷失方向。

字谕纪泽儿：

　　二十二日接尔禀并《书谱叙》[1]，以示李少荃、次青、许仙屏诸公，[2] 皆极赞美，云尔钩联顿挫，纯用孙过庭草法，而间架纯用赵法，柔中寓刚，绵里藏针，动合自然等语。余听之亦欣慰也。

　　赵文敏[3] 集古今之大成，于初唐四家内师虞永兴[4]，而参以钟绍京[5]，因此以上窥二王[6]，下法山谷[7]，此一径也；于中唐师李北海[8]，而参以颜鲁公[9]、徐季海[10] 之沉着，此一径也；于晚唐师苏灵芝[11]，此又一径也。由虞永兴以溯二王及晋六朝诸贤，世所称南派者也；由李北海以溯欧、褚[12] 及魏北齐诸贤，世所谓北派者也。尔欲学书，须窥寻此两派之所以分。南派以神韵胜，北派以魄力胜。宋四家，苏、黄近于南派，米、蔡近于北派。[13] 赵子昂欲合二派而汇为一。尔从赵法入门，将来或趋南派，或趋北派，皆可不迷于所往。我先大夫竹亭公[14]，少学赵书，秀骨天成。我兄弟五人，于字皆下苦功，沉叔天分尤高。尔若能光大先业，甚望甚望！

　　制艺[15] 一道，亦须认真用功。邓瀛师[16]，名手也。尔作文，在家有邓师批改，付营有李次青批改，此极难得，千万莫错过了。付回赵书《楚国夫人碑》，可分送三先生（汪、易、葛）二外甥及尔诸堂兄弟。又旧宣纸手卷、新宣纸横幅，尔可学《书谱》，请徐柳臣[17]一看。此嘱。

父涤生手谕

【注】

[1]《书谱叙》：又称《书谱序》，孙过庭所撰并书，主要探讨书法的运笔，故又称《运笔论》；原字为草书体，有墨迹本传世，历代有摹刻本，宋代又有石刻本，常被当作草书入门的范本。孙过庭，字虔礼，江苏苏州人，唐代书法家。

[2]李少荃：即李鸿章，字少荃，安徽合肥人。其父与曾国藩会试同年，故进入曾国藩的幕府，并拜曾国藩为师，得到曾国藩的支持而创立淮军，官至直隶总督、文华殿大学士。次青：即李元度。许仙屏：即许振祎，字仙屏，江西奉新人，时任曾国藩幕宾，后中进士，官至广东巡抚。

[3]赵文敏：即赵孟頫，谥文敏。上文"赵法"就是指赵孟頫的笔法。

[4]虞永兴：即虞世南，初唐时期的政治家，书法家，诗人，越州余姚（今属浙江）人。贞观七年（633）转秘书监，赐爵永兴县子，世因称"虞秘监"或"虞永兴"。

[5]钟绍京：字可大，江西兴国人，官至中书令，封越国公，书法家，有小楷《灵飞经》。

[6]二王：即王羲之以及子王献之，东晋书法家。

[7]山谷：即黄庭坚，字鲁直，号山谷，洪州分宁（今江西修水）人。北宋诗人、书法家。

[8]李北海：即李邕，字泰和，扬州江都（今江苏扬州）人，曾任北海太守。唐代书法家。

[9]颜鲁公：即颜真卿，字清臣，京兆万年（今陕西西安）人，封鲁郡公，故称颜鲁公。唐代书法家。

〔10〕徐季海：即徐浩，字季海，浙江绍兴人。官至太子少师，封会稽郡公。唐代书法家。

〔11〕苏灵芝：唐朝天宝年间的书法家，陕西武功人。

〔12〕欧、褚：即欧阳询、褚遂良，都是初唐书法家，与薛稷、虞世南并称书法史上的初唐四家。

〔13〕苏、黄：即苏轼、黄庭坚。米、蔡：即米芾、蔡襄。这四人合称书法史上的宋四家。

〔14〕先大夫竹亭公：曾国藩的父亲曾麟书，字竹亭。父因子贵，死后得诰封光禄大夫，故称先大夫。

〔15〕制艺：即八股文。

〔16〕邓瀛师：即邓汪琼，字瀛阶，一作寅皆，当时在曾家做塾师。

〔17〕徐柳臣：即徐思庄，字柳臣，道光二年（1822）进士，曾任翰林院国史馆纂修等，还做过咸丰皇帝的书法老师，曾国藩也让曾纪泽向其学书法。

【译】

字谕纪泽儿：

二十二日，接到了你的来信以及你的书法习作《书谱叙》，拿给李少荃（李鸿章）、次青（李元度）、许仙屏（许振祎）等先生看了，都极为赞美，说你的钩联顿挫，纯用孙过庭的草法，而间架则纯用赵孟頫之法，柔中寓刚，绵里藏针，动而合于自然等话。我听了也感到很是欣慰。

赵文敏（赵孟頫）的书法集古今之大成，在初唐四家之中师法虞永兴（虞世南），而又结合了钟绍京（钟繇），由此而上窥二王，下法山谷（黄庭坚），此为其一条路径；在中唐师法李北海（李邕），而又结合了颜鲁公（颜真卿）、徐季海（徐浩）二人的沉着，此为另一条路径；在晚唐师法苏灵芝，这又是一条路径。由虞永兴而上溯二王以及两晋、六朝的诸家，此为世人所谓的南派；由李北海而上溯欧（欧阳询）、褚（褚遂良）以及北魏、北齐的诸家，此为世人所谓的北派。你想要学习书法，必须探寻这两派之所以分别的各自特点。南派以神韵取胜，北派以魄力取胜。宋四家，苏（苏轼）、黄（黄庭坚）近于南派，米（米芾）、蔡（蔡襄）近于北派。赵子昂则具有合二派而汇为一的趋势。你从赵体书法入门，将来或者趋于南派，或者趋于北派，都可不至于迷惑而不知所往。我家先人光禄大夫竹亭公，少年时学习赵体，秀骨天成。我这一辈的兄弟五人，都对写字下过苦功，你沅叔的天分尤高。你若能光大先人之业，则是我最为期盼的了！

八股制艺这一行，也需要认真用功了。邓汪琼先生，乃是八股文的名手。你的作文，在家有邓老师的批改，寄到军营有李次青先生的批改，这真是极其难得的机会，千万不要错过了。寄回家的赵体字帖《楚国夫人碑》，可以分送给三先生（汪、易、葛）与二位外甥，以及你的诸位堂兄弟。另外，旧宣纸的手卷、新宣纸的横幅，你可以学习《书谱》用，请徐柳臣（徐思庄）先生一看。此嘱。

父涤生手谕

写字，要养得胸襟博大活泼

谕纪泽　咸丰九年五月初四日

【导读】

曾纪泽新刻了自己书写的《心经》，做父亲的便给予夸奖，并要其在书法上继续努力，争取胸襟博大活泼，能有更大的长进。还提醒坚持读完《诗经注疏》，讲解《资治通鉴》，则最好要自己过笔一次才好。

字谕纪泽儿：

初四夜接尔二十六号禀。所刻《心经》，微有《西安圣教》[1]笔意，总要养得胸次博大活泼，此后当更有长进也。

尔去年看《诗经注疏》已毕否？若未毕，自当补看，不可无恒耳。讲《通鉴》，即以我过笔[2]者讲之。亦可将来另购一部，尔照我之样过笔一次可也。

冯树堂师《诗草》曾寄营矣。尔复信言十二年进京，程资不敢领。新写"闳深肃穆"四扁字，拓一分付回。余不多及。

父涤生字

再，同县拔贡生傅泽鸿寄朱卷[3]数十本来营，兹付去程仪三十两，尔可觅便寄傅家，或专人送去。又示。

【注】

[1]《西安圣教》：即《大唐三藏圣教序》，简称《圣教序》，唐太宗撰文，怀仁集王羲之书法刻成碑文，故又称《唐集右军圣教序并记》或《怀仁集王羲之书圣教序》。

[2]过笔：即在古书上边读边圈点。此处说的"讲《通鉴》"。

[3]朱卷：清代科举考试，为防止舞弊，将试卷糊名，请人用朱笔誊写一遍，再交考官批阅，称为朱卷。考中之后，将考场中所作之文刊印赠人，也叫朱卷。

【译】

字谕纪泽儿：

初四日夜，接到你二十六日的信。所刻的《心经》，稍微有点《西安圣教》(即《大唐三藏圣教序》) 的笔意，总要培养得胸襟博大而又活泼，此后才能更有长进。

你去年看的《诗经注疏》已经完成了吗？如还未完成，自然应当补看，不可以没有恒心了。讲解《资治通鉴》，就用我所过笔的那部来讲。也可以将来另外购买一部，你参照我的样子过笔一次也就可以了。

冯树堂先生的《诗草》已经寄到营中了。你复信说，十二年进京，程仪之资不敢领受。新写的"闳深肃穆"四个匾额大字，拓一份寄回。其余不再多说了。

父涤生字

再，同县的拔贡生傅泽鸿寄了朱卷数十本来营，现金寄去程仪三十两，你可以寻觅个方便寄到傅家，或者派专人送去。又示。

写
字
篇

学书须寻欧、虞、颜、柳四人门径

谕纪泽　咸丰九年七月十四日

【导读】

曾国藩一向重视其子的书法练习，故将曾纪泽临写《书谱》的习作请人批评，并反馈意见，以资鼓励。还强调用油纸摹字以熟悉间架，楷书的欧、虞、颜、柳四大家，好比诗家之中的李、杜、韩、苏四大家，有志于书法就必须从中窥寻门径。

字谕纪泽儿：

尔前寄所临《书谱》一卷，余比送徐柳臣[1]先生处，请其批评。初七日接渠回信，兹寄尔一阅。十三日晤柳臣先生，渠盛称尔草字可以入古[2]，又送尔扇一柄，兹寄回。刘世兄送《西安圣教》，兹与手卷并寄回，查收。

尔前用油纸摹字，若常常为之，间架必大进。欧、虞、颜、柳[3]四大家，是诗家之李、杜、韩、苏[4]，天地之日、星、江、河也。尔有志学书，须窥寻[5]四人门径。至嘱，至嘱！

涤生手示

【注】

[1] 徐柳臣：即徐思庄，字柳臣，道光二年（1822）进士，曾任翰林院国史馆纂修，在书法上有很高的造诣。

[2] 入古：入于古人之法。

[3] 欧、虞、颜、柳：即欧阳询、虞世南、颜真卿、柳公权，唐代擅长楷书的四大书法家。

[4] 李、杜、韩、苏：即唐代的李白、杜甫、韩愈与宋代的苏轼。

[5] 窥寻：仔细寻求，探索。

字谕纪泽儿：

你在此前寄来所临的《书谱》一卷，我将之送到了徐柳臣（徐思庄）先生那边，请他批评。初七日接到他的回信，现在就将他的批评寄给你一阅。十三日会晤了柳臣先生，他盛赞你的草字，说是可以入于古之法，又送了你扇子一柄，现在寄回。刘世兄送的《西安圣教》（《大唐三藏圣教序》），现在也与手卷一并寄回，注意查收。

你此前用油纸摹写字帖，如果常常这样去练习，间架方面必然大有进步。欧阳询、虞世南、颜真卿、柳公权四大家，就是诗家之中的李白、杜甫、韩愈、苏轼，就是天地之中的日、星、江、河。你有志于学习书法，必须找寻出这四人的门径。至嘱，至嘱！

涤生手示

笔力太弱即常摹柳帖，诗文从短处痛下功夫

谕纪泽　咸丰十一年正月十四日

【导读】

曾国藩对小事也不苟且，故此信开篇指出，长夫送信慢而有托辞，不足为信。针对曾纪泽写字笔力太弱，指出找柳公权的字帖临帖百字、摹帖百字，临求神气、摹求间架。针对曾纪泽作诗文天分略低这一短处，则强调只能靠自己发愤，必须从短处痛下功夫。

字谕纪泽儿：

正月初十日接尔腊月十九日一禀，十二日又由安庆寄到尔腊月初四日之禀，具知一切。长夫走路太慢，而托辞于为营中他信绕道长沙耽搁之故，此不足信。譬如家中遣人送信至白玉堂[1]，不能按期往返，有责之者，则曰被杉木坝、周家老屋各佃户[2]强我送担耽搁了。为家主者但当严责送信之迟，不管送担之真与否也，况并无佃户强令送担乎？营中送信至家，与黄金堂送信至白玉堂，远近虽殊，其情一也。

写字篇

尔求抄古文目录，下次即行寄归。

尔写字笔力太弱，以后即常摹柳帖亦好。家中有柳书《玄秘塔》《琅邪碑》《西平碑》[3]各种，尔可取《琅邪碑》日临百字、摹百字。临以求其神气，摹以仿其间架。每次家信内，各附数纸送阅。

《左传注疏》阅毕，即阅看《通鉴》。将京中带回之《通鉴》，仿我手校本，将目录写于面上。其去秋在营带去之手校本，便中仍当寄送祁门。余常思翻阅也。

尔言鸿儿为邓师所赏，余甚欣慰。鸿儿现阅《通鉴》，尔亦可时时教之。尔看书天分甚高，作字天分甚高，作诗文天分略低，若在十五六岁时教导得法，亦当不止于此。今年已二十三岁，全靠尔自己扎挣[4]、发愤，父兄、师长不能为力。作诗文是尔之所短，即宜从短处痛下工夫。看书写字尔之所长，即宜拓而充之。走路宜重，说话宜迟，常常记忆否？

余身体平安，告尔母放心。

涤生手示

【注】

［1］白玉堂：曾国藩叔父曾骥云的宅子。与曾国藩家的黄金堂之间，则有杉木坝、周家老屋等处。

［2］佃户：租种某地主土地的农民称为某地主的佃户。

［3］《琅邪碑》：即《沂州普照寺碑》，为该寺住持妙济禅师集柳公权墨迹而成，故又称《集柳碑》。该碑与西安碑林的《玄秘塔碑》齐名，有"东柳西柳"之说。《西平碑》：即《唐西平王李公神道碑铭》。

［4］扎挣：即挣扎。此处指勉强、勉励。

【译】

字谕纪泽儿：

正月初十接到你腊月十九日的一封信，十二日又从安庆寄来你腊月初四日的信，一切都知道了。长夫走路太慢，然而托辞说是为了军营中其他人的信件绕道长沙而耽搁的缘故，这并不足为信。譬如家中派遣人送信到白玉堂，不能按期而往返，有人责问他，就说被杉木坝、周家老屋各处的佃户强迫他送个担子而耽搁了。作为家里的主人，只应当严厉责问送信的人迟了，不必去管送担子的事件的真与假，何况并不会有佃户强令他送担子呢？军营之中送信件到家里，与黄金堂送信件到白玉堂，远近虽然不同，但其中的情理则是一样的。

你要找抄写的古文目录，下次就可以寄回。

你写字的笔力太弱，以后就经常临摹柳体的字帖，这也是一个好小法。家中有柳体字帖《玄秘塔》《琅邪碑》《西平碑》这几种，你可以选取《琅邪碑》，每日临写一百字、摹写一百字。临帖用以探求其中的神气，摹帖用以模仿其中的间架。每次在寄来的家信之内，各可附上几张临摹之纸，送来让我批阅。

《左传注疏》读完了，就开始读《资治通鉴》。将京城之中带回家的《资治通鉴》，效仿我的手校本，将目录写在封面上。而那套去年秋天从军营带回去的手校本，方便的时候仍旧寄回祁门军营，我也常想翻阅了。

你说鸿儿受到邓先生的赞赏，我很欣慰。鸿儿现今正在读《资治通鉴》，你也可以时时教导他。你看书的天分很高，写字的天分也很高，写作诗文的天分略偏低，如果能在十五六岁的时候教导得法，也应当不止于此了。你今年已经二十三岁，全都要靠你自己挣扎、发愤，父兄、师长无能为力了。写作诗文是你的短处，也就应当在短处痛下功夫。看书、写字是你的长处，也就应当开拓而扩充起来。走路应当稳重，说话应当迟缓，常常记忆起这两条吗？

我的身体平安，告知你母亲放心。

涤生手示

习字不可求名求效，极困极难之时要打得通

谕纪鸿　同治五年正月十八日

【导读】

　　纪鸿开始学唐代书法家柳公权的《琅邪碑》，曾国藩嘱咐其处理好骨力与结构之关系，又以自己学唐代李邕《麓山寺碑》为例，强调凡事都要用困知勉行的功夫，不可求名太骤、求效太捷。还指出，学书法必遇"困"时，切莫间断，极困极难之时能打得通的，便是好汉。对每日两个时辰日课也有细则：阅生书（《资治通鉴》）五页，诵熟书一千字，每逢三、八之日则作一文一诗。

字谕纪鸿：

　　尔学柳帖《琅邪碑》，效其骨力则失其结构，有其开张则无其揽搏[1]。古帖本不易学，然尔学之尚不过旬日[2]，焉能众美毕备，收效如此神速？

　　余昔学颜、柳帖，临摹动辄数百纸，犹且一无所似。余四十以前在京所作之字，骨力间架皆无可观，余自愧而自恶之。四十八岁以后，习李北海《岳麓寺碑》，略有进境，然业历八年之久，临摹已过千纸。今尔用功未满一月，遂欲遽跻神妙耶？余于凡事皆用困知勉行[3]工夫，尔不可求名太骤，求效太捷也。

　　以后每日习柳字百个，单日以生纸临之，双日以油纸摹之。[4]临帖宜徐，摹帖宜疾，专学其开张处。数月之后，手愈拙，字愈丑，意兴愈低，所谓"困"也。困时切莫间断，熬过此关，便可少进。再进再困，再熬再奋，自有亨通精进之日。不特[5]习字，凡事皆有极困极难之时，打得通的，便是好汉。

　　余所责尔之功课，并无多事，每日习字一百，阅《通鉴》五叶，诵熟书一千字（或经书，或古文、古诗，或八股试帖，从

前读书即为熟书，总以能背诵为止，总宜高声朗诵），三、八日作一文一诗。此课极简，每日不过两个时辰，即可完毕，而看、读、写、作四者俱全。余则听尔自为主张可也。

尔母欲与全家住周家口，断不可行。周家口河道甚窄，与永丰河[6]相似，而余住周家口亦非长局，决计全眷回湘。纪泽俟全行复元，二月初回金陵。余于初九日起程也。此嘱。

【注】

[1]挽（wǎn）搏：搏击之力度感，即骨力。挽，打，击。

[2]旬日：十来日。十日为一旬。

[3]困知勉行：在克服困难之中积累知识，在勉励实践之中提升德行。语出《中庸》。

[4]生纸：生宣纸，未经煮硾或涂蜡等加工，容易吸墨。油纸：用较韧的原纸，涂上桐油或其他干性油制成，吸水而不渗漏。

[5]不特：不只是。

[6]永丰河：曾国藩家乡永丰镇的一条河流。

【译】

字谕纪鸿：

你学习柳公权的字帖《琅邪碑》，或者效仿了他的笔画骨力却失去了他的结构，或者具有了他的气势开张却缺失了他的力度。古帖本来就不容易学，然而你学习此字帖，还不过十来天，怎么能够众美皆备，收效如此神速呢？

我当年学习颜真卿、柳公权的字帖，临摹都是动辄数百页纸的，还是感觉自己的字与字帖相比则一无所似。我四十岁以前在京城所书写的字，骨力、间架都没有什么可取之处，自觉惭愧，自觉厌恶。四十八岁以后，学习李北海（李邕）的《岳麓寺碑》，略微有点进入新境界的感觉，然而已经历经八年之久了，临摹也已经超过一千张纸了。如今你用功还未满一个月，就想立即跻身于神妙的境界？我认为任何事情，都要用困知勉行的功夫，所以你不可以有求得成名而太快、求得见效而太快的想法。

以后你每日学习柳公权的字一百个，单日用生纸来临写，双日用油纸来摹写。临帖的时候要慢，摹帖的时候却要快，专门学其中的气势开张之处。数月之后，就会手愈来愈拙，字愈来愈丑，意趣、兴致愈来愈低，这就是所谓的"困"了。困的时候千万不要间断，熬过这一关，就可以有一些进步了。再进步就会再到"困"的时候，再熬过一关就可以再奋进一步，自然就会有亨通而精进的日子了。不只是习字如此，任何事情都会有极困极难的时候，能够打得通一关又一关的，就是好汉。

我所要督责你的功课，其实并没有多少事情，每日习字一百个，阅读《资治通鉴》五页，朗诵熟悉的书一千字（或是经书，或是古文、古诗，或是八股文、试帖诗，从前读过的书就算是熟悉的书，总要以能够背诵为止，总要以高声朗诵为好），每逢三、八的日子，写作一文、一诗。这些功课极其简单，每日不超过两个时辰，就可以完毕，然而其中看、读、写、作这四个方面都全了。其余时间则听凭你自己做主张，自己安排就可以了。

你母亲想要与全家人一起到周家口来住，此事断断不可行。周家口的河道很窄，与家乡的永丰河相似，而我住在周家口，也不是长久的打算，所以还是决定全部家眷都回到湖南去。等到纪泽的身体完全复原之后，二月初就回到金陵。我在初九日就起程了。此嘱。

学颜、柳秀而能雄，学赵、董秀而失之弱

谕纪鸿　同治五年二月十八日

【导读】

纪鸿学写字，曾国藩要求其写得秀气，并指出学习唐代的颜真卿与柳公权，则秀而能雄；如学元代的赵孟頫与明代的董其昌，则恐怕秀而又失之柔弱。无论写字或其他，不可好高骛远，不可求速，以至于走了弯路。

字谕纪鸿：

　　凡作字总要写得秀，学颜、柳，学其秀而能雄；学赵、董，恐秀而失之弱耳。尔并非下等资质，特从前无善讲善诱之师，近来又颇有好高好速之弊。若求长进，须勿忘而兼以勿助[1]，乃不致走入荆棘耳。（兖州行次）

【注】

　　[1] 勿忘而兼以勿助：也即"心勿忘，勿助长也"。心里不可忘记，但也不可拔苗助长。语出《孟子·公孙丑上》。

【译】

字谕纪鸿：

　　凡是写字，总要能够写得秀气为好。学习颜真卿、柳公权，可以既学得了他们的秀气，而又能有雄强之气；学习赵孟𫖯、董其昌，恐怕即使学得了秀气，也会失之于柔弱了。你并非下等的资质，只是从前没有善于讲解、善于诱导的好老师，近来又总有一种好高、好速的弊病。如果要求有所长进，必须"勿忘"而又兼以"勿助"，心里不可忘了自己要的是什么，又不可以拔苗助长，方才能够不至于走入荆棘丛中。（兖州行次）

作文篇

雄奇以行气为上，造句次之，选字又次之。然未有字不古雅而句能古雅，句不古雅而气能古雅者；亦未有字不雄奇而句能雄奇，句不雄奇而气能雄奇者。是文章之雄奇，其精处在行气，其粗处全在造句选字也。

余好古人雄奇之文，以昌黎为第一，扬子云次之。

作诗最宜讲究声调，克家之子当思雪父之耻

谕纪泽　咸丰八年八月二十日

【导读】

　　曾国藩长年在外，便要求儿子经常写来家书，并附上所作诗文，这既是一种情感交流的方式，又是一种教育的手段，从曾氏子弟的成才来看，这种书信往来收到了良好的效果。

　　在此家书中，除了教导儿子科考之后继续研读经史之外，曾国藩又有三大指点。首先，对儿子所作的诗，有所肯定，毫不吝啬赞赏之词，而且在勉励之后，又详论如何将作诗与读诗结合，以求更上一层楼。再者，对学习书法如何用墨，作了细致入微的指引。最后，又以自己的"生平三耻"来激励、鼓舞儿子，不端父亲的架子，所谓多年父子如兄弟，平和亲切地言说自己求学之中的遗憾，受教者更能卓然奋起。

字谕纪泽儿：

　　十九日曾六来营，接尔初七日第五号家信并诗一首，具悉次日入闱[1]，考具皆齐矣。此时计已出闱还家。

　　余于初八日至河口。本拟由铅山入闽，进捣崇安，已拜疏矣。光泽之贼窜扰江西，连陷泸溪、金溪、安仁三县，即在安仁屯踞。十四日派张凯章[2]往剿，十五日余亦回驻弋阳。待安仁破灭后，余乃由泸溪云际关入闽也。

　　尔七古诗，气清而词亦稳，余阅之忻慰[3]。凡作诗，最宜讲究声调。余所选抄[4]五古九家、七古六家，声调皆极铿锵，耐人百读不厌。余所未抄者，如左太冲、江文通、陈子昂、柳子厚之五古，鲍明远、高达夫、王摩诘、陆放翁之七古，声调亦清越异常。[5]尔欲作五古、七古，须熟读五古、七古各数十篇。先之以高声朗诵，以昌其气；继之以密咏恬吟，以玩其味。二者并

进，使古人之声调拂拂然^[6]若与我之喉舌相习，则下笔为诗时，必有句调凑赴^[7]腕下。诗成自读之，亦自觉琅琅可诵，引出一种兴会^[8]来。古人云"新诗改罢自长吟"，又云"煅诗未就且长吟"，^[9]可见古人惨淡经营之时，亦纯在声调上下工夫。盖有字句之诗，人籁也；无字句之诗，天籁也。解此者，能使天籁、人籁凑泊^[10]而成，则于诗之道思过半矣。

尔好写字，是一好气习。近日墨色不甚光润，较去年春夏已稍退矣。以后作字，须讲究墨色。古来书家，无不善使墨者，能令一种神光活色浮于纸上，固由临池^[11]之勤、染翰^[12]之多所致，亦缘于墨之新旧浓淡，用墨之轻重疾徐，皆有精意运乎其间，故能使光气常新也。

余生平有三耻：学问各途，皆略涉其涯涘^[13]，独天文、算学，毫无所知，虽恒星、五纬^[14]亦不识认，一耻也；每作一事，治一业，辄^[15]有始无终，二耻也；少时作字，不能临摹一家之体，遂致屡变而无所成，迟钝而不适于用，近岁在军，因作字太钝，废阁^[16]殊多，三耻也。

尔若为克家^[17]之子，当思雪此三耻。推步^[18]、算学，纵难通晓；恒星、五纬，观认尚易。家中言天文之书，有《十七史》中各天文志，及《五礼通考》^[19]中所辑"观象授时"一种。每夜认明恒星二三座，不过数月，可毕识矣。凡作一事，无论大小难易，皆宜有始有终。作字时，先求圆匀，次求敏捷。若一日能作楷书一万，少或七八千，愈多愈熟，则手腕毫不费力。将来以之为学，则手抄群书；以之从政，则案无留牍。无穷受用，皆自写字之匀而且捷生出。三者皆足弥吾之缺憾矣。

今年初次下场^[20]，或中或不中，无甚关系。榜后即当看《诗经注疏》^[21]，以后穷经读史，二者迭进。国朝大儒，如顾、阎、江、戴、段、王数先生之书，^[22]亦不可不熟读而深思之。光阴难得，一刻千金。以后写安禀来营，不妨将胸中所见，简编所得，驰骋议论，俾余得以考察尔之进步，不宜太寥寥。此谕。

（书于弋阳军中）

【注】

［1］入闱：科举考试时考生进入考场，下文出闱也即走出考场。闱，即考场科、试院。

［2］张凯章：即张运兰，湖南湘乡人，湘军将领，曾任福建按察使，同治三年（1864）被太平军俘杀。

［3］忻（xīn）慰：欣慰。

［4］此处所说的"选抄"，也即曾国藩后来完成的诗歌选本《十八家诗钞》，包括曹植、阮籍、陶渊明、谢灵运、鲍照、谢朓、王维、孟浩然、李白、杜甫、韩愈、白居易、李商隐、杜牧、苏轼、黄庭坚、陆游、元好问等。

［5］左太冲：即左思；江文通：即江淹；柳子厚：即柳宗元；鲍明远：即鲍照；高达夫：即高适；王摩诘：即王维；陆放翁：即陆游。

［6］拂拂然：声音颤动的样子。

［7］凑赴：聚合到一起。

［8］兴会：兴致，趣味。

［9］前一句出自杜甫《解闷十二首》其七，后一句出自陆游《昼卧初起书事》。

［10］凑泊（bó）：凑合，聚合。

［11］临池：即学习书法，池，原本指墨池，晋卫恒《四体书势》："临池学书，池水尽墨。"

［12］染翰：即写字，以笔蘸墨。翰，笔。

［13］涯涘（sì）：水的边际。引申为事物的界限。

［14］五纬：亦称五星，即金木水火土星。

［15］辄：总是。

［16］阁：即搁。搁置，耽搁。

［17］克家：继承家业，操持家事。

［18］推步：推算天象、历法。古人认为日月五星在天上的转运，犹如人的行步，可以推算而知。

［19］《五礼通考》：清初秦蕙田所撰，凡七十五类，以天文

推步、勾股割圆立为"观象授时"一题统之。

[20] 下场：即进入考场。

[21]《诗经注疏》：当指《十三经注疏》之中的《毛诗注疏》，也称《诗经正义》，汉代毛亨作传，郑玄作注；唐代孔颖达作疏。

[22] 顾、阎、江、戴、段、王：指顾炎武、阎若璩、江永、戴震、段玉裁、王念孙，都是清代的著名考据学家。

【译】

字谕纪泽儿：

十九日，曾六来到军营，接到了你初七日的第五号家信以及诗一首，你次日就入闱考试，考试用具都已齐备等等，也都知道了。估计此时的你，已经考完试回家了。

我在初八日，到达河口。本来打算由铅山进入福建，进而直捣崇安，此事已经上疏朝廷了。但是福建光泽的敌军又窜扰到了江西，接连攻陷泸溪、金溪、安仁三县，随即又在安仁踞留下来。十四日，派张凯章军前往进剿；十五日，我也回军驻守弋阳。等待安仁的敌军破灭之后，我还是要由泸溪云际关进入福建。

你写的七言古诗，气韵清新而词句稳当，我看了之后深感欣慰。凡是作诗，最应当讲究的就是声调。我所选抄的五言古诗九家、七言古诗六家，声调都是极其铿锵明快的，令人百读不厌。我所未有选抄的，比如左太冲、江文通、陈子昂、柳子厚的五言古诗，鲍明远、高达夫、王摩诘、陆放翁的七言古诗，声调也是异常清脆激越的。你想要写作五言古诗、七言古诗，必须熟读五言、七言古诗各数十篇。起先要高声地朗诵，用以畅达其中的气韵；再继续细细地吟咏，用以玩味其中的细节。两种方法齐头并进，使得古人的声调拂拂然，好像与我的喉舌相互习惯了，那么下笔作诗的时候，必定会有好的词句、美的声调，凑在一起来到你的手腕之下了。诗写成之后，自己再读读，也会自觉朗朗上口，引发出一些新的兴致来。古人常说"新诗改罢自长吟"，又说"煅诗未就且长吟"，可见古人惨淡经营的时候，也会纯粹在声调上头下功夫。大略说来，有字句的诗，可称之人籁；无字句的诗，可称之天籁。懂得其中的道理，能够使得天籁、人籁凑泊在一起而成为诗，那么就对于作诗之道明白大半了。

你喜欢写字，也是一种好的习惯。近来写的字，墨色不太光润，比起去年春夏时候的，已经稍微有点退步了。以后写字，必须讲究墨色。自古以来的书法家，没有不善于使用墨色的，能够使得一种神光活色浮现在纸上，这固然是因为临池之勤、染笔之多所致，也是因为墨块的新旧浓淡，用墨的轻重疾徐，种种精妙的意味运用于其间，故而能够使得神韵也常有变化。

我的生平有三大耻：各种学问，大略都已有所涉猎，摸到了其中的门径，唯独天文、算学，毫无所知，即便是恒星、五纬也不能识认，这是第一耻；每每做一件事情，治一个专业，就会有始无终，这是第二耻；小的时候写字，不能坚持临摹一家的书体，导致屡有变更而无所成就，书写迟钝而不能适用，近几年在军营之中，也因为写字太慢，废弃搁置误事很多，这是第三耻。

你如果要成为真正能够继承我的家业的儿子，就应当思量为父雪这三大耻。推步、算学，纵然难以通晓；恒星、五纬，还是比较容易观测识认的。家中讲到天文的书，有《十七史》之中各史的天文志，以及《五礼通考》之中所辑录的"观象授时"一种。每夜认得明白恒星两三个星座，不超过数月，就可以全部识认完毕了。凡是做一件事，无论大小难易，都应当有始有终。写字的时候，首先追求圆润均匀，其次追求敏捷。如果一日能够练习楷书一万，或者少一点七八千，愈多愈熟，那就能够手腕毫不费力了。将来用这个功夫从事学问，就能手抄群书；用这个功夫从事政务，就能使书案上没有积压的公文。无穷的受用，都是从写字的均匀与敏捷生发出来的。以上三个方面的努力，也就足以弥补我的缺憾了。

今年你初次下考场，或中或不中，都没有什么关系。出榜之后就应当开始读《诗经注疏》，以后读经读史，二者更替着推进。本朝的大儒，比如顾炎武、阎若璩、江永、戴震、段玉裁、王念孙等先生的书，也不可不熟读而深思。光阴难得，一刻千金。以后写告安的信件寄到军营，不妨将你的胸中所见，书中所得，驰骋议论一番，好让我得以考察你的进步如何，不要字数太少，寥寥无几。特此告知。（书于弋阳军中）

文人皆有手抄词藻小本

谕纪泽　咸丰九年五月初四日

【导读】

　　曾纪泽上一年曾参加乡试，所作的八股时文缺乏词藻，故而曾国藩此次去信强调"以分类手抄词藻为第一义"。词藻，也即体面话头，只有平时注意积累，方才能在作文之时用得上。曾国藩指出如袁枚、赵翼等著名文人，阮元之类的学者，以及韩愈等人，都注意分类手抄的小册子，他不但要求儿子抓紧抄录，而且指示其如何分纲分目，如何选择摘抄的书目，等等，为此要道、捷径也可谓颇费思量。

字谕纪泽儿：

　　尔作时文，宜先讲词藻。欲求词藻富丽，不可不分类抄撮体面话头[1]。近世文人，如袁简斋、赵瓯北、吴榖人，[2]皆有手抄词藻小本，此人所共知者。阮文达公[3]为学政时，搜出生童夹带[4]，必自加细阅。如系亲手所抄，略有条理者，即予进学；如系请人所抄，概录陈文者，照例罪斥。阮公一代鸿儒，则知文人不可无手抄夹带小本矣。昌黎之记事提要、纂言钩玄，[5]亦系分类手抄小册也。尔去年乡试之文，太无词藻，几乎不能敷衍成篇。此时下手功夫，以分类手抄词藻为第一义。

　　尔此次复信，即将所分之类开列目录，附禀寄来。分大纲、子目，如伦纪[6]类为大纲，则君臣、父子、兄弟为子目；王道类为大纲，则井田、学校为子目。此外各门，可以类推。

　　尔曾看过《说文》《经义述闻》，二书中可抄者多。此外，如江慎修之《类腋》[7]，及《子史精华》《渊鉴类函》，[8]则可抄者尤多矣，尔试为之。此科名之要道，亦即学问之捷径也。此谕。

父涤生字

【注】

[1] 体面话头：指典故、词藻、箴言、警句之类。

[2] 袁简斋：袁枚，字子才，号简斋。赵瓯北：赵翼，字云崧，号瓯北。吴穀人：吴锡麒，字圣征，号穀人，浙江钱塘人。这三位都是清中叶的著名文人。

[3] 阮文达公：即阮元，谥号文达。

[4] 夹带：考试作弊的一种方式，暗中藏在物中或身上的资料。

[5] 昌黎：即韩愈，昌黎先生。记事提要、纂言钩玄：指韩愈《进学解》所说的"记事者必提其要，纂言者必钩其玄"。纂言，编纂言论。钩玄，探精索微。

[6] 伦纪：人伦纲纪，包括君臣、父子、夫妇、兄弟、朋友五伦。

[7]《类腋》：姚培谦辑，16卷，所谓集腋成裘，《类腋》为著名的类书，江永（字慎修）似未编过《类腋》。

[8]《子史精华》：康熙朝允禄、吴襄等编纂的类书，共 160卷，30 部 280 类，专采子、史部及少数经、集部书名言警句。《渊鉴类函》：康熙朝张英、王士祯、王掞等编纂的大型类书，共 450卷，45 部类，以《唐类函》为底本，广采诸多类书而集成。

【译】

字谕纪泽儿：

你要写作八股时文，最好先去讲究词藻。想要词藻富丽，不可不去分类抄录所谓的体面话头。近代的文人，比如袁简斋（袁枚）、赵瓯北（赵翼）、吴穀人（吴锡麒），都有亲手抄录词藻的小本子，这也是人所共知的秘密了。阮文达公（阮元）在做学政的时候，搜查出学生的夹带小抄，必定亲自仔细翻阅。如果是学生亲手所抄，大略也有条理的，就给予进学；如果是请人所抄，一概抄录旧文章的，照例罪责。阮公乃是一代鸿儒，那么也就知道文人不可没有手抄的夹带小本子了。昌黎（韩愈）先生说的"记事提要、纂言钩玄"，也属于分类手抄的小册。你去年乡试写作的八股文，太缺乏词藻了，几乎不能勉强写成一篇文章。现在你的入门功夫，要以分类手抄词藻作为第一重要的事情。

你此次再写回信，就要将所分之类的目录开列出来，附在信中寄来。分出大纲、子目，比如以伦常纲纪作为大纲，那么君臣、父子、兄弟作为子目；王道作为大纲，那么井田、学校作为子目。此外各个门类，则可以此类推。

你曾经看过《说文解字》《经义述闻》，这两种书中可以抄录的很多。此外，如江慎修（江永）所编的《类腋》，以及《子史精华》《渊鉴类函》，其中可以抄录的也极多，你可以尝试着做起来。这是科举功名的重要道路，也是做学问的捷径。此谕。

父涤生字

解说文字以及当尽心于训诂、辞章

谕纪泽　咸丰十年四月初四日

【导读】

曾纪泽来信问"穜""種"二字的差别，曾国藩认真对待，结合段玉裁《说文解字注》给予详细解答。就作文水平的提升而言，曾国藩指出最重要的就是两点，一为"训诂"，也就是识字，懂得音形义以及引申、假借等造字原理；另一为"辞章"，也就是修辞技巧，包括文章起承转合、气脉衔接等。为进一步辅导其作文，又要求每月作赋、古文、时文各一，且规定了当月作文题目。此外，曾国藩又强调不放心的二事：气质要稳重，作文要圆融。

字谕纪泽儿：

二十七日刘得四到，接尔禀。所谓论《文选》俱有所得，问小学亦有条理，甚以为慰。

沅叔于二十七到宿松，初三日由宿至集贤关，将尔禀带去矣。余不能悉记，但记尔问"穜""種"[1]二字。此字段懋堂辨论甚晰。"穜"为艺[2]也（犹吾乡言栽也、点也、插也）。"種"为后熟之禾。《诗》之"黍稷重穋"（《七月》《闷宫》），《说文》作"種""稑"[3]。"種"，正字也。"重"，假借字也。"穋"与"稑"，异同字[4]也。隶书以"穜""種"二字互易，今人于"耕穜"，概用"種"字矣。

吾于训诂、词章二端，颇尝尽心。尔看书若能通训诂，则于古人之故训大义、引伸、假借，渐渐开悟，而后人承讹袭误之习可改。若能通词章，则于古人之文格[5]、文气开合转折渐渐开悟，而后人硬腔滑调之习可改。是余之所厚望也。嗣后[6]尔每月作三课，一赋、一古文、一时文，皆交长夫带至营中，每月恰有三次长夫接家信也。

吾于尔有不放心者二事：一则举止不甚重厚，二则文气不甚圆适。以后举止留心一"重"字，行文留心一"圆"字。至嘱！

涤生手示

四月题：《赤壁破曹军赋》（以"周瑜纵火烧曹兵于赤壁下"为韵）；《后汉党锢论》；《以善养人然后能服天下》。

【注】

［1］穜（zhǒng）、種（zhǒng、zhòng）：此二字都简化为"种"，"穜"原表耕种之意，"種"表种子之意，二字有区分，后来前字被后字代替。

［2］艺：此处指种植，如园艺。

［3］稑（lù）：也写作"穋"，先种后熟曰穜，后种先熟曰稑。

［4］异同字：即异体字，两个或两个以上的字，音与义同，字形不同。

［5］文格：文章的风格、格调。

［6］嗣后：今后。

【译】

字谕纪泽儿：

二十七日刘得四来军营，接到你的来信。所谓的谈论《文选》都能有所心得，所问的小学问题也有条理，很感欣慰。

你沅叔在二十七到达宿松，初三日由宿松到了集贤关，将你的来信带去了。我不能都记得信里的内容，但记得你问"穜""種"二字。此字段懋堂（段玉裁）辨析得很明晰。"穜"就是"艺"（好比我们家乡说的栽、点、插）。"種"就是后熟的禾。《诗经》之中的"黍稷重穋"（《七月》《闷宫》），《说文解字》作"種""稑"。"種"，是正字。"重"，是假借字。"穋"与"稑"，是异同字。隶书以"穜""種"二字互换，今人讲到"耕種"，一概都用"種"字了。

我对于训诂、词章这两个方面，都曾用过一番心血。你看书如能精通训诂，那就能对于古人讲的训诂之学的大义、引申、假借渐渐领悟，而后人陈陈相因的讹误积习可以改正了。如能够精通辞章，那就能对于古人的文章风格，文气开合、转折渐渐领悟，而后人硬腔滑调的积习可以改正了。这些都是我所寄予你的厚望啊！今后你每月完成三课，一篇赋、一篇古文、一篇八股时文，都交给长夫带到军营之中，每月也正好会有三次长夫接送家信。

我对于你有两件事不太放心：一是举止不够稳重，二是作文的文气不够圆适。以后在举止上要留心一个"重"字，在行文上要留心一个"圆"字。至嘱！

涤生手示

四月的题目：《赤壁破曹军赋》（以"周瑜纵火烧曹兵于赤壁下"为韵脚）；《后汉党锢论》；《以善养人然后能服天下》。

作文写字，讲究"珠圆玉润"四字

谕纪泽　咸丰十年四月二十四日

【导读】

作文之下笔造句，写字之落笔结体，在曾国藩看来都当讲究"珠圆玉润"四字。圆，圆熟、圆适，在作文而言则是功夫到达一定的境界，故而他认为司马迁、司马相如、扬雄与韩愈这四位文章大家无一字、一句不圆，都是由圆熟而至于圆适的境界了，能体会至此，则可读古文、通经史，大助作文之水平。

字谕纪泽儿：

十六日接尔初二日禀并赋二篇，近日大有长进，慰甚。

无论古今何等文人，其下笔造句，总以"珠圆玉润"四字为主。无论古今何等书家，其落笔结体，亦以"珠圆玉润"四字为主。故吾前示尔书，专以一"重"字救尔之短，一"圆"字望尔之成也。

世人论文家之语圆而藻丽者，莫如徐（陵）、庾（信），而不知江（淹）、鲍（照）则更圆，进之沈（约）、任（昉）则亦圆，进之潘（岳）、陆（机）则亦圆，又进而溯之东汉之班（固）、张（衡）、崔（骃）、蔡（邕）则亦圆，又进而溯之西汉之贾（谊）、晁（错）、匡（衡）、刘（向）则亦圆。至于马迁、相如、子云[1]三人，可谓力趋险奥[2]，不求圆适矣；而细读之，亦未始不圆。至于昌黎[3]，其志意直欲陵驾[4]子长、卿、云三人，戛戛独造[5]，力避圆熟矣，而久读之，实无一字不圆，无一句不圆。尔于古人之文，若能从江、鲍、徐、庾四人之圆，步步上溯，直窥卿、云、马、韩四人之圆，则无不可读之古文矣，即无不可通之经史矣。尔其勉之。余于古人之文，用功甚深，惜未能一一达之腕下，每歉然不怡[6]耳。

江浙贼势大乱，江西不久亦当震动，两湖亦难安枕。余寸心坦坦荡荡，毫无疑怖[7]。尔禀告尔母，尽可放心。人谁不死，只求临终心无愧悔耳。家中暂不必添起杂屋，总以安静不动为妙。

寄回银五十两，为邓先生束脩[8]。四叔[9]、四婶四十生日，余先寄燕窝一匣、秋罗一匹，容日[10]续寄寿屏。甲五[11]婚礼，余寄银五十两、袍褂料一付，尔即妥交。赋立为发还。

涤生手示

【注】

[1]马迁：即司马迁，字子长。相如：即司马相如，字长

卿。子云：即扬雄，字子云。下文的"卿、云、马"也即指司马相如、扬雄、司马迁。

［2］险奥：奇险、深奥。

［3］昌黎：即韩愈，自谓郡望昌黎，古人常以籍贯指代人。

［4］陵驾：即凌驾，超越。

［5］戛（jiá）戛独造：创新，不落俗套。戛戛，形容困难、费力。

［6］歉然不怡：因为惭愧、羞愧而不愉悦。

［7］疑怖：疑虑、恐怖。

［8］束脩：古时称干肉为脩，十条干肉为束脩，后以束脩通称给老师的报酬。

［9］四叔：即曾国潢。

［10］容日：等待他日。

［11］甲五：即曾国潢之子曾纪梁。

【译】

字谕纪泽儿：

十六日接到你初二日的信以及赋二篇，你近来大有长进，非常欣慰。

无论古今何等样的文人，他的下笔造句，总是要以"珠圆玉润"四字为主。无论古今何等样的书法家，他的落笔结体，也要以"珠圆玉润"四字为主。所以我之前写给你的信里，专门用一个"重"字来补救你的短处，一个"圆"字来期望你的文章有所成就。

世人谈论文章大家，语言圆润而词藻华丽的，莫不是举出徐陵、庾信，而不知江淹、鲍照则更圆，进而沈约、任昉则也更圆，进而潘岳、陆机则也更圆，又进而上溯到东汉的班固、张衡、崔骃、蔡邕则也更圆，又进而上溯到西汉的贾谊、晁错、匡衡、刘向则也更圆。至于司马迁、司马相如、扬雄三人，真可谓努力趋于险奥，而不求圆适了；然而仔细去读，也并不是不圆了。至于昌黎（韩愈），他的志向是要直接超越子长（司马迁）、卿（司马相如）、云（扬雄）三人，戛戛独造，力避圆熟，然而长久地读他的文章，其实无一字不圆，无一句不圆。对于古人的文章，你如果能从江、鲍、徐、庾四人的圆，一步一步上溯，直窥卿、云、马、韩四人的圆，那么就没有不可读懂的古文了，也就没有不可读通的经史了。你好好勉励吧！我对于古人的文章，用功很深，可惜还是不能一一到达我的手腕之下，经常为此事而感到惭愧，闷闷不乐了。

江浙一带的贼军势头大乱，江西不久也当会有震动，两湖也难以安枕。然而我的内心坦坦荡荡，毫无疑虑、恐怖。你也要禀告你的母亲，尽可放心。做人谁能不死？只求临终的时候，心里无愧无悔而已。家中暂时也不必添造杂屋，总是以安静不动为最妙。

寄回的银子五十两，作为邓先生的束脩。你四叔、四婶的四十生日，我先寄回燕窝一匣、秋罗一匹，等待他日再继续寄来寿屏。甲五的婚礼，我寄回银子五十两、袍褂料一幅，你随即妥当交付。你所作的赋，也会立即寄回。

涤生手示

文章雄奇在于行气造句选字

谕纪泽　咸丰十一年正月初四日

【导读】

曾纪泽问文章的雄奇之道，曾国藩认为关键是文章行文之气的把握，其次则是造句，再次则是选字，无论古雅与雄奇，莫不如此。曾国藩最喜好韩愈的古文，认为雄奇之文，以韩愈第一。讲到志、传文体的行文之气，也以韩愈的四篇来举例说明，让曾纪泽熟读，并体会其中的妙处。

字谕纪泽儿：

腊月二十九日接尔一禀，系十一月十四日送家信之人带回，又由沅叔处送到尔初归时二信，慰悉。尔以十四日到家，而鸿儿十八日禀中言尔总在日内可到，何也？岂鸿信十三四写就而朱金权[1]于十八日始署封面耶？霞仙[2]先生之令弟[3]仙逝，余于近日当写唁信，并寄奠仪[4]。尔当先去吊唁。

尔问文中雄奇之道。雄奇以行气为上，造句次之，选字又次之。然未有字不古雅而句能古雅，句不古雅而气能古雅者；亦未有字不雄奇而句能雄奇，句不雄奇而气能雄奇者。是文章之雄奇，其精处在行气，其粗处全在造句选字也。余好古人雄奇之文，以昌黎为第一，扬子云次之。二公之行气，本之天授。至于人事之精能，昌黎则造句之工夫居多，子云则选字之工夫居多。

尔问叙事志传之文难于行气，是殊不然。如昌黎《曹成王碑》《韩许公碑》[5]，固属千奇万变，不可方物[6]，即卢夫人之铭、女挐之志[7]，寥寥短篇，亦复雄奇崛强。尔试将此四篇熟看，则知二大二小，各极其妙矣。

尔所作《雪赋》，词意颇古雅，惟气势不豳，对仗不工。两汉不尚对仗，潘、陆[8]则对矣，江、鲍、庾、徐[9]则工对矣。尔宜从对仗上用工夫。此嘱。

涤生手示

【注】

[1] 朱金权：曾国藩家的管家。

[2] 霞仙：即刘蓉，号霞仙，湖南湘乡人，曾纪泽的续弦即刘蓉之女，故刘蓉之弟去世，要曾纪泽先去他家吊唁。

[3] 令弟：对他人之弟的美称。令，美好。

[4] 奠仪：送给办丧事的人家的用于祭奠的礼物。

[5]《韩许公碑》，即《司徒兼侍中中书令赠太尉许国公神道碑》。

[6] 不可方物：不能识别、无可比拟。

[7] 卢夫人之铭：即《河南府法曹参军卢府君夫人苗氏墓志铭》。女挐之志：即《女挐圹铭》。前者传主为韩愈的岳母，后者为韩愈的四女。

[8] 潘、陆：即潘岳、陆机。

[9] 江、鲍、庾、徐：即江淹、鲍照、庾信、徐陵。

【译】

字谕纪泽儿：

腊月二十九日接到你的一封信，这是十一月十四日送家信的人带回的，又从你沅叔处送来你当初回家时写的两封信，很欣慰地读完了。你在十四日到家，然而鸿儿在十八日的信中说起，你会在近日之内到达，这是为什么呢？难道是鸿儿的信在十三四日写完了，然后朱金权到了十八日方才签署封面吗？霞仙先生的弟弟仙逝了，我会在近日就写吊唁的信，并寄去奠仪。你应当先去吊唁。

你问起文章之中的雄奇之道。雄奇，当以行气为上，造句次之，选字又次之。然而没有用字不古雅而句子能够古雅的，句子不古雅而行气能够古雅的；也没有用字不雄奇而句子能够雄奇，句子不雄奇而行气能够雄奇的。所以说，文章的雄奇，其中的精妙之处在于行气，其中的粗浅之处都在于造句、选字了。我最喜好的古人的雄奇文章，以昌黎（韩愈）为第一，扬子云（扬雄）次之。二先生文章的行气，这来自天授。至于由人力而精深的文章才能，在昌黎先生那里以造句的功夫用得较多，在子云先生那里以选字的功夫用得较多。

你问其叙事性质的志、传之类的文章难于行气，事实也不完全如此。比如昌黎先生的《曹成王碑》《韩许公碑》，固然属于千奇万变、无可比拟的那一类大文章，即便是他给卢夫人写的墓志铭、给女挐写的志，寥寥百字的短篇，也一样的雄奇崛强。你试着将这四篇看熟，那就会知道这二大与二小，各有各的极为精妙之处。

你所作的《雪赋》，词意颇为古雅，只是气势不够流畅，对仗不够工整。两汉的文章不崇尚对仗，潘岳、陆机的文章则开始用对仗，江淹、鲍照、庾信、徐陵的文章则用工整的对仗了。你应当在从对仗上多用功夫。此嘱。

涤生手示

肆力《文选》，细读、抄记、模仿皆不可少

谕纪泽　同治元年五月十四日

【导读】

曾纪泽不擅长作文，此事令曾国藩一直放心不下，此信则专门谈到精于小学训诂的司马相如、扬雄、班固、司马迁、韩愈五家，建议其子尽力于《文选》，细读、抄记、模仿三者皆不可少，则能文笔长进。最后提及曾国荃、曾国葆二人进军金陵城下，以及自己布置已空虚的后路等军情，让家人放心。

字谕纪泽儿：

接尔四月十九日一禀，得知五宅平安。

尔《说文》将看毕，拟先看各经注疏，再从事于词章之学。余观汉人词章，未有不精于小学训诂者。如相如、子云、孟坚，[1] 于小学皆专著一书，《文选》于此三人之文著录最多。余于古文，志在效法此三人，并司马迁、韩愈五家。以此五家之文，精于小学训诂，不妄下一字也。

尔于小学，既粗有所见，正好从词章上用功。《说文》看毕之后，可将《文选》细读一过。一面细读，一面抄记，一面作文，以仿效之。凡奇僻之字，雅故之训[2]，不手抄则不能记，不摹仿则不惯用。

自宋以后，能文章者不通小学；国朝诸儒，通小学者又不能文章。余早岁窥此门径，因人事太繁，又久历戎行[3]，不克卒业，至今用为疚憾。尔之天分，长于看书，短于作文。此道太短，则于古书之用意行气，必不能看得谛当[4]。目下宜从短处下工夫，专肆力[5]于《文选》，手抄及摹仿二者皆不可少。待文笔稍有长进，则以后诂经读史，事事易于着手矣。

此间军事平顺。沅、季两叔皆直逼金陵城下。兹将沅信二件

寄家一阅。惟沅、季两军进兵太锐，后路芜湖等处空虚，颇为可虑。余现筹兵补此瑕隙，不知果无疏失否？余身体平安。惟公事日繁，应复之信积阁甚多，余件尚能料理，家中可以放心。此信送澄叔一阅。余思家乡茶叶甚切，迅速付来为要。

涤生手示

【注】

[1] 相如、子云、孟坚：即司马相如、扬雄、班固。

[2] 雅故之训：正确的、经典的解释。

[3] 戎行：军队，行伍。

[4] 谛当：恰当。

[5] 肆（sì）力：尽力，竭力。

【译】

字谕纪泽儿：

接到你四月十九日一信，得知家中五宅平安。

你就要将《说文解字》看完了，打算先看看各经的注疏，再从事于词章之学。我看汉人的词章，没有不精于小学训诂的。比如相如（司马相如）、子云（扬雄）、孟坚（班固），关于小学都曾专门著有一书，《文选》对这三人的文章著录得最多。我在古文方面，志在效法这三人，再加上司马迁、韩愈共五家。因为这五家的文章，精通于小学训诂，不随意写下任何一个字。

你对于小学，既然已经粗略有所见地，正好可以在词章方面继续用功。《说文解字》看完之后，可以将《文选》细细通读一遍。一面细读，一面抄记，一面作文，用以模仿学习其中的文章。凡是奇怪、生僻的文字，古人传统的解释，不通过亲手抄录就不能记忆，不通过模仿习作就不能惯用。

自从宋代以后，能写文章的人不能精通小学；本朝的诸位大儒，能精通小学的又不能写文章。我早年窥见了其中的门径，因为事情太过繁忙，又经常处于戎马倥偬之中，不能完成此一事业，至今还深觉内疚、遗憾。你的天分，长处在于看书，短处在于作文。作文之道不能精通，那么就对于古书的用意、气韵，必定不能看得恰到好处。眼下应当从自己的短处去下功夫，专门致力于《文选》，手抄与模仿两个方面都不可少。等到文笔稍有长进，那么以后研究经学、诵读史书，事事都容易着手了。

这边的军事状况平安、顺利。你沅、季两叔的军队都已直逼金陵城下。现在将你沅叔的信两封寄回家中一阅。只是沅、季二军进兵太快，后路的芜湖等处有些空虚，很让人忧虑。我现在筹备兵力来补充此处的空隙，不知道是否果然能够没有疏漏、缺失？我的身体平安。只是公事日愈繁杂，应该回复的信件积压、搁置很多，其他的事情还能够料理，家中尽可以放心。此信送你澄叔　阅。我思念家乡的茶叶很是迫切，迅速寄来为好。

涤生手示

告知军中疫情等事，行气为文章第一义

谕纪泽　同治元年八月初四日

【导读】

该年湘军开始包围金陵，可惜突发疫情，可能与水土不服有关。于是军中也"建清醮""仿傩礼"。再加之李续宜（希帅）要请假回湘等，曾国藩也是诸事忙乱。但是，读到儿子所作的"拟庄"诗，又颇感欣慰，并指导文章作法，以行气为第一义，于是要求其先去揣韩愈（昌黎）文章行气之倔强，其次则是司马相如（字长卿）与扬雄（字子云）行气之跌宕起伏。

字谕纪泽儿：

接尔七月十一日禀并澄叔信，具悉一切。鸿儿十三日自省起程，想早到家？

此间诸事平安，沅、季二叔在金陵亦好。惟疾疫颇多，前建清醮[1]，后又陈龙灯、狮子诸戏，仿古大傩[2]之礼，不知少愈否？鲍公在宁国，招降童容海[3]一股，收用者三千人。余五万人悉行遣散，每人给钱一千。鲍公办妥此事，即由高淳东坝会剿

曾国藩家训

232

金陵。

希帅由六安回省，初三已到。久病之后，加以忧戚，气象黑瘦，咳嗽不止，殊为可虑。本日接奉谕旨，不准请假回籍，赏银八百，饬[4]地方官照料。圣恩高厚，无以复加，而希帅思归极切。观其病象，亦非回籍静养，断难痊愈。渠日内拟自行具折[5]陈情也。

尔所作《拟庄》三首，能识名理[6]，兼通训诂，慰甚，慰甚！余近年颇识古人文章门径，而在军鲜暇，未尝偶作，一吐胸中之奇。尔若能解《汉书》之训诂，参以《庄子》之诙诡[7]，则余愿偿矣。至行气为文章第一义，卿、云之跌宕，昌黎之倔强，尤为行气不易之法。尔宜先于韩公倔强处，揣摩一番。京中带回之书，有《谢秋水集》（名文洊，国初南丰人），可交来人带营一看。澄叔处未另作书，将此呈阅。

涤生手示

【注】

［1］清醮（jiào）：和尚、道士设坛念经做法事。

［2］傩（nuó）：驱逐疫鬼的仪式、舞戏，演员戴柳木面具，手执刀棍等，以反复、大幅度的程式化的动作表现请神驱邪、祈福的故事。

［3］童容海：原属天平军，被封保王，本姓洪，避洪秀全讳而改姓。

［4］饬（chì）：通"敕"，命令。

［5］具折：上奏折。

［6］名理：辨别是非同异的学问。

［7］诙诡：诙谐奇诡。

【译】

字谕纪泽儿：

接到你七月十一日的信以及你澄叔的信，知晓了家中的一切。鸿儿十三日从省城起程，想必早就到家了？

这边的诸事都很平安，你的沅、季二叔在金陵也挺好的。只是疫病比较多，前些日子建了清醮，后来又演了龙灯、狮子等戏，效仿古人的大傩之礼，也不知道是否稍有好转呢？鲍公（鲍超）在宁国，招降了童容海一股，被收编可用的有三千人。其余的五万多人全都遣散了，每人给钱一千。鲍公办妥这件事，随即由高淳东坝前往会剿金陵。

希帅（李续宜）由六安回到省城，初三那日已经到了。久病之后，再加内心忧戚，脸色黑瘦，咳嗽不止，很为他担心。本日接到皇帝的谕旨，不准请假回到原籍，赏了银子八百两，命令地方官前去照料。圣上的皇恩高厚，无以复加，然而希帅想要回家的心也极为恳切。看他的病象，也非回到原籍静养，断断难以痊愈。他将在这几日内，自己拟奏折再去陈情。

你所作的《拟庄》三首，能够识得名理，又兼通训诂，非常欣慰！我近几年较能识别古人文章的门径，然而在军营之中极少有空暇，也未曾偶有写作，一吐胸中的奇气。你如果能够解明《汉书》的训诂，再结合以《庄子》的诙诡，那么我的愿望也得其所偿了。至于行文的气脉，作为写作文章的第一义，卿（司马相如）、云（扬雄）的跌宕，昌黎（韩愈）的倔强，尤其是行文气脉之中难得的风格。你应当先对于韩公文章的倔强之处，揣摩一番。从京城之中带回家的书，有《谢秋水集》（名文洊，清初南丰人），可以交给来人带回军营让我看一看。你澄叔处没有另外写信，将此信呈给他看一看。

涤生手示

以精确之训诂，作古茂之文章

谕纪泽　同治二年三月初四日

【导读】

曾国藩论学主张汉宋兼采，将小学训诂与古文辞章结合起来。所以他提出必须将戴震、王念孙等大儒的训诂之学，与班固、张衡、左思、郭璞的修辞之学，二者结合起来，也即"以精确之训诂，作古茂之文章"。而效仿的典范则还是韩愈，他的《南海神庙碑》《送郑尚书序》与汉赋相近，《祭张署文》《平淮西碑》与《诗经》相近，所以说韩愈古文乃由班固、张衡、扬雄、司马相如而上，再至《庄子》《离骚》以及"六经"。至于向下的一路，由潘岳、陆机，再至于任昉、沈约与江淹、鲍照、徐陵、庾信，则因为训诂弱而词杂、气薄，不值得太多关注。他给纪泽、纪鸿兄弟开列"七篇三种"背诵书目，"七篇"为辞章之学，包括班固《两都赋》、潘岳《西征赋》、扬雄《解嘲》与徐陵《与杨遵彦书》、庾信《哀江南赋》；"三种"为经世之学，包括马端临《文献通考》二十四首序、丹元子《步天歌》、顾祖禹《州域形势叙》。还就纪泽等来军营一事，或担心长江风波，或担心学业抛荒，故又作了详细指示。

字谕纪泽儿：

接尔二月十三日禀并《闻人赋》一首，具悉家中各宅平安。

尔于小学训诂颇识古人源流，而文章又窥见汉魏六朝之门径，欣慰无已。余尝怪国朝大儒如戴东原、钱辛楣、段懋堂、王怀祖诸老，[1] 其小学训诂实能超越近古，直逼汉唐，而文章不能追寻古人深处，达于本而阂[2] 于末，知其一而昧[3] 其二，颇所不解。私窃有志，欲以戴、钱、段、王之训诂，发为班、张、左、郭之文章（晋人左思、郭璞小学最深，文章亦逼两汉，潘、陆不及也）。久事戎行，斯愿莫遂，若尔曹能成我未竟之志，则至乐莫大乎是。即日当批改付归。

尔既得此津筏[4]，以后便当专心壹志，以精确之训诂，作古茂之文章。由班、张、左、郭，上而扬、马，而《庄》《骚》而"六经"，靡不息息相通；下而潘、陆，而任、沈，而江、鲍、徐、庾，则词愈杂，气愈薄，而训诂之道衰矣。至韩昌黎出，乃由班、张、扬、马而上跻[5]"六经"，其训诂亦甚精当。尔试观《南海神庙碑》《送郑尚书序》诸篇，则知韩文实与汉赋相近。又观《祭张署文》《平淮西碑》诸篇，则知韩文实与《诗经》相近。近世学韩文者，皆不知其与扬、马、班、张一鼻孔出气。尔能参透此中消息，则几矣。

尔阅看书籍颇多，然成诵者太少，亦是一短。嗣后宜将《文选》最惬意[6]者熟读，以能背诵为断，如《两都赋》《西征赋》《芜城赋》及《九辩》《解嘲》之类，皆宜熟读。《选》后之文，如《与杨遵彦书》（徐）、《哀江南赋》（庾）亦宜熟读。又经世之文如马贵与《文献通考》序二十四首[7]，天文如丹元子之《步天歌》[8]（《文献通考》载之，《五礼通考》载之），地理如顾祖禹之《州域形势叙》[9]（见《方舆纪要》首数卷，低一格者不必读，高一格者可读，其排列某州某郡无文气者亦不必读）。以上所选文七篇三种，尔与纪鸿儿皆当手抄熟读，互相背诵，将来父子相见，余亦课尔等背诵也。

尔拟以四月来皖，余亦甚望尔来，教尔以文。惟长江风波，颇不放心，又恐往返途中抛荒学业，尔禀请尔母及澄叔酌示。如四月起程，则只带袁婿及金二甥同来；如八、九月起程，则奉母及弟妹妻女合家同来。到皖住数月，孰归孰留，再行商酌。目下皖北贼犯湖北，皖南贼犯江西，今年上半年必不安静，下半年或当稍胜。尔若于四月来谒，舟中宜十分稳慎；如八月来，则余派大船至湘潭迎接可也。余详日记中。尔送澄叔一阅，不另函矣。

涤生手示

【注】

［1］戴东原：即戴震。钱辛楣：即钱大昕，号辛楣，江苏嘉定（今属上海）人。段懋堂：即段玉裁。王怀祖：即王念孙。

［2］阂：阻隔不通。

［3］昧：暗，蒙昧。

［4］津筏：比喻门径、要诀。津，即渡口。筏，即筏子。

［5］跻（jī）：登，上升。

［6］惬意：称心，合意。

[7]马贵与：即马端临，字贵与，饶州乐平（今属江西）人，宋元时期著名学者，著有《文献通考》，该书包括二十四门：田赋、钱币、户口、职役、征榷、市籴、土贡、国用、选举、学校、职官、郊社、宗庙、王礼、乐、兵、刑、舆地、四裔、经籍、帝系、封建、象纬、物异，其中的"序"也即各门内容的概要。

　　[8]丹元子：隋代隐者，其所撰七言歌诀《步天歌》，按三垣二十八宿将全天划为三十一大区，对于初学天文者认识主要星座与恒星极有帮助。

　　[9]顾祖禹：字景范，江苏无锡人，清初著名学者，著有《读史方舆纪要》，其第一部分为《历代州域形势》九卷。

【译】

字谕纪泽儿：

　　接到你二月十三日的信与《闻人赋》一篇，家中各宅平安，我也都知道了。

　　你对于小学训诂的学习，颇能识得古人的源流，而文章的学习，又能窥见汉魏六朝文章的门径，让我欣慰不已。我曾经奇怪本朝的大儒，如戴东原（戴震）、钱辛楣（钱大昕）、段懋堂（段玉裁）、王怀祖（王念孙）等老先生，他们的小学训诂确实都能超越近古，直逼于汉唐，然而文章却不能追寻古人的深处，能达到其本而又阻隔于其末，知晓其一而又蒙昧于其二，颇为不解。我私下里曾有过志向，想要将戴、钱、段、王的训诂，引发而成为班（固）、张（衡）、左（思）、郭（璞）那样的文章（晋人左思、郭璞的小学功底最为深厚，文章也能直逼两汉，潘岳、陆机不能及也）。长久地从事军务，这个愿望不能实现了，如果你们能够完成我的未竟之志，那么我人生的至乐，最大也不过如此了。即日我就会批改好后寄回。

　　你既然已得到这一诀窍，以后就应当专心于此一志向，用精确的语言训诂，来作出古朴、丰茂的文章。由班固、张衡、左思、郭璞，向上而至扬雄、司马迁，再至《庄子》《离骚》以及"六经"，没有不是息息相通的；向下而至潘岳、陆机，而至任昉、沈约，再至江淹、鲍照、徐陵、庾信，则词语愈来愈杂，气息愈来愈薄，从而训诂之道衰弱了。直到韩昌黎（韩愈）出来，方才由班固、张衡、扬雄、司马迁而上至于"六经"，他的训诂也很精当。你试着读读《南海神庙碑》《送郑尚书序》等篇，那么就会知道韩愈的文章其实与汉赋相近。再读《祭张署文》《平淮西碑》等篇，那么就会知道韩愈的文章其实与《诗经》相近。近代学韩文的人，都不知道他与扬雄、司马迁、班固、张衡等人是一鼻孔出气的。你能参透其中的消息，那么也就差不多了。

你阅读的书籍很多，然而能够背诵的却太少，这也是一个短处。今后应当将《文选》一书最为合意的篇目熟读，以能够背诵为标准，如《两都赋》《西征赋》《芜城赋》以及《九辩》《解嘲》之类，都应当熟读。《文选》之后的文章，如《与杨遵彦书》（徐陵）、《哀江南赋》（庾信）也应当熟读。还有，经世方面的文章如马贵与（马端临）《文献通考》的序二十四篇，天文方面的如丹元子的《步天歌》（《文献通考》中有记载，《五礼通考》中也有记载），地理方面如顾祖禹的《州域形势叙》（见《方舆纪要》起首的几卷，低一格排版的不必读，高一格排版的可以一读，其中排列某州、某郡之类没有文气的也不必读）。以上我所选的文章七篇、书三种，你与纪鸿儿都应当手抄、熟读，互相背诵，将来我们父子相见，我也要考你们的背诵的。

你打算在四月来安徽，我也很想你能来，教你以文章之道。只是长江上的风波，让我很不放心，又担心你在往返的途中抛荒了学业，你禀告过你的母亲以及你澄叔，斟酌着再决定。如果四月起程，那就只带着袁家女婿以及金二外甥同来；如果八、九月起程，那么侍奉着你母亲以及弟妹、妻子女儿全家同来。到安徽住上几个月，谁回去谁留下，到时候再进行商量。眼下皖北的贼军进犯湖北，皖南的贼军进犯江西，今年上半年必定不太安静，下半年或许应当稍微胜过现在了。你如果在四月就来看我，在船上应当注意做到十分的稳妥、谨慎；如果在八月来，那么我就派大船到湘潭去迎接，也是可以的。其余详见日记之中。你也送澄叔一阅，不另外写信了。

涤生手示

陶诗之胸襟寄托，少年文字贵气象峥嵘

谕纪泽纪鸿　同治四年七月初三日

【导读】

孙女福秀大病初愈，正餐与零食协调不当，粗通医道的曾国藩给予指示。纪泽琢磨陶渊明诗歌的识度，则指点去领会其胸襟之广大、寄托之遥深。纪鸿正在研究曾国藩此前提出的《文章各得阴阳之美表》，也即此文说的"四象表"，故再就气势、识度、情韵、趣味四者的关系给予说明，然后强调文章之道，固然要揣摩前人技巧，然而更为重要的还是气势的把握，少年人的文字总贵气象峥嵘，故嘱咐其在为科举而作揣摩之文的同时，常作不拘格式的文章，在气势上用功。

字谕纪泽、纪鸿儿：

二十七日接尔等各一禀，六月二日专兵至，接纪泽一禀，具悉一切。福秀[1]之病大愈，至以为慰。福秀好吃零星东西而不甚爱饭，盖胃火强而脾土弱[2]。胃强则贪食，脾弱则难化，难化则积滞而生疾。今不能强其多吃饭，却当禁其多食零物。食有节，则脾以有恒而渐强矣。

泽儿于陶诗之识度不能领会，试取《饮酒》二十首、《拟古》九首、《归田园居》五首、《咏贫士》七首等篇反复读之，若能窥其胸襟之广大，寄托之遥深，则知此公于圣贤豪杰，皆已升堂入室[3]。尔能寻其用意深处，下次试解说一二首寄来。

又问"有一专长[4]，是否须兼三者乃为合作"。此则断断不能。韩无阴柔之美，欧无阳刚之美，况于他人而能兼之？凡言兼众长者，皆其一无所长者也。鸿儿言此表"范围曲成[5]，横竖相合"，足见善于领会。

至于纯熟文字，极力揣摩，固属切实工夫，然少年文字，总贵气象峥嵘，东坡所谓"蓬蓬勃勃，如釜[6]上气"。古文如贾谊《治安策》、贾山《至言》、太史公《报任安书》、韩退之《原道》、柳子厚《封建论》、苏东坡《上神宗书》，时文如黄陶庵、吕晚村、袁简斋、曹寅谷[7]，墨卷[8]如《墨选观止》《乡墨精锐》中所选两排三迭之文，皆有最盛之气势。

尔当兼在气势上用功，无徒在揣摩上用功。大约偶句多、单句少，段落多、分股少，莫拘场屋[9]之格式。短或三五百字，长或八九百字千余字，皆无不可。虽系"四书"题，或用后世之史事，或论目今之时务，亦无不可。总须将气势展得开，笔仗使得强，乃不至于束缚拘滞，愈紧愈呆。

嗣后尔每月作五课揣摩之文，作一课气势之文。讲揣摩者送师阅改，讲气势者寄余阅改。"四象表"中，惟气势之属太阳者，最难能而可贵。古来文人虽偏于彼三者，而无不在气势上痛下工夫。两儿均宜勉之。

五十金、十六金兹交来卒带去。邵宅事、赵宅屋事，均办公牍矣。西序下次带回。此嘱。

涤生手示

【注】

［1］福秀：即曾广璇，曾纪泽之长女。

［2］胃火：即胃热，与嗜食、积食有关。脾土：其症状则为不思饮食。

［3］升堂入室：即登堂入室，堂即正厅，室即内室。古人居室前堂后室，先要进入正厅然后才能进入内室。后人常用以比喻学习境界的深浅差别。

［4］有一专长：也即气势、识度、情韵、趣味四者之中得一专长。下文所说的"表""四象表"即《文章各得阴阳之美表》，出自《谕纪泽纪鸿·同治四年六月十九日》，参见本书《读书篇》。以太阳、太阴、少阴、少阳对应气势、识度、情韵、趣味，故而说阴柔、阳刚不可兼得众长。

[5]范围曲成：设置规范之后，有多方面的功用。语出《周易·系辞上》"范围天地之化而不过，曲成万物而不遗"。

　　[6]釜（fǔ）：古代炊具，圆底而无足的大锅。

　　[7]黄陶庵：即黄淳耀，上海嘉定人。吕晚村：即吕留良，浙江桐乡人。袁简斋：即袁枚，浙江杭州人。曹寅谷：即曹之升，浙江萧山人。这四位都是清代前期著名的时文（八股文）评选专家，他们评选的时文传播极广。

　　[8]墨卷：明清科举试卷的名目，乡试、会试时考生用墨笔写卷子，称墨卷。中榜者的墨卷，常被当作范文刻印出版。

　　[9]场屋：科举考场。

【译】

字谕纪泽、纪鸿儿：

　　二十七日接到你们兄弟各一封信，六月二日有专门送信的士兵到，接到纪泽的一信，知晓了家中的一切。福秀的病大愈，深感欣慰。福秀喜好吃零星的东西，而不太喜爱吃饭，大概胃火旺而脾土虚弱。胃强就导致贪吃，脾弱就导致难以消化，难以消化食物就会积滞，人也就生病了。如今不能强迫她多吃饭，但是应当禁止她多吃零食。饮食有了节制，那么脾脏因为有规律的工作便会渐渐强健。

　　泽儿对于陶诗之中的见识、气度还不能领会，试着选取《饮酒》二十首、《拟古》九首、《归田园居》五首、《咏贫士》七首等篇目反复诵读，如果能够窥得其中胸襟的广大，寄托的深远，那么就知道此公在圣贤、豪杰当中，都已经是登堂入室了。你能够寻找他用意的深处，下次试着解说一二首寄过来。

　　又问有了（气势、识度、情韵、趣味四者之中）一个专长，是否必须兼具其他三者方才可以适合？这恐怕是断断不能的。韩愈没有阴柔之美，欧阳修没有阳刚之美，何况于他人而如何能够兼得？凡是说兼众家之长的，都其实是一无所长的。鸿儿说到这个表的范围曲成，横竖相合，足以说明他的善于领会。

　　至于纯熟的文字，极力揣摩固然属于切实的功夫，然而少年人的文字，总要以气象峥嵘为贵，这就是苏东坡所谓的蓬蓬勃勃如大锅上头的腾腾热气。古文如贾谊《治安策》、贾山《至言》、太史公（司马迁）《报任安书》、韩退之（韩愈）《原道》、柳子厚（柳宗元）《封建论》、苏东坡（苏轼）《上神宗书》，八股时文如黄陶庵（黄淳耀）、吕晚村（吕留良）、袁简斋（袁枚）、曹寅谷（曹之升），科举考试的墨卷如《墨选观止》《乡墨精锐》之中所选两排三叠的文章，都有最为强盛的气势。

你应当在识度之外，兼在气势上头用功，不要徒然地在模仿上用功。大约偶句多，单句少，段落多，分股少，不要拘泥于科举考试的格式。写作文章，短的或者三五百字，长的或者八九百字、千余字，都没有什么不可以的。虽然都是"四书"里出的题，或者使用后世的史事，或者议论当今的时务，也是没有什么不可以的。总需要将气势铺展得开，笔力仗着气势而变得强劲，方才不至于束缚、拘滞，愈紧缩就愈呆板。

今后你每个月写作五课模仿古人的文章，写作一课气势铺展的文章。讲究模仿的送给老师批阅改正，讲究气势的寄给我批阅改正。"四象表"之中，只有气势是属于"太阳"的，最为难能而最可贵的。自古以来的文人虽然偏于另外三者（识度、情韵、趣味），然而无以不在气势上痛下过工夫。两个孩儿你们都应当勉力呀！

五十两、十六两，现在都交给来军营的士兵带去。邵宅的事、赵宅屋子的事，都办有公牍了。西序则下次带回来。此嘱。

涤生手示

认真讲求八股试帖，求试卷不为人讥笑

谕纪鸿　同治五年正月二十四日

【导读】

曾纪鸿在长沙、金陵等地两年多，诗文方面进步不大，故嘱咐其来军营中读书，摒弃算学等爱好，认真讲求八股试帖，以应对明年的乡试。所谓力求试卷不为他人讥笑，必须下一年的苦功不可。纪鸿后来经过曾国藩直隶总督任上的辅导，同治八年（1869）顺天乡试考中挑取誊录，又获恩赏举人。又因为身体较弱，33岁便英年早逝，其爱好的算学则较有成就，有《对数评解》《圆率考真图解》等专著。

字谕纪鸿：

日内未接尔禀，想阖寓平安。余定以二月九日由徐州起程，至山东济、兖，河南归、陈等处，驻扎周家口，以为老营。纪泽定于初一日起程，花朝[1]前后可抵金陵，三月初送全眷回湘。

尔山外二年有奇，诗文全无长进，明年乡试，不可不认真讲求八股试帖。吾乡难寻明师，长沙书院亦多游戏征逐之习，吾不放心。尔至安庆后，可与方存之、吴挚甫[2]同伴，由六安州坐船至周家口，随我大营读书。李申夫[3]于八股试帖最善讲说。据渠论及，不过半年，即可使听者欢欣鼓舞、机趣洋溢而不能自已。尔到营后，弃去一切外事，即看《鉴》、临帖、算学等事皆当辍舍，专在八股试帖上讲求。丁卯六月回籍乡试，得不得虽有命定，但求试卷不为人所讥笑，亦非一年苦功不可。

【注】

[1] 花朝：农历二月十二日或二月十五日为百花生日，称花朝。

[2] 方存之：即方宗诚，字存之，安徽桐城人。吴挚甫：即吴汝纶。

[3] 李申夫：即李榕，字申夫，四川剑州（今广元）人，时任职于曾国藩的幕府。

【译】

字谕纪鸿：

这几日内未曾接到你的来信，想必全家在寓所都很平安吧！我决定在二月九日由徐州起程，到山东的济宁、兖州，河南归德、陈州等地方，然后驻扎在周家口，作为老营。纪泽决定在初一日起程，花朝节前后可以到达金陵，三月初就送全部家眷回湖南。

你出外有两年多了，诗文方面全然没有什么长进，明年的乡试，不可以不认真地去讲求八股文、试帖诗。我们家乡难以寻找高明的老师，长沙的书院也多有游戏、征逐的习气，我很不放心。你到了安庆之后，可以与方存之（方宗诚）、吴挚甫（吴汝纶）同伴，从六安州坐船到周家口，跟随我一起在大营里读书。李申夫（李榕）对于八股文、试帖诗都是最善于讲解说明的。据他自己说法，对于这两件事情，不用超过半年，就可以使得听者欢欣鼓舞、热情洋溢而不能自已。你到大营之后，就放弃其他一切杂事，即便是看《资治通鉴》、临帖、算学等事都应当先放一放，专门在八股文、试帖诗上用心去讲求。丁卯六月回到原籍去参加乡试，得不得中举，虽说也有天命注定，但求你的试卷，不会被他人所讥笑，那也非得下一年的苦功不可了。

家眷留在湖北过暑，纪鸿专攻八股试帖

谕纪泽纪鸿　同治五年五月十一日

【导读】

　　此前家书嘱咐家眷直接回籍，但由于曾国荃的夫人（九叔母）等全部家眷抵达武昌，在乱世之中的两家人难得团聚，故因亲情而同意欧阳夫人等人留在湖北过暑。至于纪鸿，则与曾纪瑞一起读书，要求他们多读唐代韩愈、柳宗元、李翱、孙樵等人的古文，明年专攻八股试帖，则可以参考精于举业的陕西路德编撰的《仁在堂全稿》《柽华馆试帖》；至于对策，则建议读熟《文献通考》的二十五篇序文。对于作文类的考试，曾国藩的办法就是前人名作与近期时文之精华"二合一"，"读必手抄，熟必背诵"，就应试而言，此"二合一"之法可以参考。

字谕纪泽、纪鸿儿：

　　前接泽儿四月二十一日信，兹又接尔二人二十七日禀，知尔九叔母率全眷抵鄂，极骨肉团聚之乐。宦途亲眷本难相逢，乱世尤难，留鄂过暑，自是至情[1]。

鸿儿与瑞侄[2]一同读书，请黄宅生先生看文，恰与吾前信之意相合。屡闻近日精于举业者，言及陕西路闰生先生（德）[3]《仁在堂稿》及所选"仁在堂""试帖""律赋""课艺"，无一不当行出色，宜古宜今。余未见此书，仅见其所著《柽花馆试帖》，久为佩仰。陕西近三十年科第中人，无不出闰生先生之门，湖北官员中想亦有之。纪鸿与瑞侄等须买《仁在堂全稿》《柽华馆试帖》，悉心揣摩，如武汉无可购买，或折差由京买回亦可。

鸿儿信中拟专读唐人诗文。唐诗固宜专读，唐文除韩、柳、李、孙外，几无一不四六[4]者，亦可不必多读。明年鸿、瑞两人宜专攻八股试帖。选"仁在堂"中佳者，读必手抄，熟必背诵。尔信中言须能背诵乃读他篇，苟能践言，实良法也。读《柽华馆试帖》，亦以背诵为要。对策不可太空。鸿、瑞二人可将《文献通考》序二十五篇读熟，限五十日读毕，终身受用不尽。既在鄂读书，不必来营省觐矣。余详初六日所送四月日记及九叔信中日记。

涤生手示

【注】

［1］至情：真实、至诚的感情。

［2］瑞侄：即曾国荃的长子曾纪瑞，小名科四。

［3］路闰生：即路德，字闰生，号鹭洲，陕西盩厔人，嘉庆进士，曾任翰林院庶吉士、户部湖广司主事等，后因眼疾辞归，于关中的书院讲学二十多年。著有《仁在堂文集》《柽华馆文集》以及《关中课士诗赋》《柽华馆试帖》等。

［4］四六：即四六文，也即骈文，有着句式整齐的四六字句，又注重对仗声律。

【译】

字谕纪泽、纪鸿儿：

前日接到泽儿四月二十一日的信，现在又接到你们二人二十七日的信，知道你们的九叔母率领的全部家眷抵达湖北，尽情地享受了骨肉团聚的欢乐。官宦仕途上的亲眷，本来就难得相逢，在此乱世之中尤其难得，那么你们留在湖北度过暑期，自然也是合于至情了。

鸿儿与瑞侄（曾纪瑞）一同读书，请黄宅生先生看看作文，恰好与我前一信中的意思相合。屡次听近来精于举业的人，说到陕西的路闰生先生（路德）《仁在堂稿》以及他所选"仁在堂"的"试帖""律赋""课艺"，无一不是当行出色的，宜古又宜今。我没有见过此书，仅见过他所著《柽花馆试帖》，钦佩久仰。陕西近三十年科第之中出的人物，无不出自闰生先生之门，在湖北的官员之中想必也会有。纪鸿与瑞侄等人也有必要购买《仁在堂全稿》《柽华馆试帖》，悉心地揣摩一番，如果武汉不能买到，或者就请递送奏折的差人到北京去买回来也是可以的。

鸿儿在信中说打算专门研读唐人的诗文。唐诗固然适宜专门去读，唐文除了韩愈、柳宗元、李翱、孙樵之外，几乎无一不是写四六体骈文的，也可以说不必多读了。明年鸿、瑞两人应当专攻八股文、试帖诗。选"仁在堂"选编之中最佳的，读的时候必须手抄，熟了以后必须背诵。你在信中说必须能够背诵了方才去读另外一篇，如果能够实践这句话，也确实属于良法了。读《柽华馆试帖》，也以能背诵为目标。对策不可以写得太过空洞。鸿、瑞二人可以将《文献通考》的序二十五篇读熟，限五十日读完，终生都会受用不尽了。既然在湖北读书，就不必来大营省亲了。其余的话详见初六日所送的我在四月内写的日记，以及写给你九叔的信中的日记。

涤生手示

天下之事也得有所激、有所逼而成

谕纪泽纪鸿　同治五年六月十六日

【导读】

唐人古文的诵读，曾国藩介绍了唐顺之的《文编》到茅坤的

《唐宋八大家文钞》以及康熙时编撰的《唐宋文醇》中的发展历程，强调韩愈、柳宗元、李翱、孙樵四人古文之可贵。湘乡即将重修县志，嘱咐纪泽不求虚名，故不可任纂修，但可任协修，至于体例则寄到军营审核过，方可动手，可见其对此事的重视。要求纪泽参与协修，则是希望借此逼迫而多写出几篇文章来。"天下事，无所为而成者极少"，一半成于"有所贪、有所利"，一半成于"有所激、有所逼"，这句话也可以让人警醒。

字谕纪泽、纪鸿儿：

　　六月六日接纪泽五月十七、二十六日两禀，具悉一切。沅叔足疼全愈，深可喜慰。惟外毒遽瘳[1]，不知不生内疾否？

　　唐文李、孙二家，系指李翱、孙樵。"八家"始于唐荆川[2]之《文编》，至茅鹿门[3]而其名大定，至储欣[4]（同人）而添孙、李二家。御选《唐宋文醇》，亦从储而增为十家。以全唐皆尚骈俪之文，故韩、柳、李、孙四人之不骈者为可贵耳。

　　湘乡修县志，举尔纂修。尔学未成，就文甚迟钝，自不宜承认[5]，然亦不可全辞。一则通县公事，吾家为物望所归，不得不竭力赞助；二则尔惮于作文，正可借此逼出几篇。天下事，无所为而成者极少，有所贪、有所利而成者居其半，有所激、有所逼而成者居其半。尔纂韵抄毕，宜从古文上用功。余不能文，而微有文名，深以为耻；尔文更浅，而亦获虚名，尤不可也。或请本县及外县之高手为撰修，而尔为协修。

　　吾友有山阳鲁一同[6]（通父），所撰《邳州志》《清河县志》（下次专人寄回），即为近日志书之最善者。此外再取有名之志为式，议定体例，俟余核过，乃可动手。

　　纪鸿前文，申夫改过，并自作一文三诗，兹寄去。申夫订于八月至鄂，教授一月，即行回川。渠善于讲说，而讲试帖尤为娓娓可听。鸿儿、瑞侄听渠细讲一月，纵八股不进，试帖必有长进。鸿儿文病在太无挂意[7]，以后以看题及想挂意为先务。

余于十五日自济宁起程，顷始行二十余里。身体尚好，但觉疲乏耳。此谕。

涤生手示

【注】

[1] 瘳（chōu）：病愈。

[2] 唐荆川：即唐顺之，号荆川，武进（今江苏常州）人，辑有《文编》，开始有唐宋“八家”之说。

[3] 茅鹿门：即茅坤，字顺甫，号鹿门，浙江归安（今湖州）人，编有《唐宋八大家文钞》。

[4] 储欣：字同人，宜兴（今属江苏）人，编有《唐宋十家文全集录》。

[5] 承认：承受，接受。

[6] 鲁一同：字通甫、通父，一字兰岑，安东（今江苏涟水）人，后迁山阳（今江苏淮安），曾国藩在京时的好友，然屡试不第，应邀修志后曾送与曾国藩。

[7] 拄（zhǔ）意：立意，起支撑作用的思想。拄，支撑。

【译】

字谕纪泽、纪鸿儿：

六月六日接到纪泽五月十七、二十六日的两信，知晓了一切。你沅叔的足疼病痊愈了，非常欣慰。只是外在的病毒很快就去除而病愈，不知道是否会生出身体之内的疾病呢？

唐代的古文李、孙二家，是指李翱、孙樵。“八家”的说法开始于唐荆川（唐顺之）的《文编》，到了茅鹿门（茅坤）而后“唐宋八大家”的名称正式确定，到了储欣（同人）而又增添了孙、李这两家。御选的《唐宋文醇》，也跟从储欣而增加为十家。因为整个唐代都崇尚骈俪的文章，所以韩、柳、李、孙四人不写骈文的，就更为可贵了。

湘乡要修县志了，推举你来做纂修。你的学业还未成，写作文章也很是迟钝，自然不应当接受这个职务，然而也不可全部推辞。一则来，这是全县的公事，我家也是众望所归的，不得不竭力去赞助此事；二则来，你一向畏惧于写作文，正好可以借此而逼出几篇文章来。天下之事，没有什么原因而能够成功的极少，有所贪图、有所逐利而成功的占了其中的一半，有所激励、有所逼迫而成功的又占了其中的另一半。你将（《说文解字》之中的）篆韵抄完，应当在古文上用功了。我不擅长作文，然而稍微有点文名，深以为耻；你作文的水平更差，然而也获得了一点虚名，尤其不可以了。或者请本县以及外县的高手来作撰修，而你则可以作为协修人员。

我的朋友有个山阳的鲁一同（通父），他所编撰的《邳州志》《清河县志》（卜次专门派人寄回来），就是近来方志类书之中最好的。此外再选取有名的方志作为式样，议定了体例，等我审核过后，方才可以动手编撰县志。

纪鸿前一次的作文，申夫（李榕）改过了，并且他自己作了一文、三诗，现在就寄过去。申夫确定在八月到湖北，教授你们一个月，就出发回到四川。他最善于讲解、论说，特别是讲解试帖诗的写法，尤其娓娓动听。鸿儿、瑞侄（曾纪瑞）听他细细讲上一个月，纵然八股文的水平不得长进，试帖诗也必定会有长进的。鸿儿的文章，病在太没有立意来作支撑，以后应当将看懂题意及想好文章立意，作为首要的任务。

我将在十五日从济宁起程，刚刚开始走了二十余里。身体还算好，但是觉得比较疲乏了。此谕。

涤生手示

纪鸿不擅作文却志趣不庸鄙，将来终有成就

谕纪泽　同治六年二月二十五日

【导读】

任何父母都希望子女出人头地，身为晚清重臣的曾国藩也不例外。虽然说曾国藩的两个儿子后来也都有所成就，但是他们在

科举考试中的表现却并不出色。在此信中，曾国藩对曾纪泽讲述了如何教导曾纪鸿的一些想法，其中透露的慈父之心，也着实让人感动。

曾纪鸿当时也快二十岁了，却写不好作为科举的基础的八股文章。面对这样的难堪，曾国藩也害怕孩子进入考场，最后决定将曾纪鸿带到南京亲自管教。"养不教，父之过"，曾国藩寻找背后的原因，认为自己给孩子造就的家庭环境太过优越，才是导致孩子种种毛病的温床。曾国藩还有着常人所没有的大气，并以自己学八股文的历程为例来说明，即使孩子一时不太理想，也不能失去信心，还是要坚信孩子将来终有成就。

字谕纪泽儿：

二月十六日接正月初十禀，二十一日又接二十六日信。得知是日生女，大小平安，至以为慰。儿女早迟有定，能常生女即是可生男之征，尔夫妇不必郁郁也。李宫保[1]于甲子年生子已四十二矣。惟元五殇亡，余却深为厪系。家中人口总不甚旺，而后辈读书天分平常，又无良师善讲者教之，亦以为虑。

科一[2]作文数次，脉理全不明白，字句亦欠清顺。欲令其归应秋闱[3]，则恐文理纰缪，为监临以下各官所笑；欲不令其下场，又恐阻其少年进取之志。拟带至金陵，于三月初八、四月初八学乡场[4]之例，令其于九日内各作三场十四艺[5]，果能完卷无笑话，五月再遣归应秋试。科一生长富贵，但闻谀颂之言，不闻督责鄙笑之语，故文理浅陋而不自知。又处境太顺，无困横[6]激发之时，本难期其长进。惟其眉宇大有清气，志趣亦不庸鄙，将来或终有成就。

余二十岁在衡阳从汪师[7]读书，二十一岁在家中教澄、温二弟，其时之文与科一目下之文相似，亦系脉不清而调不圆。厥后癸巳、甲午间[8]，余年二十三四聪明始小开，至留馆[9]以后年三十一二岁聪明始大开。科一或禀父体，似余之聪明晚开亦未可知。拟访一良师朝夕与之讲"四书"、经书、八股，不知果能聘请否？若能聘得，则科一与叶亭及今为之未迟也。

余以十六日自徐州起行，二十二日至清江，二十三日过水闸，到金陵后仍住姚宅行台。此间绅民望余回任甚为真切，御史阿凌阿至列之弹章，谓余不肯回任为骄妄，只好姑且做去，祸祸（福）听之而已。澄叔正月十三、二十八之信已到，暂未作复，此信送澄叔一阅。

涤生手示（宝应舟中）

徐寿衡之长子次子皆殇，其妻（扶正者）并其女亦丧，附及。

【注】

［1］李宫保：即李鸿章，其原配夫人周氏生子李经毓早夭，后继室赵小莲生李经述时，李鸿章已经四十二岁。

［2］科一：曾纪鸿的小名。

［3］秋闱：明清时期的乡试一般子、卯、午、酉八月，也即秋季举行，故称秋闱。

［4］乡场：即乡试考场。

［5］三场十四艺：同治时期的乡试考三场，共十四篇诗文，第一场，考试"四书"文三篇，五言八韵诗一首；第二场，考试"五经"文五篇；第三场，考试经史、时务策五道。

［6］困横：陷入困顿，遭受横阻、挫折。

［7］汪师：指曾国藩当年的塾师汪觉庵。

［8］癸巳、甲午间：指道光十三（1833）、十四年（1834）间。

［9］留馆：清代翰林院庶吉士必须在庶常馆学习三年，期限到后参加散馆考试，考试优等者留馆，还有下次考试升迁的机会，考试次等者则分到各部做主事或外放做知县。

【译】

字谕纪泽儿：

二月十六日接到正月初十的信，二十一日又接到二十六日的信。得知此日你生了个女儿，大小平安，非常欣慰。生儿生女的早迟有定数，能够多生女儿就是可以生男孩的征兆，你们夫妇不必郁郁寡欢了。李宫保（李鸿章）在甲子年生儿子的时候，已经四十二了。只是元五早夭了，我就深为挂念此事。家中的人口总不太兴旺，而且后辈读书的天分平常，又没有良师善于讲解而教导他们，也以为可虑。

科一（曾纪鸿）写了作文多次，脉理上头全不太明白，字句也不够清晰、顺畅。想让他回家参加今年的秋闱，又恐怕文理上多有纰缪，被监临以下的各官所笑话；想不让他下场考试，又恐怕阻碍了他少年人的进取之志。打算带他到金陵，在三月初八、四月初八，效仿乡试考场的体例，让他都在九日之内各作三场十四艺，果真能够做完试卷而且没出笑话的话，五月再让他回乡去参加秋试。科一生长在富贵之中，只是听说一些谀颂的话，不曾听到督责、鄙笑的话，所以文理浅陋而不自知。又因为处境太过顺利，缺乏困顿、挫折来激发的时机，本来就难以期待他有什么长进。唯独因为他的眉宇之间大有清气，志趣也不算庸俗、鄙陋，将来或许终会有成就的。

我二十岁在衡阳跟从汪先生（汪觉庵）读书，二十一岁在家中教导澄、温二弟，这时候写的作文也与科一眼下的作文很相似，也是脉理不清晰而语调不圆润。其后的癸巳、甲午年间，我年纪到了二十三四岁，聪明开始小开，到了留馆以后年纪三十一二岁，聪明开始大开。科一或许秉承了父亲的素质，像我一样聪明才智比较晚才会开启，也未可知。打算寻访一位良师，朝夕与他讲解"四书"、经书、八股文，不知道果真能够聘请到吗？如果能够聘得到，那么科一与叶亭（王镇镛）到如今继续努力，也都还未迟呢！

我在十六日从徐州起程，二十二日到清江，二十三日过了水闸，到达金陵之后，仍旧住在姚宅的寓所。这边的士绅、民众盼望我回任两江总督的心，也甚为真切，御史阿凌阿等人弹劾我的奏章，说我此前不肯回任两江总督都是因为骄傲、狂妄，只好姑且去做这个职务，祸福也就听之任之而已。你澄叔正月十三、二十八的信已经收到，暂时未作回复，此信送你澄叔一阅。

涤生手示（宝应舟中）

徐寿衡的长子次子都早夭了，他的妻子（扶正者）以及女儿也已经去世了，附及。

治家篇

治家之法，第一起早，第二打扫洁净，第三诚修祭祀，第四善待亲族邻里。凡亲族邻里来家，无不恭敬款接，有讼必排解之，有喜必庆贺之，有疾必问，有丧必吊。此四事之外，于读书、种菜等事尤为刻刻留心。故余近写家信，常常提及书、蔬、鱼、猪四端者，盖祖父相传之家法也。

爱敬长辈作后辈榜样，精通小学仿高邮王氏

谕纪泽　咸丰八年十二月三十日

【导读】

　　此年曾国华死于三河镇之战，故老家的过年气氛不同以往。曾国藩想起自己前年在家守孝之时的态度鄙陋，故要曾纪泽在叔祖（即曾国华的嗣父）、叔父母等长辈面前，多尽几分爱敬之心，多存几分大家族的休戚与共、连绵一体之念，不要怀有彼此歧视之类的偏见，好让老辈器重、放心，小辈爱戴而引为榜样。再就学问而言，则要效仿在经学上代代相传的高邮王氏，读他们的书，学好小学训诂之类。

字谕纪泽儿：

　　闻尔至长沙已逾月余，而无禀来营，何也？少庚讣信百余件，闻皆尔亲笔写之。何不发刻，或倩[1]人帮写？非谓尔宜自惜精力，盖以少庚年未三十，情有等差，礼有隆杀[2]，则精力亦不宜过竭耳。近想已归家度岁？

　　今年家中因温甫叔之变，气象较之往年迥不相同。余因去年在家，争辨细事，与乡里鄙人无异，至今深抱悔憾。故虽在外，亦恻然寡欢。尔当体我此意，于叔祖、各叔父母前尽些爱敬之心。常存休戚[3]一体之念，无怀彼此歧视之见，则老辈内外必器爱尔，后辈兄弟姊妹必以尔为榜样，日处日亲，愈久愈敬。若使宗族乡党皆曰"纪泽之量大于其父之量"，则余欣然矣。

　　余前有信教尔学作赋，尔复禀并未提及。又有信言"涵养"二字，尔复禀亦未之及。嗣后我信中所论之事，尔宜一一禀复。

　　余于本朝大儒，自顾亭林[4]之外，最好高邮王氏之学。王安国[5]以鼎甲[6]官至尚书，谥文肃，正色立朝。生怀祖先生念孙[7]，经学精卓。生王引之[8]，复以鼎甲官尚书，谥文简。三代

治家篇

255

皆好学深思，有汉韦氏[9]、唐颜氏[10]之风。余自憾学问无成，有愧王文肃公远甚，而望尔辈为怀祖先生、为伯申氏，则梦寐之际，未尝须臾忘也。怀祖先生所著《广雅疏证》《读书杂志》，家中无之；伯申氏所著《经义述闻》《经传释词》，《皇清经解》内有之。尔可试取一阅，其不知者，写信来问。本朝穷[11]经者，皆精小学，大约不出段、王两家之范围耳。余不一一。

父涤生示

【注】

［1］倩：请，央求。

［2］隆杀：尊卑、厚薄、高下。

［3］休戚：喜乐和忧虑。

［4］顾亭林：即顾炎武，字宁人，号亭林，江苏昆山人，清初著名学者。

［5］王安国：字书臣，号春圃，谥号文肃，江苏高邮人，雍正二年（1724）以殿试一甲二名榜眼及第，授翰林院编修，后任广东学政、左都御史兼领广东巡抚、礼部尚书、吏部尚书等职。

［6］鼎甲：因鼎有三足，故称科举考试与一甲三名为鼎甲。

［7］怀祖先生：即王念孙，字怀祖，王安国之子。乾隆四十年（1775）进士，官至直隶永定河兵备道。著名学者，著有《广雅疏证》《读书杂志》等。

［8］王引之：字伯申，谥号文简，王念孙之子。嘉庆四年（1799）一甲三名探花及第，授翰林院编修，后任工部尚书、户部尚书、吏部尚书、礼部尚书等。也是著名学者，著有《经义述闻》《经传释词》等。

［9］汉韦氏：汉代的韦贤、韦玄成、韦赏，三代经学家。

［10］唐颜氏：唐代训诂学者颜师古，是南朝齐梁时期学者、《颜氏家训》的作者颜之推之孙。

［11］穷：推究，寻根究源。

【译】

字谕纪泽儿：

听说你到长沙已经一个多月了，然而没有告安的信寄到军营里来，这是为什么呢？少庚的讣告信有一百多件，听说都是你亲笔写的。为什么不请人刊刻，或者请人帮助抄写？这也不是要说你应当自己爱惜精力，而是因为少庚去世时年纪未满三十，情谊要有等差，礼数也要有尊卑、厚薄，故而不必如此亲力亲为。当然就精力而言，也不应当过于殚精竭虑了。近几日想必已经回家过年了吧？

今年的家中，因为你温甫叔的变故，气象比较起往年来，迥然不同了。我去年在家的时候，因为一些小事而与人争执，几乎与乡里的粗鄙小人没有什么不同，至今想起来依旧深觉悔恨、遗憾。所以现今虽然在外面，也很悲伤缺少快乐。你应当体会我的心意，在叔祖、各叔父母面前多尽一些爱敬之心。经常存有休戚与共、全家一体的念头，千万不要怀有彼此歧视的看法，那么老辈之中里里外外的亲人必定器重你、爱护你，后辈之中的兄弟姊妹必定以你为榜样，越是相处得久了，越是与你亲密无间，久而久之，也越是尊敬你了。如能使得宗族、乡党都说"纪泽的气量大过他的父亲的气量"，那么我也就感到很高兴了。

我之前曾有信教你学习作赋，你的回信并未曾有过提及。又有信说到"涵养"二字，你的回信也未曾有过提及。今后我在信中有所讨论的事情，你都应当一一回应。

我对于本朝的大儒，除了顾亭林之外，最为欣赏的就是高邮王氏之学。王安国因为科举鼎甲而官至尚书，谥文肃，以严正的姿态傲立于朝廷。王安国生怀祖先生念孙，对于经学的研究精深、卓越。王念孙生王引之，又因为科举鼎甲而官至尚书，谥文简。他们一家三代，都是好学深思，有着汉代韦氏、唐代颜氏的家族遗风。我自觉遗憾学问无所成就，有愧于王文肃公远甚，然而希望你们这一辈能够成为怀祖先生、成为伯申氏，这样的念头即使在梦寐之际，也未尝有须臾忘了。怀祖先生所著的《广雅疏证》《读书杂志》，家中没有；伯申氏所著的《经义述闻》《经传释词》，家中的《皇清经解》之内就有。你可以找出来试着读读，其中如果有不懂的地方，写信来问我。本朝钻研经学的人，全都精通小学，大约也不会超出段、王两家的范围了。其余不再一一叙述了。

父涤生示

老境侵寻，颇思将儿女婚嫁早早料理

谕纪泽　咸丰九年九月二十四日

【导读】

曾国藩在咸丰八年（1858）再度出山时，已将几个子女的婚嫁议定，此时则感觉自己渐入老境，故希望早早料理子女的婚嫁之事，了却私事，一心为公。曾纪泽的前妻为贺长龄之女，咸丰七年(1857)难产而死；此次续弦的是湘军名将刘蓉之女，后生子女各三人。此外，军中的曾国藩依旧酷爱读书，故命其子寄来几部史书。

字谕纪泽：

二十一日得家书，知尔至长沙一次，何不寄安禀来营？

婚期改九月十六，余甚喜慰。余老境侵寻[1]，颇思将儿女婚嫁早早料理。袁漱六[2]亲家患咯血[3]疾，昨专人走松江看视，若得复元，吾即思明春办大女儿嫁事。袁铁庵[4]来我家时，尔禀问母亲，可以吾意商之。

京中书到时，有胡刻《通鉴》一部，留家中讲解，即将吾圈过一部寄来营可也。又，汲古阁[5]初印《五代史》一部，亦寄来。皮衣等件，速速寄来。吾买帖数十部，下次寄尔。此谕。

【注】

[1] 侵寻：渐进。

[2] 袁漱六：即袁芳瑛，字挹群，号漱六，湖南湘潭人，著名藏书家，曾任翰林院编修、陕西道监察御史、苏州知府、松江知府。曾国藩长女曾纪静嫁于其子袁秉桢。

［3］喀血：即咯血，咳血，一般指喉部以下的呼吸器官出血，经咳嗽从口腔排出。

［4］袁铁庵：即袁万瑛，号铁庵，袁芳瑛之弟。

［5］汲古阁：明末常熟人毛晋的刻书、藏书之处，汲古阁刻本如《十三经注疏》《十七史》《津逮秘书》《六十种曲》等传播颇广。

【译】

字谕纪泽：

二十一日收到家书，知道你到过长沙一次，为何不曾寄一封报平安的信到军营里来？

婚期改在九月十六，我很欣慰。我的年纪已是渐入老境，非常想将儿女们的婚嫁之事早早料理了。袁漱六亲家患有咳血之症，昨天安排专人前往松江看望，如能得以复原，我就想明年春天办理大女儿的婚事。袁铁庵来我家的时候，你禀告你母亲，可以按照我的意思跟他商量。

京城寄来的书信到的时候，有胡刻的《通鉴》一部，留在家中供老师讲解之用，然后就将我曾经圈点过的那一部，寄到军营里来。另外，汲古阁初印版的《五代史》一部，也寄过来。皮衣等物件，请速速寄来。我买了字帖数十部，下次寄给你。此谕。

治家八事"早扫考宝书蔬鱼猪"，看《文选》法

谕纪泽　咸丰十年闰三月初四日

【导读】

曾纪泽再婚之后，曾国潢移居新宅，曾家老宅只住曾国藩一家，于是曾纪泽成为一家之主。故在此信之中将祖传的治家"八事"专门讲述一遍，早、扫、考、宝、书、蔬、鱼、猪，这一提法也是曾国藩再三概括的成果。熟读《文选》，是曾国藩此前提出的要求，在此信中指点其子注意《文选》的特点，也即汉魏的

文人有两个方面应是后来所不可企及的，一是训诂精确，一是声调铿锵，并以左思《三都赋》为例，告知其中的训诂于声调之妙处。

字谕纪泽：

初一日接尔十六日禀，澄叔[1]已移寓新居，则黄金堂老宅，尔为一家之主矣。昔吾祖星冈公最讲求治家之法，第一起早，第二打扫洁净，第三诚修祭祀，第四善待亲族邻里。凡亲族邻里来家，无不恭敬款接，有急必周济之，有讼必排解之，有喜必庆贺之，有疾必问，有丧必吊。此四事之外，于读书、种菜等事尤为刻刻留心。故余近写家信，常常提及书、蔬、鱼、猪四端者，盖祖父相传之家法也。尔现读书无暇，此八事[2]，纵不能一一亲自经理，而不可不识得此意，请朱运四[3]先生细心经理，八者缺一不可。其诚修祭祀一端，则必须尔母随时留心。凡器皿第一等好者留作祭祀之用，饮食第一等好者亦备祭祀之需。凡人家不讲究祭祀，纵然兴旺，亦不久长。至要至要！

尔所论看《文选》之法，不为无见。吾观汉魏文人，有二端最不可及：一曰训诂精确，二曰声调铿锵。《说文》训诂之学，自中唐以后人多不讲，宋以后说经尤不明故训，及至我朝巨儒始通小学。段懋堂、王怀祖两家[4]，遂精研乎古人文字声音之本，乃知《文选》中古赋所用之字，无不典雅精当。尔若能熟读段、王两家之书，则知眼前常见之字，凡唐宋文人误用者，惟"六经"不误，《文选》中汉赋亦不误也。即以尔禀中所论《三都赋》[5]言之，如"蔚若相如，皭若君平"[6]，以一"蔚"字该括相如之文章，以一"皭"字该括君平之道德，此虽不尽关乎训诂，亦足见其下字之不苟矣。至声调之铿锵，如"开高轩以临山，列绮窗而瞰江"，"碧出苌弘之血，鸟生杜宇之魄"[7]，"洗兵海岛，刷马江洲"，"数军实乎桂林之苑，飨[8]戎旅乎落星之楼"等句，音响节奏，皆后世所不能及。尔看《文选》，能从此二者用心，则渐有入理处矣。

作梅[9]先生想已到家，尔宜恭敬款接。沅叔[10]既已来营，则无人陪往益阳，闻胡宅专人至吾乡迎接，即请作梅独去可也。尔舅父牧云[11]先生身体不甚耐劳，即请其无庸来营。吾此次无信，尔先致吾意，下次再行寄信。此嘱。

【注】

［1］澄叔：曾国潢，字澄侯。

［2］八事：治家之法，曾国藩概括为：早、扫、考、宝、书、蔬、鱼、猪。考，指祭祀。宝，指善待亲族邻里。《致澄弟·咸丰十年闰三月二十九日》："星冈公常曰人待人无价之宝也。"

［3］朱运四：曾家的管家。

［4］段懋堂：即段玉裁。王怀祖：即王念孙。

［5］《三都赋》：西晋左思的名篇，"三都"即蜀都益州（今成都）、吴都建业（今南京）、魏都邺城（河北临漳），该赋铺叙三国之风土人情以及都城之壮丽。

［6］蔚：本义草木茂盛，此处指司马相如的文采华丽。君平：即严遵，字君平。皭：本义洁白，此处指严遵作为隐者的品德高洁。

［7］苌（cháng）弘：春秋时人，被冤而杀，其心化为红玉，其血化为碧玉。杜宇：传说为古蜀国之君，又称望帝，让位隐居，死后化为鸟，即杜鹃，又称杜宇。

［8］飨（xiǎng）：用酒食招待客人。

［9］作梅：即陈鼎，字作梅，江苏溧阳人，此次到湖南，为曾国藩、胡林翼两家看地。

［10］沅叔：即曾国荃。

［11］牧云：即欧阳秉铨，字牧云，曾国藩的妻兄。

【译】

字谕纪泽：

初一日接到你十六日的来信，你澄叔已经移居到新家，那么黄金堂老宅，你就成为一家之主了。先前我的祖父星冈公最为讲求治家之法，第一要起早；第二要把屋子打扫得干净整洁；第三要以诚敬的心态来做祭祀；第四要善待亲族邻里。凡是亲族邻里来到我家，每个都要恭敬地接待，有急事必定要给他们周济，有诉讼必定要帮他们排解，有喜庆必定要去道贺，有疾病必定要去慰问，有丧事必定要去吊唁。除此四事之外，对于读书、种菜等事尤其要刻刻留心。所以我近来写作家信，常常提及书、蔬、鱼、猪这四个方面，也都是祖父相传的家法。你现在读书而没有空闲，这八件事，纵然不能一一亲自去经营打理，然而不可不懂得这个意思，可请朱运四先生细心经营打理，这八件事缺一不可。其中的诚心祭祀一事，必须让你母亲随时留心。凡是器皿第一等好的，都留着做祭祀之用，饮食第一等好的，也要准备祭祀之需。凡是做人家的不讲究祭祀，纵然兴旺，也不能久长。这点至关重要！

你所谈论的阅读《文选》的方法，不能说没有见地。在我看来，汉魏时期的文人，有两个方面最不可及：一是训诂精确，二是声调铿锵。《说文解字》的训诂之学，自从中唐以后的人也就多半不讲，宋代以后解经的更加不明白传统的训诂了，到了本朝的大儒，方才精通小学。段懋堂（段玉裁）、王怀祖（王念孙）两家，就以精研古人的文字、声音为根本，所以知道《文选》之中的古赋所用的字，没有一个不是典雅精当的。你若是能够熟读段、王两家的书，就能够知道眼前常见的字，凡是唐宋文人误用的，只有"六经"不会有误，《文选》之中的汉赋也不会有误。就以你来信中所谈论的《三都赋》而言，比如"蔚若相如，皭若君平"，用一个"蔚"字来概括司马相如的文章，用一个"皭"字来概括君平（严遵）的道德，这虽然不全是与训诂相关的，也足以见到其中用字的不苟且了。至于声调的铿锵，比如"开高轩以临山，列绮窗而瞰江"，"碧出苌弘之血，鸟生杜宇之魄"，"洗兵海岛，刷马江洲"，"数军实乎桂林之苑，飨戎旅乎落星之楼"等句子，其中的声调、节奏，都是后世所不能及。你看《文选》，能从此两个方面去用心，那么就能渐渐体会其中的精妙之处了。

作梅先生想必已经来到我们家了，你应当恭敬地接待他。你沅叔既然已经来到军营，那就没人陪作梅先生前往益阳了，听说胡宅会专门派人到我们家来迎接，那就请作梅先生独自去那边也是可以的。你的舅父牧云先生身体不太能够耐劳，就叫他不必来军营了，我这次没有给他去信，你先向他转达我的意思，下次我再给他寄信。此嘱。

嘱咐屋后山内栽竹，恢复曾父在日旧观

谕纪泽纪鸿　咸丰十一年二月十四日

【导读】

李秀成太平军突袭祁门大营，曾国藩紧急之中曾写下遗书，幸亏鲍超、张运兰两军将太平军击败，方才化险为夷。平安之后，便关心家中琐事，曾国藩要求老家保持耕读家风，故特别重视种竹、种蔬之事。此次便嘱咐在屋后的山内重新种上竹子，恢复曾父在世时候的旧观。

字谕纪泽、纪鸿儿：

得正月二十四日信，知家中平安。此间军事，自去冬十一月至今，危险异常，幸皆化险为夷。目下惟左军在景德镇一带十分可危，余俱平安。余将以十七日移驻东流、建德。

付回银八两，为我买好茶叶陆续寄来。下手[1]竹茂盛，屋后山内仍须栽竹，复吾父在日之旧观。余七年在家芟[2]伐各竹，以倒厅[3]不光明也。乃芟后而黑暗如故，至今悔之，故嘱尔重栽之。"劳"字、"谦"字[4]，常常记得否？

涤生手示

【注】

[1] 下手：右边。

[2] 芟（shān）：割草，清除。

[3] 倒厅：后厅。

[4] "劳"字、"谦"字：勤劳、谦逊为君子品格。《周易》"谦卦"："劳谦，君子有终。"

字谕纪泽、纪鸿儿：

收到正月二十四日的信，得知家中平安。这边的军事，自从去冬十一月至今，危险异常，幸而都化险为夷了。当下只有左宗棠军在景德镇一带依旧十分危急，其余都已平安。我的帅营将在十七日转移，驻扎到东流、建德一带。

寄回的银子八两，为我购买一些好的茶叶陆续寄过来。家中宅子右边的竹子长势茂盛，屋后的山内还需要栽种竹子，恢复我父亲在世时候的旧观。我咸丰七年在家的时候砍伐了屋后各处的竹子，因为倒厅不够光明。但是砍伐之后还是黑暗如故，至今依旧后悔，所以嘱咐你去重新栽种。"劳"字、"谦"字，常常记得吗？

涤生手示

告知军情及嘱咐雇人种蔬菜

谕纪泽　咸丰十一年四月初四日

【导读】

在交代了军情的转旋之机后，曾国藩再度重弹耕读之家的老调，让其子注意早起、种蔬。从自己出身农家的生活经验出发，认为蔬菜茂盛之家，大多兴旺，故此事不可放松。

字谕纪泽儿：

三月三十日建德途次接澄侯弟在永丰所发一信，并尔将去省时在家所留之禀。尔到省后所寄一禀，却于二十八日先到也。

余于二十六日自祁门拔营起行，初一日至东流县。鲍军七千余人于二十五日自景德镇起行，三十日至下隅坂。因风雨阻滞，初三日始渡江，即日进援安庆，大约初八九可到。沅弟、季弟[1]在安庆稳守十余日，极为平安。朱云岩[2]带五百人，二十四自祁门起行，初二日已至安庆助守营濠，家中尽可放心。

此次贼救安庆，取势乃在千里以外。如湖北则破黄州，破德安，破孝感，破随州、云梦、黄梅、蕲州等属；江西则破吉安，破瑞州、吉水、新淦、永丰等属。皆所以分兵力，亟肆以疲我，多方以误我。贼之善于用兵，似较昔年更狡更悍。吾但求力破安庆一关，此外皆不遽与之争得失。转旋之机，只在一二月可决耳。

乡间早起之家，蔬菜茂盛之家，类多[3]兴旺；晏起无蔬之家，类多衰弱。尔可于省城菜园中，用重价雇人至家种蔬，或二人亦可。其价若干，余由营中寄回。此嘱。

涤生手示（东流县）

此次未写信与澄叔，尔禀告之。

【注】

[1] 季弟：指曾国藩的四弟曾国葆，字季洪；后改名贞干，字事恒。当时在安庆协助曾国荃攻城，第二年病逝军中。

[2] 朱云岩：即朱品隆，字云岩，曾任曾国藩护卫营的营官，此次派往安庆协助曾国荃，后官至衢州镇总兵。

[3] 类多：大多。

【译】

字谕纪泽儿：

三月三十日在去建德的路上，接到澄侯弟在永丰所发出一封信，还有你将去省城的时候在家里所留下的一封信。你到省城之后所寄的一封，却在二十八日先收到了。

我在二十六日从祁门拔营出发，初一日到东流县。鲍超军七千多人在二十五日从景德镇出发，三十日到下隅坂。因为风雨的阻碍而滞留，初三日开始渡江，即日就前去援助安庆，大约初八九日可以到达。沅弟、季弟在安庆稳稳的守了十多日，极为平安。朱云岩（朱品隆）带着五百人，二十四日从祁门出发，初二日已经到达安庆协助守卫营濠，家中尽可以放心。

此次贼军救援安庆，他们的势头还在千里以外，比如湖北则先破黄州，破德安，破孝感，再破随州、云梦、黄梅、蕲州等地，江西则先破吉安，再破瑞州、吉水、新淦、永丰等地。之所以都如此分配兵力，是急切地希望，以肆意开战来疲惫我军，以多方开战来误导我军。贼军善于用兵，似乎比起往年来更加狡猾、更加凶悍。我只求全力攻破安庆这一关，此外都不急于与他们争什么得失。扭转大局的机会，就在这一两个月内可以决定了。

乡间早起的人家，蔬菜茂盛的人家，大多家业兴旺；晚起、不种蔬菜的人家，大多家业衰败。你可以在省城的菜园之中，用高价雇人到家里来种蔬菜，或者雇用两个人也是可以的。此事需要花费多少钱，我可以从军营这边寄回来。此嘱。

涤生手示（东流县）

此次没有写信给你澄叔，你可以禀告他。

开菜园之法，写篆字之法

谕纪泽　咸丰十一年六月二十四日

【导读】

前一家书要曾纪泽雇人种蔬菜，此番则亲自传授开辟菜园之法，讲解井井有条，可见曾国藩始终不忘农家子弟的本色。曾纪泽问起未收入《说文解字》的逸字，他便介绍了郑珍、郑知同父子的相关研究，并寄回其书。侄儿曾纪渠喜好写篆书，便要曾纪泽准备李阳冰、邓石如的篆书字帖。事无巨细，皆悉心关照。

字谕纪泽：

六月二十日唐介科回营，接尔初三日禀并澄叔一函，具悉一切。

今年彗星出于北斗与紫微垣之间[1]，渐渐南移，不数日而退出右辅与摇光之外[2]，并未贯紫微垣，亦未犯天市[3]也。占验之说，本不足信，即有不祥，或亦不大为害。

省雇园丁来家，宜废田一二丘，用为菜园。吾现在营，课[4]勇夫种菜，每块土约三丈长，五尺宽，窄者四尺余宽，务使芸草及摘蔬之时，人足行两边沟内，不践菜土之内。沟宽一尺六寸，足容便桶。大小横直，有沟有洰[5]，下雨则水有所归，不使积潦[6]伤菜。四川菜园极大，沟洰终岁引水长流，颇得古人井田[7]遗法。吾乡一家园土有限，断无横沟，而直沟则不可少。吾乡老农，虽不甚精，犹颇认真，老圃[8]则全不讲究。我家开此风气，将来荒山旷土，尽可开垦，种百谷杂蔬之类。如种茶亦获利极大，吾乡无人试行，吾家若有山地，可试种之。

尔前问《说文》中逸字，今将贵州郑子尹[9]所著二卷寄尔一阅。渠所补一百六十五文，皆许书[10]本有之字，而后此脱失者也。其子知同，又附考三百字，则许书本无之字，而他书引《说文》有之，知同辨为不当有者也。尔将郑氏父子书细阅一遍，则知叔重[11]原有之字，被传写逸脱者，实已不少。

纪渠侄[12]近写篆字甚有笔力，可喜可慰。兹圈出付回。尔须教之认熟篆文，并解明偏旁本意。渠侄、湘侄[13]要大字横匾，余即日当写就付归。寿侄[14]亦当付一匾也。家中有李少温[15]篆帖《三坟记》《栖先茔记》，亦可寻出，呈澄叔一阅。澄弟作篆字，间架太散，以无帖意故也。邓石如先生所写篆字《西铭》《弟子职》之类[16]，永州杨太守新刻一套，尔可求郭意诚[17]姻叔拓一二分，俾家中写篆者有所摹仿。家中有褚书《西安圣教》《同州圣教》[18]，尔可寻出寄营，《王圣教》[19]亦寄来一阅。如无裱者，则不必寄也。《汉魏六朝百三家集》，京中一分，江西一分，想俱在家，可寄一部来营。

余疮疾略好，而癣大作，手不停爬，幸饮食如常。安庆军事甚好，大约可克复矣。此次未写信与澄叔，尔将此呈阅，并问澄弟近好。

【注】

［1］彗星：形状如彗，也即扫帚，古人认为它的出现与灾祸有关，故称妖星。紫微垣：位于北天中央，故称中宫，以北极为中枢，有十五星，分为左垣与右垣两列。

〔2〕右辅：紫微垣内一星。摇光：北斗七星之一。

〔3〕天市：星名，又名天旗，在房、心二星的东北，主国家的市聚交易。

〔4〕课：督促完成指定的工作。

〔5〕浍（kuài）：田间的排水沟。

〔6〕潦（lǎo）：雨后积水。

〔7〕井田：上古之时，将田地分为井字形。

〔8〕老圃：老菜农。

〔9〕郑子尹：即郑珍，字子尹，贵州遵义人，道光十七年（1837）举人，选荔波县训导，后告归。诗人、学者，与莫友芝并称"西南巨儒"，著有《说文逸字》《说文新附考》等。其子郑知同，字伯更，著有《说文本经答问》《六书浅说》《说文正异》《说文述许》《说文商义》《说文伪字》等。

〔10〕许书：即东汉许慎的《说文解字》。

〔11〕叔重：即许慎，字叔重。

〔12〕纪渠侄：曾国潢次子曾纪渠，字寿人，行科三，过继于曾国葆，后官至广东惠潮嘉兵备道。

〔13〕湘侄：曾国潢三子曾纪湘，字耀衡，行科九，后早夭。

〔14〕寿侄：曾国华庶子曾纪寿，字岳崧，行鼎三，后官至江苏补用道、支应总局总办。

〔15〕李少温：即李阳冰，唐代书法家，擅长篆书。

〔16〕《西铭》：北宋张载所作的名篇。《弟子职》：战国时稷下学者托名管仲所作。

〔17〕郭意诚：即郭崑焘，字仲毅，号意诚，湖南湘阴人，郭嵩焘之弟。

〔18〕《西安圣教》：唐代书法家褚遂良所书的《大唐三藏圣教序》，又称《雁塔圣教序》。《同州圣教》：褚遂良书法的临本，立于陕西同州，故名。

〔19〕《王圣教》：即唐代怀仁集王羲之行书而刻的《大唐三藏圣教序》。

【译】

字谕纪泽：

六月二十日唐介科回到营中，接到你初三日的信与你澄叔的一封信，详细了解了家中的一切。

今年彗星出现于北斗七星与紫微垣之间，渐渐南移，不出数日就退出右辅星与摇光星之外，并未穿过紫微垣，也未侵犯天市星。占验的说法，本来就不足相信，即使会有不祥，或许也不会有大的危害。

从省里雇园丁来家中，应当废掉一二丘田，用作菜园。我现今在营中，督促勇大种菜，每块地大约二丈长，五尺宽，窄的地方四尺多宽，务必使得芸杂草以及摘蔬菜的时候，人的脚行走在两边的沟内，不践踏在种蔬菜的泥土之内。沟宽一尺六寸，足以容纳便桶。大小横直，有沟有浍，下雨的时候水就有所归处，不使雨水积潦而损伤了蔬菜。四川的菜园极大，沟与浍终年都在引水长流，颇得古人传下来的井田之法。我乡每一家的菜园土地有限，更没有用横沟的，然而直沟则不可少。我乡的老农，虽然不太精通农艺，但还比较认真，老菜农则完全不讲究。我家首开种菜的风气，将来那些荒山野土，都可以开垦出来，种上百谷、杂蔬之类。如果种茶树，也可以获利极大，我乡还没有人这样去试行，我家如有山地，可以试着种茶树。

你前一次问《说文解字》中的逸字，今天将贵州郑子尹（郑珍）所著的二卷书寄给你一读。他所补的一百六十五字，都是许慎书中本来就有的字，而到了后世才脱失的。他的儿子郑知同，又附考了三百个字，则是许慎书中本来没有的字，而其他的书引用《说文解字》则有这些字，郑知同的辨析有所不当的地方也有。你将郑氏父子的书仔细阅读一遍，就知道叔重（许慎）先生书中原有的字，被传写而逸脱的，其实已经不少了。

纪渠侄近来写的篆字很有笔力，可喜可慰。今日圈出寄回。你必须教他认熟篆文，并且解释明白偏旁的本义。纪渠侄、纪湘侄要的大字横匾，我即日就会写好寄给他们。纪寿侄也要寄给他一匾了。家中有李少温（李阳冰）的篆帖《三坟记》《栖先茔记》，也可以寻出来，呈送你澄叔一阅。澄弟写作的篆字，间架太松散，因为没有临帖的缘故。邓石如先生所写的篆字《西铭》《弟子职》之类，永州杨太守新刻了一套，你可以求郭意诚（郭崐焘）姻叔拓一二份，好让家中写篆书的人有所模仿。家中还有褚遂良书写的《西安圣教》《同州圣教》，你可以寻出来寄到营中，《王圣教》也寄来给我一阅。如是没有装裱过的，就不必寄了。《汉魏六朝百三家集》，京中的一份，江西的一份，想必都在家里，可以寄一部到营中。

我的疮疾略好了，然而癣疾又大作，常要手不停去抓，幸好饮食如常。安庆的军事状况很好，大约可以克复了。此次没有写信给你澄叔，你将此信呈他一阅，并问候澄弟近来安好。

居家之道，惟崇俭可以长久

谕纪泽　咸丰十一年八月二十四日

【导读】

曾国藩的大女儿要出嫁了，然而对于妆奁却有着极为苛刻的要求，因为他坚持："居家之道，惟崇俭可以长久。处乱世，尤以戒奢侈为要义。"这也是他多年阅历的深切体验，只有戒骄戒奢，方能避免祸害。

字谕纪泽：

八月二十日胡必达、谢荣凤到，接尔母子及澄叔三信，并《汉魏百三家》《圣教序》三帖。二十二日谭在荣到，又接尔及澄叔二信。具悉一切。

蔡迎五[1]竟死于京口江中，可异，可悯！兹将其口粮三两补去，外以银二十两赈恤其家。朱运四先生之母仙逝，兹寄去奠仪银八两。蕙姑娘[2]之女一贞，于今冬发嫁，兹付去奁仪十两。家中可分别妥送。

大女儿择于十二月初三日发嫁，袁家已送期[3]来否？余向定妆奁之资二百金，兹先寄百金回家，制备衣物，余百金俟下次再寄。其自家至袁家途费暨六十侄女出嫁奁仪，均俟下次再寄也。

居家之道，惟崇俭可以长久。处乱世，尤以戒奢侈为要义。衣服不宜多制，尤不宜大镶大缘，过于绚烂。尔教导诸妹，敬听父训，自有可久之理。

牧云舅氏书院一席，余已函托寄云中丞[4]，沅叔告假回长沙，当面再一提及，当无不成。余身体平安。二十一日成服哭临[5]，现在三日已毕。疮尚未好，每夜搔痒不止，幸不甚为害。满叔[6]近患疟疾，二十二日全愈矣。此次未写澄叔信，尔将此呈阅。

【注】

［1］蔡迎五：曾国藩的同乡，专门为其送家书。

［2］蕙姑娘：曾国藩的二妹曾国蕙。

［3］送期：即纳吉，男方家选定婚期，备聘礼，并告知女方家。

［4］寄云中丞：即毛鸿宾，字寄云，曾任湖南巡抚，故称中丞。

［5］成服：此处指咸丰皇帝逝世后，臣民所穿的丧服。哭临：大臣为皇帝之丧举行的哀悼仪式。

［6］满叔：即曾国葆，湖南方言里称呼子女中最小的一个为"满"。

【译】

字谕纪泽：

八月二十日胡必达、谢荣凤到了，接到你母子以及澄叔共三封信，还有《汉魏百三家》《圣教序》三种字帖。二十二日谭在荣到了，又接到你以及澄叔的二封信。了解了家中的一切。

蔡迎五竟然死在京口的江中，真是奇怪，也真是可怜！现在将他的口粮三两补去之外，再给银子二十两赈恤他家。朱运四先生的母亲仙逝，现在寄去奠仪银子八两。蕙姑娘的女儿一贞，在今年冬天出嫁，现在寄去嫁妆银十两。家中可以分别妥善送去。

大女儿选择在十二月初三日出嫁，袁家已经送来吉期了吗？我向来定下嫁妆之资二百两，如今先寄一百两回家，准备置办衣物，剩下的一百两等下次再寄。其中自己家到袁家的路费，以及六十侄女出嫁的嫁妆钱，都等下次再寄了。

居家之道，只有崇尚俭朴才可以长久。处于乱世，尤其要以戒除奢侈作为要义。衣服不宜过多缝制，尤其不宜大镶大缘，过于绚烂。你教导几位妹妹，恭敬地听从父亲的训诫，自会有可以长久的道理。

牧云舅舅想要谋求书院教书的一个席位，我已经去信托寄云中丞（毛鸿宾）了，你沅叔告假回到长沙，当面也会再向他提及的，应该不会不成的。我身体平安。二十一日穿丧服为皇帝哭临，现在三日已毕。身上的疮还未全好，每夜搔痒不止，幸好不太严重。你满叔近日患了疟疾，二十二日已经痊愈了。此次没有写信给你澄叔，你将此信呈他阅览。

纪泽习作请莫友芝批订，纪静嫁妆不可奢侈

谕纪泽　咸丰十一年九月二十四日

【导读】

曾国藩十分关注子女的成长，孩子们略有长进，便赞赏不已，还请其军中的幕僚们给予指导。此次曾纪泽寄上所作的《说文分韵解字凡例》，便请幕僚中的著名学者莫友芝批订。大女儿曾纪静结婚办嫁妆，曾国藩便指出寄上的钱之外，不可另外筹钱，因为乱世之中大富大贵靠不住，只有勤俭方可持久。

字谕纪泽儿：

昨见尔所作《说文分韵解字凡例》，喜尔今年甚有长进，固请莫君指示错处。莫君名友芝，字子偲，号郘亭，[1]贵州辛卯举人，学问淹雅。丁未年在琉璃厂与余相见，心敬其人。七月来营，复得晤谈。其学于考据、词章二者皆有本原，义理亦践修不苟。兹将渠[2]批订尔所作之《凡例》寄去，余亦批示数处。

又，寄银百五十两，合前寄之百金，均为大女儿于归[3]之用。以二百金办奁具[4]，以五十金为程仪[5]，家中切不可另筹银

钱，过于奢侈。遭此乱世，虽大富大贵，亦靠不住，惟"勤俭"二字可以持久。

又，寄丸药二小瓶，与尔母服食。尔在家常能早起否？诸弟妹早起否？说话迟钝、行路厚重否？宜时时省记也。

涤生手示

【注】

［1］偲（sī）：相互勉励。郘（lǔ）：古邑名。

［2］渠：他，方言中人称代词。

［3］于归：指女子出嫁，语出《诗经·周南·桃夭》："之子于归，宜其室家。"

［4］奁（lián）具：嫁妆。奁，原指女子梳妆用的镜匣。

［5］程仪：本指送给远行之人的财物。此处则指父母赠予女儿的奁资，即"压箱钱"。

【译】

字谕纪泽儿：

昨天见到你所作的《说文分韵解字凡例》，非常高兴你今年很有长进，我执意请莫先生指出错处。莫先生名友芝，字子偲，号郘亭，贵州辛卯科的举人，学问淹博、古雅。丁未年在琉璃厂与我相见，我心里就敬佩其人了。七月来到营中，又得以畅谈。他的学问在考据、词章两方面都有本原，义理上的修养也一丝不苟。现在就将他批订的你所作的《凡例》寄去，我也批示了几处。

另外，寄去银子一百五十两，加上此前寄的一百两，都作为大女儿的婚嫁之用。以二百两备办嫁妆，以五十两作为程仪，家中千万不要另外再筹银钱，过于奢侈了。遭逢这样的乱世，虽有大富大贵，也靠不住，唯有"勤俭"二字可以持久。

另外，寄去丸药两小瓶，给你母亲服食。你在家经常能够早起吗？弟弟妹妹们能够早起吗？说话迟钝、行路稳重吗？应当时时反省并且牢记呀！

涤生手示

寄银为二女奁资，并议接家眷来见

谕纪泽　咸丰十一年十二月十四日

【导读】

先商议了二女儿的婚嫁之事，后商议接家眷来安庆一行之事。当时军情不利，曾国藩颇感忧闷，身上的疮癣痛痒极苦，此时便常思念妻、子，这是曾国藩家书中较为少见的人伦亲情的流露。

字谕纪泽儿：

接沅叔信，知二女[1]喜期，陈家择于正月二十八日入赘[2]，澄叔欲于乡间另备一屋。余意即在黄金堂成礼，或借曾家坳[3]头行礼，三朝后仍接回黄金堂。想尔母子与诸叔已有定议矣。兹寄回银二百两，为二女奁资[4]。外五十金，为酒席之资，俟下次寄回（亦于此次寄矣）。

浙江全省皆失。贼势浩大，迥异往时气象。鲍军在青阳，亦因贼众兵单，未能得手。徽州近又被围。余任大责重，忧闷之至。

疮癣并未少减。每当痛痒极苦之时，常思与尔母子相见，因贼氛环逼，不敢遽接家眷。又以罗氏女[5]须嫁，纪鸿须出考，且待明春察看。如贼焰少衰，安庆无虞[6]，则接尔母带纪鸿来此一行，尔夫妇与陈婿在家照料一切。若贼氛日甚，则仍接尔来此一行。明年正、二月，再有准信。

纪鸿县府各考，均须请邓师亲送。澄叔前言纪鸿至书院读书，则断不可。

前蒙恩赐遗念[7]：衣一、冠一、搬指[8]一、表一，兹用黄箱送回（宣宗遗念：衣一、玉佩一，亦可藏此箱内），敬谨尊藏。此嘱。

涤生手示

[1]二女：指曾纪耀，嫁给曾国藩的养子陈远济时十八岁，精通外语，光绪四年（1878）出任英法大使。陈远济，字松生，为曾国藩友人、死于对太平军作战的陈源兖之子，曾纪耀出使英法时，任参赞。

[2]入赘：男子到女方家结婚并成为女方家成员。

[3]圳（ào）：同"坳"。

[4]奁（lián）资：嫁妆。

[5]罗氏女：指已经许配给罗家的女儿，即曾纪琛，后嫁给罗泽南之子罗允吉（兆升）。

[6]无虞：无恙。

[7]遗念：死者遗留的纪念物。清制，皇帝死后，大臣分得恩赐遗念。此处遗念为咸丰皇帝死后所赐，该年八月咸丰皇帝爱新觉罗·奕詝病逝于承德避暑山庄。下文"宣宗遗念"则为道光皇帝死后所赐。

[8]搬指：又称扳指，古代射箭时戴在右手大拇指上的指环，多用玉或象骨制作，后成为装饰品。

【译】

字谕纪泽儿：

接到你沅叔的信，知道二女儿的婚喜期，陈家选择在正月二十八日入赘，你澄叔想在乡间另外准备一个屋子。我的意思就在老宅黄金堂成礼，或者借用曾家圳头行礼，三朝之后仍旧接回黄金堂。想必你们母子与诸位叔父已经有定议了。现寄回银子二百两，作为二女儿的婚嫁之资。另外五十两，作为酒席之资，等下次再寄回（也在此次寄了）。

浙江全省都失守了。贼军气势浩大，迥然异于往时的气象。鲍超军在青阳，也因为贼军众多而兵力单薄，未能得手。徽州近日又被围了。我的责任大而且重，忧愁、烦闷之极！

身上的疮癣并未减轻。每当痛痒极苦的时候，常想与你们母子相见，因为贼军的气氛环绕逼迫，不敢仓促去接家眷。又因为罗氏女

（曾纪琛）需要出嫁，纪鸿需要出去考试，暂且等到明年春天再察看局势。如果贼军的气焰少衰，安庆安然无虞，那么就接你母亲带着纪鸿来此地一行，你夫妇与陈家女婿在家里照料一切。如果贼军的气氛日甚一日，那么仍旧接你来此地一行。明年正月、二月，再确定确切的信息。

纪鸿县、府的各场考试，都必须请邓先生亲自护送。你澄叔前次说起送纪鸿到书院去读书，此事断断不可。

此前承蒙皇恩所赐的皇帝遗念：衣服一件、冠一顶、扳指一枚、表一个，现在用黄箱送回家（宣宗皇帝遗念：衣服一件、玉佩一枚，也可以收藏在此箱内），敬请谨慎珍藏。此嘱。

涤生手示

家常琐事奔走烦劳，犹远胜于寒士困苦

谕纪泽　同治元年三月十四日

【导读】

曾国藩常年在外，故曾纪泽就是一家之主，家中琐事都需要他亲自料理。比如曾国藩的二女曾纪耀，嫁给陈远济之后，要他护送至浏阳；三女曾纪琛即将嫁给罗泽南之子罗允吉，故称罗氏女，其婚事也要他去操办；还有葛家、黄家的送亲，也要他去奔波。故曾国藩在体谅其更忙的同时，又勉励其不忘文人学人本色，并以寒士之境对比，使其警醒。

字谕纪泽儿：

三月十三日，接尔二月二十四日安禀并澄叔信，具悉五宅平安。

尔至葛家送亲[1]后，又须至浏阳送陈婿夫妇，又须赶回黄宅送亲，又须接办罗氏女喜事。今年春夏，尔在家中，比余在营更忙。然古今文人学人，莫不有家常琐事之劳其身，莫不有世态冷暖之撄[2]其心。尔现当家门鼎盛之时，炎凉之状不接于目，衣食之谋不萦于怀，虽奔走烦劳，犹远胜于寒士困苦之境也。

尔母咳嗽不止，其病当在肺家[3]。兹寄去好参四钱五分、高丽参半斤，好者如试之有效，当托人到京再买也。余近久不吃丸药，每月两逢节气，服归脾汤三剂。迩来[4]渴睡甚多，不知是好是歹。

军事平安。鲍公于初七日，在铜陵获一大胜仗。少荃[5]坐火轮船，于初八日赴上海，其所部六千五百人当陆续载去。希庵[6]所派救颍州之兵，颍郡于初五日解围。

第三女于四月二十二日于归罗家，兹寄去银二百五十两，查收。余不详，即呈澄叔一阅。此嘱。

涤生手示

【注】

［1］送亲：女子出嫁，家中当派有身份的男子率亲友陪送至婆家。葛家、黄家，为曾家的远房亲戚，曾国藩在外，故家长一职由曾纪泽承担。

［2］撄：扰乱，纠缠。

［3］肺家：肺部。

［4］迩来：近来。

［5］少荃：即李鸿章。

［6］希庵：即李续宜。

【译】

字谕纪泽儿：

三月十三日，接到你二月二十四日的告安信以及你澄叔的信，知晓家中五宅平安。

你到葛家送亲之后，又需要到浏阳送陈家女婿夫妇，又需要赶回黄宅送亲，又需要接手办理嫁到罗家的妹妹（曾纪琛）的喜事。今年的春夏，你在家中，比我在军营更忙。然而古今的文人、学人，没有不因为家常的琐事而烦劳他们身体的，没有不因为世态的冷暖而扰乱他们心灵的。你现今正逢家门鼎盛的时候，世态炎凉的具体情形并不直接接触，衣食的谋取之类的琐事也不必牵挂在心，虽然奔走也比较烦心劳累，但还是远远胜过贫寒之士的困苦之境了。

你的母亲咳嗽不止，她的病根应当在肺部。现在寄去好人参四钱五分、高丽参半斤，好人参如果试用之后有效，应当托人到京里去再买。我最近很久不吃丸药了，每个月两次碰到节气之日，服用归脾汤三剂。你近来感觉干渴、瞌睡较多，不知是好是歹？

军事方面一切平安。鲍公（鲍超）初七日，在铜陵获得一次大胜仗。少荃（李鸿章）坐着火轮船，在初八日赶赴上海，他所部的六千五百人应当陆续运载过去。希庵（李续宜）派了救援颍州的兵，颍州在初五日解围了。

第三女（曾纪琛）在四月二十二日嫁到罗家，现在寄去银子二百五十两，注意查收。其余不再详述，将此信呈给你澄叔一阅。此嘱。

涤生手示

教诫女婿，小心谨慎

谕纪泽　同治元年五月二十四日

【导读】

大女婿犯错之初，曾国藩要曾纪泽等在家不露痕迹，照顾其体面，希望其悔改；不希望因为恶性暴露而荡然无耻，所谓破罐子破摔，不可救药了。另外，他还要亲自写信教诫，后又接到军营教导，遗憾的是这个大女婿秉性难改，最终也导致了曾家大女儿的人生不幸。最后，又将多隆阿、曾国荃、曾国葆兄弟与鲍超等军的情况告知家人，请家人不必挂心。

字谕纪泽：

二十日接家信，系尔与澄叔五月初二所发，二十二日又接澄侯衡州一信，具悉五宅平安，三女嫁事已毕。

尔信极以袁婿[1]为虑，余亦不料其遽尔学坏至此，余即日当作信教之，尔等在家却不宜过露痕迹。人所以稍顾体面者，冀人之敬重也。若人之傲惰、鄙弃业已露出，则索性荡然无耻，拚弃[2]不顾，甘与正人为仇，而以后不可救药矣。我家内外、大小，于袁婿处礼貌均不可疏忽。若久不悛改[3]，将来或接至皖营，延师教之亦可。大约世家子弟，钱不可多，衣不可多，事虽至小，所关颇大。

此间各路军事平安。多将军赴援陕西，沅、季在金陵孤军无助，不无可虑。湖州于初三日失守。鲍攻宁国，恐难遽克。安徽亢旱[4]，顷间三日大雨，人心始安。谷即在长沙采买，以后澄叔不必挂心。此次不另寄澄信，尔禀告之。此嘱。

【注】

[1] 袁婿：指大女儿曾纪静之丈夫袁秉桢。

[2] 拚（pàn）弃：抛弃，舍弃。

[3] 悛（quān）改：悔改。

[4] 亢旱：大旱。亢，非常。

【译】

字谕纪泽：

二十日接到家信，是你与澄叔在五月初二日所发出的，二十二日又接到澄侯（曾国潢）衡州发出的一信，知道了家中五宅平安，三女儿婚嫁之事已经完毕。

你的信中很为袁家女婿忧虑，我也没有意料到他很快就学坏到了这个样子，我即日就会写信去教导他，你们这些人在家乡却不宜过于露出痕迹。人之所以稍微顾及一些体面，是希望他人的敬重。如果人的骄傲、懒惰、嫌弃都已经露出来了，那么就会索性荡然而无耻起来，抛弃脸面也不顾，甘心与正人君子为仇，而后也就不可救药了。我家内外、大小之人，对于袁婿的礼貌都不可以有所疏忽。如果他久不悔改，将来或者接到安徽的军营，再来延请老师教导他也是可以的。大约来说，世家子弟，钱不可以太多，衣服不可以太多，事情虽然至小，但所关切的却很大。

这边的各路军事情况都还算平安。多将军（多隆阿）赶赴支援陕西，你沅叔、季叔在金陵孤军深入而没有援助，不能说是没有可虑的。湖州初三日失守。鲍超攻打宁国，恐怕难以很快攻克。安徽大旱，近来才有了三日的大雨，人心开始安定。谷子就在长沙采买，以后你澄叔不必再挂心了。此次不另外寄信给澄叔了，你禀告他一下。此嘱。

哦诗作字陶写性情，感谢四叔照料家事

谕纪泽　同治元年七月十四日

【导读】

收到曾纪泽与湘乡县令的唱和诗，表示欣慰之余，指出平时要多读古书，经常吟哦作诗、作字，以求陶写性情，但要注意修身，故可学陶渊明、王羲之，不可学嵇康、阮籍之逾越礼教。感谢四叔曾国潢照料家事，对李续宜（希庵）回乡守丧的送礼，以及四叔家、管家朱金权、塾师邓汪琼（寅皆）的送礼等事，也都要求一一妥帖、恭敬，不可简慢。

字谕纪泽儿：

曾代四、王飞四先后来营，接尔二十日、二十六日两禀，具悉五宅平安。

和张邑侯[1]诗，音节近古，可慰，可慰！五言诗，若能学到陶潜、谢朓，一种冲淡[2]之味、和谐之音，亦天下之至乐，人间之奇福也。尔既无志于科名禄位[3]，但能多读古书，时时哦诗作字，以陶写性情，则一生受用不尽。第宜束身圭璧[4]，法王羲之、陶渊明之襟韵[5]潇洒则可，法嵇、阮之放荡名教则不可耳。[6]

希庵丁艰[7]，余即在安庆送礼，写四兄弟之名，家中似可不另送礼。或鼎三侄另送礼物，亦无不可，然只可送祭席、挽幛之类，银钱则断不必送。尔与四叔父、六婶母商之。希庵到家之后，我家须有人往吊，或四叔，或尔去皆可，或目下先去亦可。

近年以来，尔兄弟读书，所以不甚耽搁者，全赖四叔照料大事，朱金权照料小事。兹寄回鹿茸一架、袍褂料一付，寄谢四叔。丽参三两、银十二两，寄谢金权。又袍褂料一付，补谢寅皆先生。尔一一妥送。家中贺喜之客，请金权恭敬款接，不可简慢。至要，至要！

贤五先生请余作传，稍迟寄回。此次未写复信，尔先告之。家中有殿板《职官表》一书，余欲一看，便中寄来。抄本《国史》文苑、儒林传尚在否？查出禀知。此嘱。

涤生手草

【注】

[1]张邑侯：指湘乡县令张培仁，字紫莲。邑侯，对县令的雅称。

[2]冲淡：冲和、淡泊。

[3]科名：科举考试获得功名。禄位：官位，做官可领俸禄。

[4]第：但。束身：约束自身，不使逾越。圭璧：泛指美玉。

[5]襟韵：胸襟、气韵。

[6]嵇、阮：指嵇康、阮籍。名教：礼教。

[7]丁艰：又称丁忧，古代官员的父母亡故，其回乡守丧。

【译】

字谕纪泽儿：

曾代四、王飞四先后来到营中，接到你二十日、二十六日两信，知道了家中五宅平安。

和张邑侯的那首诗，音节接近古人，让我很欣慰！五言古诗，如果能够学到陶潜、谢朓，那一种冲淡的味道、和谐的音律，也是天下之至乐，人间之奇福了。你既然在科举做官的功名利禄上头没有志向，只要能够多读一些古书，时常吟诗、写字，用以陶写性情，那么一生受用不尽了。只是应当约束自身，如同美玉一般。效法王羲之、陶渊明胸襟、气韵的潇洒，那是可以的；效法嵇康、阮籍的放荡不羁、逾越礼教，那是不可以的呀！

希庵（李续宜）丁忧，我随即会在安庆送礼，写上四兄弟的名字，家中似乎可以不再另外送礼。或者让鼎三侄儿另外送一份礼物，也没有什么不可以，然而只可以送祭席、挽幛之类，银钱就不必再送了。你与四叔父、六婶母商量吧。希庵到家乡之后，我家需要有人前往吊唁，或者你四叔去，或者你去，都是可以，或者眼下就先去吊唁，也是可以的。

近年来，你们兄弟读书，之所以不太被耽搁了，全都是依赖你们四叔照料大事，管家朱金权照料小事。现在寄回鹿茸一架、袍褂料一幅，寄去感谢你四叔。丽参三两、银十二两，寄去感谢金权。还有袍褂料一幅，补上对邓寅皆（邓汪琼）先生的感谢。你要一一妥当赠送。家中贺喜的客人，请金权恭敬地款待迎接，不可怠慢了。这也非常重要！

贤五先生请我作传，稍微迟一点再寄回来，此次没有给他写复信，你先告诉一下。家中有殿版的《职官表》一书，我想要看看，顺便就寄过来。抄本的《国史》文苑传、儒林传还在家里吗？查出来告诉我。此嘱。

涤生手草

曾国葆病逝，迎榇安葬应当必恭必愨

谕纪泽　同治元年十一月二十四日

【导读】

曾国葆（季叔）病逝湘军大营，曾国藩十分悲痛，此信则告知曾纪泽迎榇与安葬等事项，要求其诸事询问曾国潢（澄叔），做到必恭必愨。另外又嘱咐其摹帖习字，注意通过字体之刚厚，变化气质之短处。

字谕纪泽儿：

　　二十二、三日连寄二信与澄叔，驿递长沙转寄，想俱接到。季叔赍志[1]长逝，实堪伤悯。沅叔之意，定以季榇[2]葬马公塘，与高轩公[3]合冢。尔即可至北港迎接。一切筑坟等事，禀问澄叔，必恭必悫[4]。俟季叔葬事毕后再来皖营可也。

　　尔现用油纸摹帖否？字乏刚劲之气，是尔生质[5]短处，以后宜从"刚"字、"厚"字用功。特嘱。

涤生手示

【注】

　　[1]赍（jī）志：怀抱着志愿。赍，带着。

　　[2]榇（chèn）：棺材。

　　[3]高轩公：曾国藩的叔父曾骥云，号高轩。

　　[4]悫（què）：诚实，谨慎。

　　[5]生质：禀赋、气质。

【译】

字谕纪泽儿：

　　二十二、三日接连寄出二信给你澄叔，驿站递往长沙转寄的，想必都已经收到。

　　你的季叔（曾国葆）赍志而长逝，实在让人悲伤哀悯。你沅叔的意思，决定将季叔的棺木埋葬在马公塘，与高轩公（曾骥云）合冢。你立即到北港去迎接。筑坟等一切事情，都要禀问你澄叔，必定要恭敬，也必定要诚恳。等你季叔安葬的事情完毕之后，你可以再来安徽的军营。

　　你现在常用油纸摹写字帖吗？写的字缺乏刚劲之气，这是你生来气质之中的短处，以后应当从刚字、厚字上头用功。特别嘱咐！

涤生手示

谆劝女儿们耐劳忍气

谕纪泽　同治二年正月二十四日

【导读】

曾国藩的三女婿罗允吉（字兆升）性情乖戾，虽比那不成器的大女婿袁秉桢（字榆生）好一些，但同为可虑。于是曾国藩要曾纪泽留心考察，如有不近人情，则当有所防范；如有贫困，则当有周济照顾。另一方面则加以劝导，说那传统的"三纲"，乃是天之九柱、地之四维，所以说做女人就要"柔顺恭谨"，就要"耐劳忍气"，这是曾国藩太过于固守传统道德的一种表现，最终导致了两个女儿的不幸。

字谕纪泽儿：

萧开二来，接尔正月初五日禀，得知家中平安。罗太亲翁[1]仙逝，此间当寄奠仪五十金、祭幛一轴，下次付回。

罗婿性情乖戾[2]，与袁婿同为可虑，然此无可如何之事。不知平日在三女儿之前亦或暴戾不近人情否？尔当谆嘱三妹柔顺恭谨，不可有片语违忤[3]。三纲之道，君为臣纲，父为子纲，夫为妻纲，是地维所赖以立，天柱所赖以尊。故《传》曰："君，天也"，"父，天也"，"夫，天也"。《仪礼》记曰："君，至尊也"，"父，至尊也"，"夫，至尊也"。君虽不仁，臣不可以不忠；父虽不慈，子不可以不孝；夫虽不贤，妻不可以不顺。吾家读书居官，世守礼义，尔当诰戒大妹、三妹忍耐顺受。吾于诸女妆奁甚薄，然使女果贫困，吾亦必周济而覆育之。目下陈家微窘，袁家、罗家并不忧贫。尔谆劝诸妹，以能耐劳忍气为要。吾服官多年，亦常在"耐劳忍气"四字上做工夫也。

此间近状平安。自鲍春霆正月初六日泾县一战后，各处未再开仗。春霆营士气复旺，米粮亦足，应可再振。伪忠王复派贼数万续渡江北，非希庵与江味根[4]等来，恐难得手。

余牙疼大愈，日内将至金陵一晤沅叔。此信送澄叔一阅，不另致。

涤生手示

【注】

　　[1]罗太亲翁：指亲家翁罗泽南之父罗嘉旦，曾国藩的三女曾纪琛嫁给罗泽南之子罗允吉。

　　[2]乖戾：乖张，暴戾。

　　[3]违忤：违背，抵触。

　　[4]江味根：即江忠义，字味根，江忠源之堂弟，湖南新宁人，与李续宜（希庵）同为湘军后期重要将领，后官至广西提督。

【译】

字谕纪泽儿：

　　萧开二来了，接到你正月初五日的信，得知家中一切平安。罗太亲翁仙逝，我这边应当寄去奠仪五十两、祭幛一轴，下次交付寄回。

　　罗家女婿的性情乖张、暴戾，与袁家女婿同样让人忧虑，然而这实在是无可奈何的事情。不知道他平时在三女儿面前，是否也会如此暴戾不近人情？你应当谆谆嘱咐你三妹柔顺、恭谨，不可以说一点违逆的话。三纲之道，君为臣纲，父为子纲，夫为妻纲，这也是地维所赖以确立、天柱所赖以尊贵的道理。所以此处的《传》里说：君，天也；父，天也；夫，天也。《仪礼》说：君至尊也，父至尊也，夫至尊也。君虽不仁，臣不可以不忠；父虽不慈，子不可以不孝；夫虽不贤，妻不可以不顺。我家读书做官，世代都遵守礼义，你应当告诫大妹、三妹多一些忍耐、顺从。我给几个女儿的嫁妆比较少，然而如果女儿们果然贫困，我也必定会周济、养育她们。眼下陈家稍微窘困一些，袁家、罗家并不需要担忧什么贫困。你劝导几个妹妹，要将耐劳忍气作为最重要的原则。我做官多年，也常常在"耐劳忍气"四个字上头做功夫。

　　这边近来的状况很是平安。自从鲍春霆（鲍超）正月初六日在泾县打了一战之后，各处没有再开仗。春霆营中的士气恢复旺盛，米粮也充足，应该可以再度振作。伪忠王（李秀成）又派贼军数万继续渡到江北，如果不是希庵（李续宜）与江味根（江忠义）等人来，恐怕难以得手。

我牙疼病已经大愈，近日内将到金陵去会晤你沅叔。此信送给你澄叔一阅，不另外致信了。

涤生手示

已嫁之女，不应恋母家富贵

谕纪鸿　同治二年八月初四日

【导读】

曾纪鸿侍奉着欧阳夫人即将赶赴安徽，三女曾纪琛与女婿罗允吉（字兆升）等人也将一同前来。于是曾国藩便写信给纪鸿，希望阻止三女与罗婿，一是因为安徽一带战局不稳，另一是因为担心出嫁了的女儿们贪恋母家、轻视夫家。"重母家而轻夫家"则是"浇俗小家"，难免生出芥蒂。至于长女曾纪静来安庆则是因为女婿袁秉桢（字榆生）也在军中，三女一家则完全应该在家侍奉公婆，还有次女曾纪耀与女婿陈远济（字松生），也不可带着前来。

字谕纪鸿儿：

接尔澄叔七月十八日信并尔寄泽儿一缄，知尔奉母于八月十九日起程来皖，并三女与罗婿一同前来。

现在金陵未复，皖省南北两岸群盗如毛，尔母及四女等姑嫂来此，并非久住之局。大女理应在袁家侍姑尽孝，本不应同来安庆，因榆生在此，故吾未尝写信阻大女之行。若三女与罗婿，则尤应在家事姑事母，尤可不必同来。余每见嫁女贪恋母家富贵而忘其翁姑者，其后必无好处。余家诸女当教之孝顺翁姑，敬事丈夫，慎无重母家而轻夫家，效浇俗[1]小家之陋习也。

三女夫妇若尚在县城省城一带，尽可令之仍回罗家奉母奉姑，不必来皖。若业已开行，势难中途折回，则可同来安庆一次。小住一月二月，余再派人送归。其陈婿与二女，计必在长沙相见，不可带之同来。俟此间军务大顺，余寄信去接可也。

　　此间一切平安。纪泽与袁婿、王甥，初二俱赴金陵。此信及奏稿一本，尔禀寄澄叔，交去人送去。余未另信告澄叔也。

涤生手示

【注】

　　[1]浇俗：浇风，浮薄的风气。

【译】

字谕纪鸿儿：

　　接到你澄叔七月十八日的信与你寄给泽儿的一封信，知道你侍奉母亲八月十九日起程来安徽，并且三女儿与罗家女婿一同前来。

　　现在金陵还没有收复，安徽的长江南北两岸，群盗多如牛毛，你母亲以及四女儿等姑嫂来此地，并非长久之计。大女儿理应在袁家侍奉婆婆以尽孝道，本不应该一同来安庆的，因为袁榆生在此地，故而我未曾写信去阻止大女儿之行。如果是三女儿与罗家女婿，那么尤其应当在家里侍奉婆婆、侍奉母亲，更可以不必同来了。我每次见到已经出嫁的女儿贪恋母家的富贵，而忘了她翁姑的，那么今后必定没有什么好处。我家的几个女儿应当教导她们孝顺翁姑，恭敬地侍奉丈夫，千万不要重娘家而轻夫家，效仿轻薄的小户人家的陋习。

　　三女儿夫妇如果还在县城、省城一带，都可以让他们仍旧回到罗家去侍奉母亲、婆婆，不必到安徽来。如果已经开始出发，势必难以中途折回，那么可以一同来安庆一次。小住一月两月，我再派人送他们回去。至于陈家女婿与二女儿，预计必定会在长沙与你们相见，不可以带他们同来。等到这边的军务顺利之后，我再寄信去接他们也是可以的。

　　这边的一切平安。纪泽与袁家女婿、王家外甥，初二日都到金陵去了。此信以及奏稿一本，你寄给澄叔，交给从这边去的人送过去。我并未另外写信告知你澄叔。

涤生手示

议定四女成婚的地点等事

谕纪泽纪鸿　同治四年八月初三日

【导读】

　　曾国藩的四女儿曾纪纯，嫁给郭嵩焘（筠仙、云仙）之子郭依永（字刚基），郭当时正在广州担任巡抚，故而提出在广州迎娶；曾则不愿太过铺张，也不愿冒海道之风险，故而提出在郭的老家湘阴完婚。所谓女方送三千里，男方迎两千里，且在世代居住的老宅，由郭嵩焘之弟郭崑焘（意城）主持则两全其美。于是该年十月欧阳夫人以及曾纪泽兄弟率领全家返回湖南。郭家送的途费四百全数退回，因为送女的费用理应自备；还有曾家每个女儿的嫁妆仅为二百两银子，后来曾国荃见到感觉实在太少而追加了四百两，这些都可以看出曾国藩的节俭，其实也是用心良苦。

字谕纪泽、纪鸿儿：

　　七月二十四日接泽儿十九日之禀、鸿儿十四日之禀并诗文一首。八月初二接泽儿二十八日一禀并郭云仙姻丈与尔之信，具悉一切。其二十六日专兵之禀尚未到也。

　　郭宅姻事，吾意决不肯由轮船海道行走。嘉礼[1]尽可安和中度，何必冒大洋风涛之险？至成礼[2]，或在广东或在湘阴，须先将我家，或全眷回湘，或泽儿夫妇送妹回湘，吾家主意定后，而后婚期之或迟或早可定，而后成礼之或湘或粤亦可定。

　　吾既决计不回江督之任，而全眷犹恋恋于金陵，不免武仲据防之嫌[3]，是尔母及全眷早迟总宜回湘，全眷皆须还乡，四女何必先行？吾意九月间，尔兄弟送家属悉归湘乡。经过省城时，如吉期在半月之内，或尔母亲至湘阴一送亦可。如吉期尚遥，则纪泽夫妇带四妹在长沙小住，届期再行送至湘阴成婚。

　　至成礼之地，余意总欲在湘阴为正办。云仙姻丈去岁嫁女，既可在湘阴由意城主持，则今年娶妇，亦可在湘阴由意城主持。金陵至湘阴近三千里，粤东至湘阴近二千里。女家送三千，婿家迎二千，而成礼于累世桑梓[4]之地，岂不尽美尽善？尔以此意详复筠仙姻丈一函，令崔成贵等由海道回粤。余亦以此意详致一函，由排单[5]寄去，即以此信为定。喜期定用十二月初二日，全眷十月上旬自金陵启行，断不致误。如筠仙姻丈不愿在湘阴举行，仍执送粤之说，则我家全眷暂回湘乡，明年再商吉期可也。

郭宅送来衣服、首饰及燕菜[6]、马褂之类全数收领，途费四白则交来使带回，无庸收存，此间送女途费理应自备也。崔巡捕、杨仆各给银四十两，但用余名写书一封答之。其喜期之书帖，待湘阴成礼时再办。

鸿儿之文气势颇旺，下次再行详示。尔母须用伏苓，候至京之便购买。余以二十四日自临淮起行，十日无雨，明日可到临徐州矣。途次平安勿念。

涤生手示

再，尔复云仙姻叔之信，或将余此□□信抄一稿附去。或不抄，尔兄弟酌之。余决计不由海道行走，如必欲送粤，余不甚坚执也，但心以湘阴为宜耳。陈舫仙寄到在京见闻密件，兹抄寄尔阅，秘之。朱金权远来，似不便阻其来徐，只好听之。又示。

【注】

[1] 嘉礼：即婚礼。古典礼制分五种：吉礼、凶礼、军礼、宾礼、嘉礼，婚礼为嘉礼之一。

[2] 成礼：此处指完婚。

[3] 武仲据防：臧武仲凭借防邑请求鲁君替臧氏立后代，参见《左传·襄公二十一年》。此处指曾国藩不想回任两江总督，而家人却占据总督府不走，则非好的榜样。

[4] 桑梓：古人们常在住宅周围栽种桑树和梓树，因此以桑梓指代家乡。

[5] 排单：清朝时官府递送的紧要公文，沿途驿站需要填写

单据，以限定日程，明确责任。

　　[6]燕菜：即燕窝。

【译】

字谕纪泽、纪鸿儿：

　　七月二十四日接到泽儿十九日的信、鸿儿十四日的信以及诗文一首。八月初二日接到泽儿二十八日的一信以及郭云仙（郭嵩焘）姻丈与你的信，知晓了一切。其中提及的二十六日专兵递送的信尚未收到。

　　郭家的婚事，我的意思决不肯用轮船通过海道前往。嘉礼尽可能平安、祥和、中规中矩，何必去冒大洋的风涛之险？至于完婚之事，或者在广东，或者在湘阴，必须先将我家，或者全部家眷回到湖南，或者泽儿夫妇护送妹子回到湖南，我家的主意确定之后，而后婚期的或迟或早可以确定，而后在完婚之后，或者去湖南，或者去广东，也都可以确定了。

　　我既然决定不回去担任两江总督之职，而全部家眷还要恋恋于金陵，不免有"武仲据防"的嫌疑，只是你母亲以及全部家眷，迟早总应当回到湖南，全部家眷都必须还乡，四女儿又何必先行呢？我的意思是九月期间，你兄弟送了家属全部都回湘乡。经过省城之时，如果吉期在半月之内，或者你母亲到湘阴一送也可以的。如果吉期还比较遥远，那么纪泽夫妇带着四妹在长沙小住，到了日期再起程送到湘阴成婚。

　　至于完婚的地点，我的意思，总想要在湘阴作为正办。云仙（郭嵩焘）姻丈去年嫁女儿，既然可以在湘阴由意城（郭崑焘）主持，那么今年娶媳妇，也可以在湘阴由意城主持。金陵到湘阴近三千里，广东到湘阴近两千里。女家送三千，婿家迎两千，而完成婚礼于世世代代居住的桑梓之地，岂不是尽美尽善？你将这个意思详细答复筠仙（郭嵩焘）姻丈写一封信，让崔成贵等人由海道回到广东。我也将这个意思详细地写一封信，通过排单寄过去，就以此信为定吧！婚期定在十二月初二日，全部家眷十月上旬从金陵出发，千万不要耽误。如果筠仙姻丈不愿在湘阴举行，仍旧坚持送到广东的说法，那么我家全部家眷暂时回到湘乡，明年再来商定吉期也可以的。

郭家送来的衣服、首饰以及燕窝、马褂之类全数收下，作途中花费用的四百两，就交给来使带回去，不必收存，这边送女儿的途中花费理应自己准备。崔巡捕、杨仆分别给他们银子四十两，但是要用我的名字写书信一封作答。其中婚期的书帖，等到湘阴婚礼的时候再办。

鸿儿的文章气势颇为旺盛，下次再来详细指示。你母亲需要用的茯苓，等到了北京再顺便购买。我在二十四日从临淮起程，如果十日那天无雨，第二天就可以到达徐州了。途中平安，不必挂念。

涤生手示

再，你答复云仙姻叔的信，或者就将我的这封□□的信抄一稿子附去。或者不抄了，你们兄弟斟酌吧。我决定不通过海道行走，如果必定要送到广东，我也不很坚持我的想法，但是心里还是认为以湘阴为宜。陈舫仙寄到了在京见闻的密件，现在抄了寄给你一阅，保密。朱金权远道而来，似乎不便阻止他来徐州，只好听之任之。又示。

交代家眷回湘以及造屋之事

谕纪泽纪鸿　同治四年八月二十一日

【导读】

四女与郭嵩焘（筠仙）之子的婚事在湖南湘阴举行，故交代家眷回湘的具体安排。还有曾家的老宅黄金堂的屋子，欧阳夫人感觉不安故要另择一处居住，需要纪泽回去与两叔父协商，选一合适的地方。

字谕纪泽、纪鸿儿：

二十日马得胜至，接尔十一日禀暨尔母一函、松生[1]一函，均悉。

家眷旋湘，应俟接筠仙丈复信乃可定局。余意姻期果定十二月初二，则泽儿夫妇送妹先行，至湘阴办喜事毕，即回湘乡，另觅房屋。觅妥后，写信至金陵，鸿儿奉母并全眷回籍。若婚期改至明年，则泽儿一人回湘觅屋，冢妇[2]及四女皆随母明年起程。

黄金堂之屋，尔母素不以为安，又有塘中溺人之事，自以另择一处为妥。余意不愿在长沙住，以风俗华靡，一家不能独俭。若另求僻静处所，亦殊难得，不如即在金陵多住一年半载，亦无不可。

泽儿回湘与两叔父商，在附近二三十里，觅一合式之屋，或尚可得。星冈公[3]昔年思在牛栏大丘起屋，即鲇鱼坝萧祠间壁也。不知果可造屋，以终先志否？又油铺里系元吉公[4]屋，犁头嘴系辅臣公[5]屋，不知可买庄兑换或借住一二年否？富圫可移兑否？尔禀商两叔，必可设法办成。

尔母既定于明年起程，则松生夫妇及邵小姐[6]之位置，新年再议可也。

近奉谕旨，饬余晋驻许州。不去则屡违诏旨，又失民望；遽往则局势不顺，必无成功，焦灼之至。余不多及。

涤生手示

再，泽儿前寄到之《几何原本序》尽可用得，即由壬叔处照刊，不必待批改也。末书某年月曾△△，不写官衔，不另行用宋字，不另写真行书。

【注】

　[1] 松生：即次女曾纪耀之婿陈远济，字松生。

　[2] 冢妇：大儿媳妇。冢，长。

　[3] 星冈公：曾国藩祖父曾玉屏。

　[4] 元吉公：曾国藩太高祖曾贞桢。

　[5] 辅臣公：曾国藩高祖曾尚庭。

　[6] 邵小姐：即邵懿辰之女，邵死后，曾国藩接其夫人、女儿至军营照料。

【译】

字谕纪泽、纪鸿儿：

二十日马得胜来了，接到你十一日的信以及你母亲的一封信、松生（陈远济）的一封信，都知道了。

家眷们要回湖南，应当等到接了筠仙丈（郭嵩焘）的复信，方才可以确定下来。我的意思是，婚期果真定在十二月初二，就让泽儿夫妇送了妹子先去，到湘阴办完喜事，立即回到湘乡，另外寻找房屋。寻得妥当之后，写信到金陵，鸿儿侍奉母亲以及全部家眷回乡。如果婚期改到了明年，那么泽儿一人先回湖南寻找房屋，大儿媳妇以及四女等都随着母亲在明年起程。

黄金堂的屋子，你母亲向来认为不太平安，又有塘中溺过人的事情，自然应当另外选择一处更为妥当。我意思不要在长沙住，因为风俗过于繁华奢靡，一家人不能独自俭朴。如果另外寻求僻静的处所，也较为难得，不如就在金陵多住上一年半载，也没什么不可以的。

泽儿回到湖南与两个叔父商量，在附近的二三十里之内，寻觅一所合适的屋子，或许也可以使得。星冈公早年想在牛栏大丘造屋子，也就是鲇鱼坝萧祠的隔壁。不知道是否可以造屋，来实现先人的遗志？另外，油铺里是元吉公的屋子，犁头嘴是辅臣公的屋子，不知道可以买个庄子兑换，或者借住一两年吗？富圫的屋子可以用来移兑吗？你去与两叔协商，必定可以设法办成的。

你母亲既然定于明年起程，那么松生夫妇以及邵小姐的安置，新年再议也可以的。

近期奉谕旨，申饬我进驻许州。不去则屡次违背了诏旨，又失去了民望；立即过去则局势不顺畅，必定无法成功，真是焦灼之极。其余不多谈及了。

涤生手示

再，泽儿此前寄过来的《几何原本序》是完全可以用的，即可请壬叔（李善兰）那边照此刊刻，不必等我再批改了。末尾写上某年某月曾△△，不写官衔，不另行用宋体字，不另行用楷体、行体字书写了。

家眷回湘可少停湖北，金陵木器稍佳者送人

谕纪泽　同治五年三月初五日

【导读】

曾氏家眷由金陵起程回湘，此时曾国荃赴任湖北巡抚，故嘱咐纪泽、纪鸿等人先到湖北。路过安庆之时，拜访吴元甲（穉泉翁）先生，打算延请其担任纪鸿的塾师。金陵家中木器，即便是品质上佳的，也不必带去，少数送人，大多则留给房主使用，所谓去后之思，实则寄托一份情谊；湘乡老家另请曾国潢置办木器，且嘱咐但求结实，不求华贵，这也是曾国藩一贯的主张。

字谕纪泽：

全眷起行已定十七、二十六两日，当可从容料理。得沅叔二月十三日信，定于三月初间赴鄂履任。尔等到鄂，当可少为停留。

贼在山东，余须留于济宁就近调度，不能遽至周家口。纪鸿儿过安庆时，不可轻赴周口，且随母至湖北，再行定计。尔过安庆，往拜吴挚甫之父穉泉翁[1]，观其言论风范，果能大有益于鸿儿否？如其蔼然可亲，尔兄弟即定计请之，同船赴鄂，即在沅叔署中读书。若余抵周家口，距汉口八百四十里，纪鸿省觐尚不甚难。尔则奉母还乡，不必在鄂久住。

金陵署内木器之稍佳者，不必带去。余拟寄银三百，请澄叔在湘乡、湘潭置些木器，送于富侂，但求结实，不求华贵。衙门木器等物，除送人少许外，余概交与房主姚姓、张姓，稍留去后之思[2]。

【注】

[1] 穉泉翁：即吴汝纶之父吴元甲，号育泉、穉泉。

[2] 去后之思：人去之后留给他人的思念。

字谕纪泽：

全部家眷起程，已经定在十七、二十六两日，应当可以从容地料理准备。得到你沅叔二月十三日的信，定在三月初赶赴湖北履任。你们到了湖北，应当可以稍作停留。

贼军在山东，我必须留在济宁就近作出调度，不能很快就到周家口去。纪鸿儿路过安庆的时候，不可以轻易赶赴周家口，暂且跟随母亲到湖北，再来商定新的安排。你路过安庆，前往拜会吴挚甫（吴汝纶）的父亲穉泉翁（吴元甲），观察他的言谈风范，果然能够人人有益于鸿儿吗？如果他蔼然可亲，你们兄弟立即就定下来邀请他，同船赶赴湖北，就在你沅叔的官署之中读书。如果我抵达了周家口，距离汉口八百四十里，纪鸿过来省亲还不太困难。那么你就侍奉母亲还乡，不必在湖北久住了。

金陵官署之内的木器，其中稍微好一些的，也不必带回家去。我打算寄去银子三百两，请你澄叔在湘乡、湘潭置办一些木器，送到富圫，但求结实，不求华贵。衙门里的木器等物件，除了少量送人之外，其余的一概交给房主姚姓、张姓，也稍微存留一点人去之后的思念吧。

袁婿行事日益荒唐，不许再入曾家公馆

谕纪泽纪鸿　同治五年三月十九日

【导读】

曾家的长女曾纪静（字孟衡），嫁给了曾国藩友人袁芳瑛之子袁秉桢（字榆生）。袁芳瑛，为湘潭著名藏书家，曾任翰林院编修，可惜在曾、袁两家结亲之初就去世，故对其子也无法管束。因为袁婿在湘潭老家就极不端正，故曾国藩让他到安庆的军营来，一是管束，一是历练，可惜的是他依旧荒唐，甚至强封民房、娼妓多人，以及亏空白银六百两，等等。于是曾国藩不许他再入曾家的公馆，也即不认这个女婿了。女儿则让其先回湘潭袁家，如不适合再回湘乡富圫的曾家。

字谕纪泽、纪鸿儿：

日内未接来禀，不知十七日业已成行否？十日发信一次，使余放心，自不可少。自金陵起借用善后局封，过安庆后借竹庄封，至两湖则用沅叔暨李筱泉封可也。

尔前禀问《二十四史》《五礼通考》之外更须何书？《大学衍义》《衍义补》及《皇朝职官表》六套亦可交竹庄觅便寄来。

此间军事惟运河之沈口一带最为吃紧，余则守局尚稳。昨有复吴仲仙[1]一函抄寄尔阅。沅叔将富圫[2]兑与我住，又多出田一百余亩。兹将各信寄尔等看。道途太远，可不必带回大营矣。余身体平善。所最虑者，恐贼窜过运河，则济宁省城与曲阜孔林皆可危耳。沅叔拟住襄阳，大约俟尔母子过后再出省也。

袁秉桢在徐州粮台扯空银六百两，行事日益荒唐。顷令巡捕传谕，以后不许渠见我之面，入我之公馆。渠未婚而先娶妾，在金陵不住内署，不入拜年。既不认妻子，不认岳家矣，吾亦永远绝之可也。大女送至湘潭袁宅，不可再带至富圫，教之尽妇道。二女究留金陵否，前信尚未确告，想有禀续陈矣。

涤生手示

【注】

[1]吴仲仙：即吴棠，字仲宣，一作仲仙，号棣华，安徽盱眙人，官至两江总督、四川总督等。

[2]富圫：原为曾国荃的田庄，后让给曾国藩家建造新屋，也即后来的富厚堂。

【译】

字谕纪泽、纪鸿儿：

近日之内未接到来信，不知道你们是否已经在十七日那天出发了？每十日发信一次，好让我放心，这自然是不可少的。自从金陵起行了借用善后局的信封，过了安庆后借了竹庄的信封，到了两湖则用你沅叔暨李筱泉的信封也可以的。

你之前禀问,《二十四史》《五礼通考》之外我还需要用到什么书?《大学衍义》《大学衍义补》以及《皇朝职官表》六套,也可以交付竹庄寻觅到之后顺便寄来。

这边的军事,只有运河之中的沈口一带最为吃紧,其余则守卫的局势还比较安稳。昨天又有回复吴仲仙的一信,抄寄给你一阅。你沅叔将富圫那个宅子兑换给我家住,又多出了田一百多亩。现在将各信寄给你们看看。道路太远,可以不必带回大营了。我的身体平安。我所最为担心的是,恐怕贼军窜过运河,那么济宁省城与曲阜孔林都可以说是危险了。你沅叔打算住到襄阳,大约等你们母子过去之后再出省去。

袁秉桢在徐州的粮台亏空了银子六百两,做事日益荒唐。刚刚让巡捕传谕,以后不许他再来见我的面,入我的公馆。他未婚而先娶了妾,在金陵的时候不住在内署,不进来拜年。既然不认妻子,不认岳家了,我也就永远绝了他,也是可以的。大女儿送到湘潭的袁宅,不可以再带到富圫,教她尽妇道。二女儿究竟留在金陵与否,前一信里尚未确切告知,想必有信来继续陈说吧。

涤生手示

家眷直接回籍,纪鸿留武昌用功备考

谕纪泽纪鸿　同治五年四月二十五日

【导读】

对于家眷,曾国藩要求极严,不但不准沿途接受礼物酒席,还不准在湖北曾国荃的官署过夏,要纪泽与欧阳夫人等一直到家,而纪鸿则留在武昌,与曾国荃之子一起苦读,讲求诗文、经策,准备科考。所谓"世家子弟既为秀才,断无不应科场之理",也就是说不希望通过各种关系进入官场,必须以自身的努力谋取正式的出身,可见其严谨作风。

字谕纪泽、纪鸿儿：

四月十日，接尔二人在裕溪口所发禀，二十二日接纪泽在安庆一信，二十四日接纪泽在九江所发信，知沿途清吉[1]为慰。此时想已安抵湖北。沅叔恩明谊美，必留全眷在湖北过夏。余意业已回籍，即以一直到家为妥。

富圫房屋如未修完，即在大夫第[2]借住。纪鸿即留鄂署读书。世家子弟既为秀才，断无不应科场之理。既入科场，恐诗文为同人及内外帘[3]所笑，断不可不切实用功。科六[4]与黄宅生[5]先生若来湖北，纪鸿宜从之讲求八股。湖北有胡东谷[6]，是一时文好手。此外尚有能手否？尔可禀商沅叔，择一善讲者而师事之。

余尚不能遽赴周家口，申夫[7]亦不能遽赴鄂中，道远而逼近贼氛。鸿儿不可冒昧来营，即在武昌沅叔左右苦心作诗文、经策。

彭芳四来，已留用矣。

涤生手示（济宁）

【注】

［1］清吉：清平吉祥。

［2］大夫第：曾国荃在家乡修建的宅第。

［3］内外帘：曾乡试、会试，考试官入场后，内外门间隔一帘，故考官也分为内帘官与外帘官。

［4］科六：国荃之次子纪官。

［5］黄宅生：曾纪官的塾师黄泽生。

［6］胡东谷：即胡兆春，字东谷，湖北夏口（今汉口）人，道光年间举人，后以功累保同知。曾入曾国藩幕府，也曾协助胡林翼做过汉口的防卫等。

［7］申夫：即李榕，曾国藩的幕僚，请其为曾纪鸿解八股文，时见《谕纪鸿·同治五年正月二十四日》，本书《作文篇》。

字谕纪泽、纪鸿儿:

四月十日,接到你们二人在裕溪口所发出的信,二十二日接到纪泽在安庆的一信,二十四日接到纪泽在九江所发的信,知道沿途都是清平吉祥的,很欣慰。此时想必已经安全抵达湖北了。你们沅叔很讲究情谊很客气,必定要留全部家眷在湖北过夏天。我的意思,现在已经决定回到原籍,就以一直到家里更为妥当。

富圫的房屋如果未曾修完,就在大夫第先借住。纪鸿就留在湖北的官署读书。世家的子弟既然成为秀才,就完全没有不去应试科举的道理。既然入了科举的考场,就要恐怕写作的诗、文为同人以及内外帘的考官们所笑话,故断断不可不去切实地用功。科六(曾纪官)与黄宅生先生如果来到湖北,纪鸿应当跟从他们一起讲求八股文。湖北有个胡东谷先生,是一个八股时文的好手。此外还有其他的能手吗?你可以同沅叔商量,选择一个善于讲解的人,要以老师之礼相待。

我还不能马上赶赴周家口,申夫(李榕)也不能马上赶赴湖北,道路较远而又逼近贼军的活动范围。鸿儿不可以冒昧地来这边大营,就在武昌你沅叔的左右,苦心写作诗文、经策吧!

彭芳四来了,已经留用了。

涤生手示(济宁)

居家则男子讲求耕读,妇女讲求纺绩酒食

谕纪泽纪鸿　同治五年六月二十六日

【导读】

湘乡的曾氏家族,此时到了烈火烹油的地步,故曾国藩特别强调,于门第鼎盛之时,还必须认真讲求居家的规矩、礼节。他认为,自古以来,世家大族凡是能够长久的,男子必须讲求耕、读二事,女子必须讲求纺绩、酒食二事,于是特别针对家中的妇女"主中馈",提出要求,如常至厨房,并学做酒、做酱油酱菜

以及糕点之类。还有男子则当莳蔬养鱼，如此一个大家庭方才有兴旺气象。曾国藩家作为长房长孙，故而要其子作表率，也即大房唱之，四房皆和之。

字谕纪泽、纪鸿儿：

十六日在济宁开船后寄去一信，二十三日在韩庄下寄沅叔一信并日记，均到否？

余于二十五日至宿迁。小舟酷热，昼不干汗，夜不成寐，较之去年赴临淮时，困苦倍之。欧阳健飞[1]言宿迁极乐寺宽大可住。余以杨庄换船，本须耽搁数日乃能集事。因一面派人去办船，一面登岸住庙，拟在此稍停三日再行前进。尔兄弟侍母八月回湘。在徐州所开接礼单，余不甚记忆。惟本家兄弟接礼究嫌太薄，兹拟酌送两千金。内澄叔一千，白玉堂六百，有恒堂四百。[2]尔禀商尔母及沅叔先行挪用，合近日将此数寄武昌抚署可也。

吾家门第鼎盛，而居家规模礼节，总未认真讲求。历观古来世家久长者，男子须讲求耕、读二事，妇女须讲求纺绩、酒食二事。《斯干》[3]之诗，言帝王居室之事，而女子重在"酒食是议"。《家人卦》[4]以一爻为主，重在"中馈[5]"。《内则》[6]一篇，言酒食者居半。故吾屡教儿妇诸女亲主中馈，后辈视之，若不要紧。此后还乡居家，妇女纵不能精于烹调，必须常至厨房，必须讲求作酒、作醯醢[7]小菜换茶[8]之类。尔等亦须留心于莳蔬养鱼。此一家兴旺气象，断不可忽。纺绩虽不能多，亦不可间断。大房唱之，四房皆和之，家风自厚矣。至嘱至嘱。

涤生手示（宿迁）

【注】

[1]欧阳健飞：即欧阳利见，字庚堂，号健飞，水师将领，先后随曾国藩、李鸿章围剿太平军与捻军，时任淮扬镇总兵，后官至浙江提督。

[2]白玉堂：曾国藩叔父曾骥云的宅子。有恒堂：曾国葆的宅子。

〔3〕《斯干》：《诗经·小雅》中的一篇，其中有句"唯酒食是议"，就是说女子主内，负责办理酒食之事。

　　〔4〕《家人卦》："六二"爻"无攸遂，在中馈，贞吉"，强调家庭中的防范，要求妻子料理好烹饪饮食之事，此外不要擅作主张。

　　〔5〕中馈（kuì）：此处指酒食。

　　〔6〕《内则》：《礼记》中的一篇，讲述女子居家事父母、舅姑之礼仪。

　　〔7〕醯醢（xī hǎi）：用鱼肉等制成的酱，也泛指佐餐的调料。

　　〔8〕换茶：指春节拜年时用作礼品的糕点。

【译】

字谕纪泽、纪鸿儿：

　　十六日在济宁开船之后寄去了一封信，二十三日在韩庄下寄给你沅叔一封信与日记，都收到了吗？

　　我在二十五日到了宿迁。小船里头酷热，白天出汗不干，夜里则不能睡着，比较起去年赶赴临淮的时候，困苦更是加倍了。欧阳健飞（欧阳利见）说起宿迁的极乐寺比较宽大，可以居住。我在杨庄换船，本来需要在此耽搁数日，方才能够完事。因而一面派人去办理船只的事情，一面上岸住在庙里，打算在这边停留三日再继续前进。你们兄弟侍奉母亲，八月就回到湖南。在徐州所开的接礼单子，我不太能记得了。只有本家兄弟的接礼，还是嫌太薄了，现在打算酌情送上两千两。里头包括了给澄叔的一千，白玉堂的六百，有恒堂的四百。与你母亲禀告、协商，然后到你沅叔那边先行挪用，我在近日将这一数字的银子，寄到武昌的抚署也就可以了。

　　我家的门第很是鼎盛，然而居家的规矩、礼节，总没有去认真地讲求。纵观自古以来的世家，可以久长一些的，男子必须讲求耕田、读书二事，妇女必须讲求纺织、酒食二事。《斯干》一诗，说到帝王居室的事情，而说女子重在"酒食是议"。《家人卦》以其中的一爻为主，重在"中馈"。《内则》一篇，说到酒食方面的事情占了一半。所以我屡次教导媳妇与几个女儿，要去亲自主持烹饪饮食之事，后辈们却总是看了这个事情，以为不太要紧。自此以后，回到家乡居家生活，妇女们纵然不能精于烹调，必须经常到厨房去，必须讲求做酒，做醓醢小菜、换茶之类的事情。你们几个（男子）也必须留心莳蔬、养鱼。这是一个家庭兴旺的气象，千万不要忽视了。纺织虽然不能做得很多，也不可以间断。大房唱之，四房和之，家风自然就能够醇厚了。至嘱至嘱！

涤生手示（宿迁）

纪鸿生子之喜，嘱咐买《通鉴纲目》

谕纪泽纪鸿　同治五年八月二十二日

【导读】

　　纪鸿生子，这是曾家新一代的第一个男丁。喜讯传来，久在衰病焦灼之中的曾国藩大感欣慰，于是就学名如何取，要求与曾国荃（沅叔）等商量再定。因为衰病，故安排纪鸿、纪泽二子轮流到军营侍奉。也因为衰病，故用心做事则容易齿痛出汗，然由于责任与众望所在，故即便写奏折也不愿轻易假手他人，可见其严谨之态度。人到暮年，依旧酷爱读书，此时则想读朱熹的《通鉴纲目》，故要求儿子在武汉买字大明显的一本带来。

字谕纪泽、纪鸿儿：

　　接尔等八月初十日禀，知鸿儿生男之喜。军事棘手，衰病焦灼之际，闻此大为喜慰。排行用"浚""哲""文""明"四字，此儿乳名浚一，书名[1]应用"广"字派否，俟得沅叔回信再取名也。

　　九月初十后，泽儿送全眷回湘，鸿儿可来周家口，侍奉左右。明年夏间，泽儿来营侍奉，换鸿儿回家乡试。

　　余病已全愈，惟不能用心。偶一用心，即有齿痛出汗等患，而折片不肯假手于人，责望[2]太重，万不能不用心也。

朱子《纲目》[3]一书，有续修宋元及明合为一编者，白玉堂忠愍公[4]有之，武汉买得出否？若有而字大明显者，可买一部带来。此谕。

涤生手示

【注】

[1] 书名：也即学名。

[2] 责望：责任与众望。

[3]《纲目》：朱熹编撰的《资治通鉴纲目》，原本不记载宋元明史事，明代陈桱等人作有续编。

[4] 忠愍公：指曾国华，三河之战牺牲之后，朝廷谥号"忠愍"，白玉堂本为曾国藩叔父曾骥云的宅子，曾国华自小便过继给了曾骥云家，故称"白玉堂忠愍公"。

【译】

字谕纪泽、纪鸿儿：

接到你们八月初十日的信，知道鸿儿生了个男孩子的喜事。军事上比较棘手，加上衰老、多病，正在焦灼之际，听到了这个消息，大为欣慰。排行上就用"浚""哲""文""明"四字，此儿的乳名就叫"浚一"，学名是不是应该用"广"字来派？等收到你们沅叔的回信之后再取名吧！

九月初十日之后，泽儿护送全部家眷回湖南，鸿儿可以来周家口，侍奉左右。明年夏天之间，泽儿来军营侍奉，换鸿儿回家去参加乡试。

我的病已经痊愈了，只是不能用心思。偶然一用心，就有齿痛、出汗等症状，然而上奏的折片不太愿意假手于他人，责任太重，万万不能够不去用心呢！

朱子的《通鉴纲目》一书，有人续修了宋元以及明然后合为一编的，白玉堂忠愍公（曾国华）那边有此书，武汉买得到吗？如果有而且字大看起来清楚的，可以买一部带来。此谕。

涤生手示

家中讲求莳蔬、晒小菜，以验人家兴衰

谕纪泽纪鸿　同治五年九月十七日

【导读】

曾国藩晚年多病，感觉不能用心做事，于是请求开缺，或者事权减少、责任减轻。当然他也知道自己想要从容引退则不能，免除各种非议也不能了。家中寄来妇女所做的各种酱菜，盐姜、椿麸子之类，于是大加赞赏，并强调外须讲求莳蔬，内须讲求晒小菜，这也是人家兴衰的一种验证，故而必须重视。

字谕纪泽、纪鸿：

余病大致已好，惟不甚能用心。自度难任艰巨，已于十三日具片续假一月，将来请开各缺。纵不能离营调养，但求事权^[1]稍小，责任稍轻，即为至幸。欲求平捻功成，从容引退^[2]，殆恐不能，即求免于谤议，亦不能也。捻匪窜过沙河、贾鲁河之北，不知已入鄂境否。若鸿儿尚未回湘，目下亦不必来周口，恐中途适与贼遇。

盐姜颇好，所作椿麸子、酝菜^[3]亦好。家中外须讲求莳蔬，内须讲求晒小菜，此足验人家之兴衰，不可忽也。此谕。

【注】

［1］事权：官员应承担的任务和职责。

［2］引退：辞官，自请免职。

［3］椿麸子：椿树叶子晒干碾粉，再加入麦麸子制成。酝菜：即坛子菜。

【译】

字谕纪泽、纪鸿：

我的病大致已经好了，只是不太能够多用心思。自己想来难以胜任艰巨的职务，已经在十三日写了奏片，请求续假一个月，将来再请求开了各缺。纵然不能离开军营调养身体，但求能够职务稍小些，责任稍轻些，就是我的荣幸了。想要平定捻军而大功告成，从容地引退，恐怕是不能了，即使求得免于谤议，也是不能了。捻匪窜过沙河、贾鲁河的北面，不知道已经进入湖北境内了吗？如果鸿儿还没有回湖南，眼下也不必来周口，恐怕中途恰好会与贼军遭遇了。

送来的盐姜很好，所做的椿麸子、酝菜也好。家中外边需要讲求种植蔬菜，里边需要讲求腌晒小菜，这也足以验证人家的兴与衰，不可疏忽了。此谕。

家中兴衰系乎内政，做官时作罢官之想

谕纪泽　同治五年十一月初三日

【导读】

即将进京觐见皇帝，想到纪泽刚到老家，为了免其驰驱太劳，故不教其来大营。决定此后不复做官，亦不回籍，只在军营之中维系军心。不居大位享大名，则可以免除大祸大谤，曾国藩的这一决定十分明智，然而时局却并不允许功成身退。时下做官虽然无恙，但必须时时作罢官衰替之想，于是要求家中注意内政，特别是妇女要求勤习于酒食、纺绩二事。

字谕纪泽儿：

二十六日寄去一信，令尔于腊月来营，侍余正月进京。继又念尔体气素弱，甫经到家，又行由豫入都，驰驱太劳。且余在京不过半月两旬，尔不随侍亦无大损。而富圫新造家室，尔不在家即有所损。兹再寄一信止尔之行。尔仍居家侍母，经营一切，腊月不必来营，免余惦念。

余定于正初北上，顷已附片复奏抄阅。届时鸿儿随行，二月回豫，鸿儿三月可还湘也。余决计此后不复作官，亦不作回籍安逸之想，但在营中照料杂事，维系军心。不居大位享大名，或可免于大祸大谤。若小小凶咎[1]，则亦听之而已。

余近日身体颇健，鸿儿亦发胖。家中兴衰，全系乎内政之整散[2]。尔母率二妇、诸女，于酒食、纺绩二事，断不可不常常勤习。目下官虽无恙，须时时作罢官衰替[3]之想。至嘱至嘱。初五将专人送信，此次未另寄澄叔信，可送阅也。

涤生手示

【注】

　　[1] 凶咎：灾殃。
　　[2] 整散：整肃与散漫。
　　[3] 衰替：衰败。

【译】

字谕纪泽儿：

　　二十六日寄去了一封信，要你在腊月里来军营，侍奉我正月里进京。继而又想到你的身体向来较弱，刚刚才回到家里，又要先到河南再进京城，驰驱得太过劳累了。而且我在京城也不过半月、两旬，你不陪同侍奉也没有什么大碍。然而富圫新造房屋，你不在家就会有所损失。现在就再寄出一封信，制止你的出行。你仍旧在家里侍奉母亲，经营家中的一切，腊月就不必来军营了，免得我总是惦念你。

　　我定在正月初北上，刚刚已经递上附片回奏，抄你一阅。届时鸿儿会随同我一起出行，二月回到河南，鸿儿三月里就可以回湖南了。我决定今后就不再做官，也没有回到原籍去过安逸日子的想法，只求留在军营之中照料杂事，维系军心。不居大位，不享大名，或许可以幸免于大祸大谤。至于小的凶险、小的灾害，也就只能听之任之了。

　　我近来身体颇为健康，鸿儿也发胖了。家中的兴旺、衰败，全都在于内政的整齐或闲散。你母亲率领这两个媳妇、几个女儿，在酒食、纺织这二事上，千万不可以不常常去勤习苦练。眼下做官虽然无恙，但必须时时作罢官、衰败之想。至嘱至嘱！初五日将请专人送信，此次未曾另外寄信给你澄叔，可以将此信送他一阅。

涤生手示

不可敬远亲而慢近邻

谕纪泽　同治五年十一月二十八日

【导读】

捻军赖文光、任柱两支由河南固始窜入湖北，被郭松林军打败，必将再入河南，而张宗禹一支则进入陕西，鲍超军将去支援陕西，战局尚未有转机。此叫的曾国藩奉命入京觐见皇帝，朝廷仍命其回任两江总督，他则再次请求开缺。

远亲不如近邻，传统的乡村社会，邻里关系特别重要。此时的曾家刚移居到富坨，故曾国藩引其幕僚李榕母亲的话，告诫家人，即便是富贵人家，也不可敬远亲而慢近邻，所谓"酒饭宜松，礼貌宜恭"，细节之处最可留意。

字谕纪泽儿：

十一月二十二日接尔十月二十七在长沙发禀，二十三日接十一月初二在湘潭发禀，二十六日接十一日在富坨发禀。得悉平安回家，小大清吉，至为欣慰。

此间军事，任、赖由固始窜至鄂境，郭子美[1]二十三日在德安获胜。该逆不得逞志于鄂，势必仍回河南。张逆入秦，已奏派春霆援秦，本月当可起程。惟该逆有至汉中过年、明春入蜀之说，不知鲍军追赶得及否？

本日折差回营，十三日又有满御史参劾[2]，奉有明发谕旨，兹抄回一阅。十月二十六日寄信令尔来营随侍进京，厥后又有三信止尔勿来，计尔到家后不过数日即接来营之手谕。余拟再具数疏婉辞，必期尽开各缺而后已。将来或再奉入觐[3]之旨，亦未可知。尔在家料理家政，不复召尔来营随侍矣。

李申夫之母尝有二语云："有钱有酒款远亲，火烧盗抢喊四邻。"戒富贵之家，不可敬远亲而慢近邻也。我家初移富坨，不可轻慢近邻，酒饭宜松，礼貌宜恭。建四爷如不在我家，或另请一人款待宾客亦可。除不管闲事，不帮官司外，有可行方便之处，亦无吝^[4]也。尔信于郭家及长沙事太略，下次详述一二。此谕。

涤生手示

澄叔处将此信送阅。

正封缄^[5]间，接奉二十三日寄谕，令余仍回江督之任。余病不能多阅文牍，决计具疏固辞。兹将谕旨抄回一阅。

陈季牧^[6]遽尔沦谢。此间于初一日派李鷬汉至长沙陈宅吊唁，幛一悬、银二百两。此外尚有数处送情，再有信寄家也。又行。二十八夜。

【注】

[1] 郭子美：即郭松林，字子美，湖南湘潭人，湘军将领，后加入淮军，官至提督。

[2] 满御史：清代朝廷各部门长官都有满、汉各一人，且以满为尊。参劾（hé）：上奏朝廷揭发官吏的罪状。

[3] 入觐（jìn）：入朝进见皇帝。

[4] 无吝：不要吝啬。无，通"毋"。

[5] 封缄：封口，密封。

[6] 陈季牧：即陈源豫，字季木、季牧，湖南茶陵人，陈源兖之弟，湘军将领，后官福建光泽知县、龙岩知州。曾国藩的女婿陈远济为陈源兖之子，故而也是姻亲。

【译】

字谕纪泽儿：

十一月二十二日接到你十月二十七日在长沙发出的信，二十三日接到十一月初二日在湘潭发出的信，二十六日接到十一日在富圫发出的信。得以知晓你们已经平安回家，小孩、大人都吉祥，非常欣慰！

这边的军事，任柱、赖文光从河南的固始窜到了湖北境内，郭子美（郭松林）二十三日在德安打了一个胜仗。这股逆军不能逞强于湖北，势必仍会回到河南。张宗禹逆进入陕西，已经上奏派遣春霆（鲍超）支援陕西，本月应当可以起程。只是这股逆军又有到汉中过年、明年春天进入四川的说法，不知道鲍军是否追赶得及？

本日送奏折的差人回到营中，十三日又有满御史的参劾，接到了公开发送的谕旨，现在抄回来供你们一阅。十月二十六日寄出的信，让你来营中陪同、侍奉我进京，后来又有三封信制止，要你不必来，估计你到家之后不过几日就会接到要你来营的手谕。我打算再写几封奏疏婉辞，必定要尽数开了各缺的职务，才算完事。将来或许再有要我进京觐见皇帝的谕旨，也未可知。你就在家里料理家政，不再召你来军营陪侍了。

李申夫（李榕）的母亲曾有两句话说："有钱有酒款远亲，火烧盗抢喊四邻。"告诫富贵的人家，不可以太看重远亲而怠慢了近邻。我家刚刚移居到富垞，不可以轻慢了近邻，酒饭上应当客气，礼貌上应当恭敬。建四爷如果不在我家，或者就另外请一个人协助款待宾客也可以的。除了不管闲事，不帮他人打官司之外，有些可行的给人方便之处，也不要吝啬。你的信谈到郭家（郭嵩焘）以及长沙的事情太过简略，下次详细讲述一二。此谕。

涤生手示

澄叔那边，将这封信送去一阅。

正在封口的时候，接到了二十三日寄出的谕旨，让我仍旧回去担任两江总督之职。我因为生病不能多阅读文牍，决定还是上疏固辞。现在将谕旨抄回供你们一阅。

陈季牧（陈源豫）突然离世。这边在初一日派了李翥汉到长沙的陈宅吊唁，幛一悬、银二百两。此外还有几处送人情的，还会有信寄到家里。再补上几句。（二十八日夜）

富圫修屋花钱太多，将来必将寄还

谕纪泽　同治六年二月十三日

【导读】

曾国藩在老家富圫修屋，因为由曾国潢主持，故较为奢华。于是曾国藩认为花钱太多，其生平以大官之家买田起屋为可愧之事，然而自己家却也难免。不过也不好多责怪其弟，只能说欠钱太多一时不能还，将来必还了。再说做官，不可有所谓清官之名声在外，一不小心则名不副实，反而招致祸害，此事也就说明了这点。他还要求纪泽将一年开支报来核定，怕家中再有奢侈浪费之事发生了。最后说，不积银钱留与儿孙，唯有书籍尚思添买，这也是其晚年的一条重要训诫，值得注意。

字谕纪泽儿：

二月初九王则智等到营，接澄叔及尔母腊月二十五日之信，并甜酒、饼粑等物。十二日接尔正月二十一日之禀，十三日接澄叔正月十四日之信，具悉一切。

富圫修理旧屋，何以花钱至七千串之多？即新造一屋，亦不应费钱许多。余生平以大官之家买田起屋为可愧之事，不料我家竟尔行之。澄叔诸事皆能体我之心，独用财太奢，与我意大不相合。凡居官不可有清名，若名清而实不清，尤为造物所怒。我家欠澄叔一千余金，将来余必寄还，而目下实不能遽还。

尔于经营外事颇有才而精细，何不禀商尔母暨澄叔，将家中每年用度必不可少者逐条开出？计一岁除田谷所入外，尚少若干，寄营，余核定后，以便按年付回。袁薇生[1]入泮[2]，此间拟以三百金贺之。以明余屏绝榆生，恶其人非疏其家也。

余定于十六日自徐起行回金陵。近又有御史参我不肯接印，将来恐竟不能不作官。或如澄叔之言，一切遵旨而行亦好。兹将折稿付回。曾文煜到金陵住两三月，仍当令其回家。余将来不积银钱留与儿孙，惟书籍尚思添买耳。

沅叔屡奉寄谕严加诘责，劾官^[3]之事中外多不谓然。湖北绅士公呈请留官相，幸谭抄呈入奏时朝廷未经宣布。沅叔近日心绪极不佳，而捻匪久蹂鄂境不出，尤可闷也。此信呈澄叔阅，不另致。

涤生手草

【注】

［1］袁薇牛：袁秉桢（愉生）的弟弟，当时考中了秀才，这就表明曾家虽厌恶袁秉桢，但不疏远亲家本身。

［2］入泮：即进学，考中秀才后成为府县生员，要到学宫祭拜孔子，而学宫前有一半圆形水池，叫作泮池，故进学也称入泮。

［3］劾官：时任湖北巡抚的曾国荃（沅叔）弹劾湖广总督官文（官相）一事，大多官员并不支持，故此处说起心绪不佳。

【译】

字谕纪泽儿：

二月初九日王则智等人到营中，接到你澄叔以及你母亲腊月二十五日的信，以及甜酒、饼粑等物品。十二日接到你正月二十一日的信，十三日接到你澄叔正月十四日的信，知晓了一切。

富圫修理旧屋子，为什么花钱有七千串之多？即使新造一个屋子，也不应该费钱这么多。我生平总以大官人家买田起屋为可愧之事，不料我家竟然也在这样子做了。你澄叔办的各项事情都能体会我的心意，唯独用钱太过奢侈，与我的意思大不相合。凡是做官，不可以有清官之名，假如名清而其实不清，更会为造物主所发怒了。我家欠了你澄叔家一千多两，将来我必定寄还，而眼下实在不能立即就还。

你在经营外边的事务上，颇有才干而且精细，为何不去与你母亲以及澄叔禀明协商，将家中每年必不可少的用度，逐条开列出来？计算一年里头除了田谷所有的收入之外，还少了多少钱，寄到营中，我核定之后，以便按年寄回来。袁薇生入泮上学，这边打算用三百两表示祝贺。也用此来证明，我屏绝了榆生（袁秉桢），厌恶其人而非疏远其家。

我定在十六日从徐州起程回金陵。近来又有御史参劾我不肯接印，将来恐怕竟然不能不做官了。或许正如澄叔所说的，一切遵旨而行也是好的。现在就将奏折稿寄回。曾文煜到金陵住了两三个月，仍旧应当让他回家去。我将来不积银钱留给儿孙，只有书籍还想再去添买了。

你沅叔屡次接到寄来的谕旨，严加诘责，弹劾官文的事情，中外人士多半不以谓然。湖北的绅士上了公呈请求留住官相（官文），幸好谭抄公呈入奏的时候朝廷未曾宣布。你沅叔近日里的心绪极为不佳，然而捻匪在湖北境内蹂躏了许久还不出来，尤其要郁闷了。此信呈送给你澄叔一阅，不另外致信了。

涤生手草

儿女不可过于娇贵，爱之反而害之

谕纪泽　同治八年二月十八日

【导读】

曾纪泽虽有两任妻子，但有三子一女早夭，幸存下来的只有三子曾广銮，此外还有过继的曾纪鸿的四子曾广铨，以及长女曾广璇，次女曾广珣。此次幼女乾秀的夭亡，更是让曾纪泽夫妇特别伤怀。于是曾国藩去信劝慰，认为养育子女，不可过于娇贵，首要的原则还是"自然"，其次方才是引导与训诫，应该说曾国藩也是深通其中奥妙的。曾国藩出任直隶总督，公事较两江总督任内多了三倍，最重要的是无暇读书，故而说如此做官，味同嚼蜡，可见其读书人之本色。

字谕纪泽儿：

初二日接印，初三日派施占琦至江南接眷，寄去一缄并正月日记，想将到矣。初八日纪鸿接尔正月二十七日信，知三孙女乾秀殇亡，殊为感恼，知尔夫妇尤伤怀也。

然吾观儿女多少、成否，丝毫皆有前定，绝非人力所可强求。故君子之道，以知命为第一要务，"不知命，无以为君子也"[1]。尔之天分甚高，胸襟颇广，而于儿女一事不免沾滞[2]之象。吾观乡里贫家儿女，愈看得贱，愈易长大；富户儿女，愈看得娇，愈难成器。尔夫妇视儿女，过于娇贵。柳子厚[3]《郭橐驼传》所谓旦视而暮抚、爪肤而摇本者，爱之而反以害之。[4]彼谓养树通于养民，吾谓养树通于养儿。尔与冢妇宜深晓此意。庄子每说委心任运[5]、听其自然之道，当令人读之首肯，思之发叹。

东坡有目疾不肯医治，引《庄子》曰："闻在宥天下，不闻治天下也。"吾家自尔母以下皆好吃药，尔宜深明此理，而渐渐劝谏止之。

吾自初二接印，至今半月。公事较之江督任内多至三倍，无要紧者，皆刑名[6]案件，与六部例稿相似，竟日无片刻读书之暇。做官如此，真味同嚼蜡矣。纪鸿近日习字颇有长进，温《左传》亦尚易熟，稍为慰意。此谕。

涤生手示（保定）

【注】

［1］此句语出《论语·尧曰》。

［2］沾滞：此处指对子女过于牵念。

［3］柳子厚：即柳宗元，字子厚，下面引文出自其名篇《种树郭橐驼传》，该文所讲的养树之道，通于养民，也通于养儿。

［4］此处原作："爪其肤以验其生枯，摇其本以观其疏密，而木之性日以离矣，虽曰爱之，其实害之。"

［5］委心任运：也即听任心灵之自然状态。

［6］刑名：即司法、刑侦类的案件。

【译】

字谕纪泽儿：

初二日接了直隶总督的印，初三日派了施占琦到江南迎接家眷，寄去一信以及正月的日记，想必将要到了。初八日纪鸿接到你正月二十七日的信，知道三孙女乾秀的早夭，非常感伤，也知道你们夫妇尤其悲伤、感怀。

然而我看儿女的多少、成否，一丝一毫都有前世的定数，绝非人力所可以强求的。所以说君子之道，以知天命为第一要务，"不知命无以为君子也"。你的天分很高，胸襟也颇广，然而对于儿女一事不免有些沾滞的迹象。我看了乡里贫家的儿女，愈是看得低贱，愈是容易长大；富户的儿女，愈是看得娇贵，愈是难以成器。你们夫妇看护儿女，过于娇贵了。柳子厚（柳宗元）《种树郭橐驼传》所谓的早上去查看而晚上去抚摸，抓开它的皮来检验它的生或枯，摇晃它的根本来观测它的疏密，爱它反而害了它。他所说的养树也通用于养民，我要说养树也通用于养儿。你与主妇应当深刻地知晓其中的意思。庄子每此都说要听任心灵的自然运行、听任其中的自然之道，应当令人读了之后首肯，思考而引发感叹。

苏轼有眼疾而不肯医治，引了《庄子》的话说："闻在宥天下，不闻治天下也。"（听说要自然地顺应天下的，没有听说要治理天下的）我家自从你母亲以下，都喜欢吃药，你应当深刻地明白这个道理，从而渐渐地劝导、谏止他们。

我自从初二日接了印，至今半月了。公事比较起两江总督任内，多了三倍，也没有什么特别要紧的，都是刑事类的案件，与六部的例行文稿相似，整天都没有片刻读书的空暇时光。做官像这样子，真的味同嚼蜡。纪鸿近来练习写字颇有长进，温习《左传》也还算容易熟读，稍稍可以作为安慰了。此谕。

涤生手示（保定）

簿书之中萧然寡欢，想买一妾服侍起居

谕纪泽　同治八年三月初三日

【导读】

　　曾国藩前往保定担任直隶总督，治理的多半为刑名之类无聊的案子，所以感觉如此做官，味同嚼蜡。于是便在萧然寡欢的簿书之中，要其子纪泽，拜托长汀水师提督，在苏州或扬州买一妾。买妾，第一重要就是性情，据说当时北京、天津的女子多半乖戾，所以不可选；还强调，必须明确告知对方给六十多岁的老人买妾，老人死了就要遣散出去；又交代，这个买妾的事也不必着急，找不到适合的也可以安排一个可靠的老妈子。

字谕纪泽儿：

　　接尔十六日禀，知二月一日去函已到，施占琦赍[1]去之函尚未接到。尔母旧病全愈，决计暂不归湘，北来从官。若三月中旬起行，则四月初可抵济宁，余日内派人沿途察看。济宁至临清三百余里（由济宁至张秋百余里水路，由张秋至临清二百余里旱路），可请铭军代统刘子务[2]照料。自临秋以下，笨重之物可由舟载至天津（下水），再由津雇舟送至保定（距省三十里登岸，余现开挖省河，则可径抵南门），眷口及随身要物则由济宁登陆。此间地气高燥，上房宽敞，或可却病。惟车行比之舟行，则难易悬殊耳。

　　余近日所治之事，刑名居其大半。竟日披阅公牍，无复读书之暇，三月初一、二日始稍翻《五礼通考》。昔年每思军事粗毕，即当解组[3]还山，略作古文，以了在京之素志。今进退不克自由，而精力日衰，自度此生断不能偿夙愿。

　　日困簿书之中，萧然寡欢，思在此买一妾服侍起居，而闻京城及天津女子性情多半乖戾，尔可备银三百两交黄军门[4]家，请渠为我买一妾。或在金陵，或在扬州、苏州购买皆可。事若速成，则眷口北上即可带来。若缓缓买成，则请昌岐派一武弁用可靠之老妈附轮舟送至天津。言明系六十老人买妾，余死即行遣嫁。观东坡《朝云诗序》[5]，言家有数妾，四五年相继辞去，则未死而遣妾，亦古来老人之常事。尔对昌岐言，但取性情和柔、心窍不甚蠢者，他无所择也。

直督养廉银一万五千两，盐院入款银近二万两，其名目尚不如两江缉私经费之正大。而刘印渠[6]号为清正，亦曾取用。余计每年出款须用二万二三千金，除养廉外，只须用盐院所入七八千金，尚可剩出万余金，将来亦不必携去，则后路粮台所剩缉私一款断不必携来矣。尔可告之作梅、雨亭两君，余亦当函告耳。此嘱。

涤生手示

【注】

[1] 赍（jī）：携带。

[2] 刘子务：即刘盛藻，字子务，安徽合肥人，秀才出身，后与族叔刘铭传兴办团练，加入淮军，刘铭传辞官时曾任铭军主帅，官至按察使，后赠内阁学士衔。

[3] 解组：解下印绶，也即辞去官职。

[4] 黄军门：即黄翼升，字昌岐，湖南长沙人，官至长江水师提督。

[5] 《朝云诗序》：乌台诗案之后，苏轼被流放到黄州、惠州、儋州等地，其间他家的侍儿姬妾陆续散去，只有王朝云一人始终跟随，然而好景不长，病逝于惠州。苏轼后来为其写作《朝云诗》等，数妾相继辞去等事记录在此序中。

[6] 刘印渠：即刘长佑，字子默，号荫渠，一作印渠，湖南新宁人，以拔贡随江忠源赴广西镇压太平军及天地会起义，后官至直隶总督、云贵总督。

【译】

字谕纪泽儿：

接到你十六日的信，知道二月一日寄去的信已经收到，施占琦带去的信尚未接到。你母亲的旧病痊愈了，决定暂时不回湖南，向北而来到这边的官署。如果三月中旬起程，那么四月初可以抵达济宁，我在那几日内就派人沿途察看。济宁到临清的三百多里，由济宁到张秋一百多里水路，由张秋到临清二百多里旱路，可以请铭（刘铭传）军的代统刘子务（刘盛藻）帮助照料。从临秋以下，笨重的物品可以用船装载到天津下河，再从天津雇船送到保定，距离省城二十里的地方上岸，我正在开挖省城的河道，那么可以直接抵达南门。家眷人口以及随身重要物品，就可以从济宁登陆。这边的地势比较高，气候比较干燥，上房很宽敞，或许可以去病。只是用车行路，比用船行路，其中的难易相差比较悬殊了。

我近日里所治理的事情，刑名司法之类的占了其中大半。整天都在批阅公文，不再有读书的空暇，三月初一、二日开始稍去翻了翻《五礼通考》。往年总想着军事事务大体完毕，就应当辞了职回归山乡，写作一些古文，从而了却了在京城时候就立下的向来的志向。如今进退都不能自由，然而精力却日益衰退，自己想来这一生断断不能偿还凤愿了。

每日都被困于打官司的簿书之中，萧然而寡欢，想在此地买一个妾来服侍起居，然而听说京城以及天津的女子性情多半有些乖戾，你可以准备银子三百两交给黄军门（黄翼升）家，请他为我买一个妾。或者在金陵，或者在扬州、苏州购买，都是可以的。事情如果快速办成了，随着家眷人口北上的时候就可以带来了。如果缓缓才可以买成，就请昌岐（黄翼升）派一个武弁，用可靠的老妈子帮助带着用轮船送到天津。要说明白这是六十岁的老人买妾，我死了就立即将她另外遣散了嫁人。看了东坡（苏轼）《朝云诗序》，说家中有多个小妾，四五年之间相继都辞去了，那么人没有死就遣散了小妾，也是自古以来老人的常事。你对昌岐说，只要选取性情和顺温柔，心思不太愚蠢的，其他就没有什么需要选择的了。

直隶总督的养廉银子一万五千两，盐政衙门入款的银子近二万两，他的名目还不如两江的缉私经费那样正大。然而刘印渠（刘长佑）号称清正，也曾取了来用。我计划每年出的款子，需要用二万二三千两，除了养廉银之外，只需要用盐政衙门所入的七八千两，还可以剩出一万多两，将来也不必再携带回去，那么后路的粮台所剩下的缉私那一个款子，断然不必再携带过来了。你可以告诉作梅（陈鼎）、雨亭（李宗羲）两位，我也应当写信去告诉了。此嘱。

涤生手示

经世篇

余身体平安。今岁间能成寐，为近年所仅见。惟圣眷太隆，责任太重，深以为危，知交有识者，亦皆代我危之。只好刻刻谨慎，存一临深履薄之想而已。

天气亢旱，麦稼既已全坏，而稷粱等不能下种，加以每日大风，羊角盘绕，轿中极凉。吾体中不适，又念百姓遭此旱灾，殆无生理。

圣眷太隆，责任太重，只好刻刻谨慎

谕纪泽　同治元年二月十四日

【导读】

该年正月三十，曾国藩被授予协办大学士，故而说圣眷太隆。对于自己的官位，不想着荣华富贵，只想着责任太重，以及刻刻谨慎，总有"临深履薄"之想，这是曾国藩与其他居高位者最大的不同。

字谕纪泽儿：

二月十三日接正月二十三日来禀，并澄侯叔一信，知五宅平安。二女正月二十日喜事，诸凡顺遂，至以为慰。

此间军事如恒。徽州解围后贼退不远，亦未再来犯。左中丞[1]进攻遂安，以为攻严州、保衢州之计。鲍春霆顿兵青阳，近未开仗。洪叔[2]在三山夹收降卒三千人，编成四营。沅叔初七日至汉口，十五后当可抵皖。李希帅[3]初九日至安庆，三月初赴六安州。多礼堂进攻庐州[4]，贼坚守不出。上海屡次被贼扑犯，洋人助守，尚幸无恙。

余身体平安。今岁间能成寐，为近年所仅见。惟圣眷[5]太隆，责任太重，深以为危，知交有识者，亦皆代我危之。只好刻刻谨慎，存一临深履薄[6]之想而已。

今年县考在何时？鸿儿赴考，须请寅师[7]往送。寅师父子一切盘费，皆我家供应也。共需若干，尔付信来，由营寄回。

七十侄女于归，寄去银百两、褂料一件并里裙料一件。尔所需笔墨等件付回，照单查收。

此信并呈澄叔一阅，不另具。

涤生手示

【注】

［1］左中丞：即左宗棠，时任浙江巡抚，中丞为巡抚一级官员的尊称。

［2］洪叔：即曾国葆，字季洪。

［3］李希帅：即李续宜，字克让，号希庵，湖南湘乡人，李续宾之弟，湘军重要将领，后官至安徽巡抚。

［4］多礼堂：即多隆阿，字礼堂，时任荆州将军。庐州：即合肥。

［5］圣眷：帝王的宠眷。

［6］临深履薄：语出《诗经·小雅·小旻》："如临深渊，如履薄冰。"

［7］寅师：即邓汪琼，字瀛阶，一作寅皆，曾家的塾师。

【译】

字谕纪泽儿：

二月十三日接到正月二十三日的来信，以及你澄侯叔的一信，知道了五宅平安。二女正月二十日的喜事，诸事大凡顺利，非常欣慰！

这边的军事如平常一样。徽州解围之后贼军退得不远，也没有再来进犯。左中丞（左宗棠）进攻遂安，为攻打严州、保守衢州作打算。鲍春霆（鲍超）屯兵在青阳，最近没有开仗。你洪叔（曾国葆）在三山夹收了降兵三千人，编成四个营。你沅叔初七日到了汉口，十五日之后应当可以抵达安徽。李希帅（李续宜）初九日到了安庆，三月初赶赴六安州。多礼堂（多隆阿）进攻庐州，贼军坚守而不出。上海屡次被贼军猛扑、进犯，洋人帮助守卫，幸好无恙。

我的身体平安。今年以来晚上还能够睡得着觉，这是近年来所难得有的。只是圣眷太过隆重，责任太过重要，深深地觉得危险，知交而有识的朋友，也都代我觉得危险。只好时时刻刻都要谨慎，存有一份临深渊、履薄冰的想法而已。

今年的县考在什么时候？鸿儿要去赴考，必须请寅师（邓汪琼）前往护送。寅师父子的一切盘缠费用，都应该由我家来供应。共需要多少，你寄信来，由我从营里寄回。

七十侄女结婚，寄去银子一百两、裀料一件以及里裙的料子一件。你所需要的笔墨等物件也寄回，要照单查收。

此信并呈给你澄叔一阅，不另外写信了。

涤生手示

告知军中士卒多病等近状

谕纪泽　同治元年闰八月二十四日

【导读】

士卒多病，曾国藩幕中也有得病而死者。幸好杨岳斌、鲍超、张运兰三军都有转机，故而大局尚可为，曾国荃（沅叔）想要调远在陕西的多隆阿军东来支援，也无可能，故军中也破经历风浪。幸好李续宜（希庵）回湘奔丧，唐训方前来代理安徽巡抚，也能与总督曾国藩和衷共济，故可让家人放心。不过曾国藩本人则癣疾复发、眼蒙增剧，真是老态相催，令人感伤。

字谕纪泽儿：

日内未接家信，想五宅平安为慰。

此间近状如常。各军士卒多病，迄未少愈。甘子大[1]至宁国一行，归即一病不起。许吉斋座师[2]之世兄名敬身号藻卿者，远来访我，亦数日物故[3]。幸杨、鲍两军门皆有转机，张凯章闻亦少瘥[4]。三公无他故，则大局尚可为也。沅叔营中病者亦多。沅意欲奏调多公一军，回援金陵。多公在秦，正当紧急之际，焉能东旋？且沅、季共带二万余人，仅保营盘，亦无请援之理。惟祝病卒渐愈，禁得此次风浪，则此后普成坦途矣。

李希庵于闰八月二十三日安庆开行，奔丧回里。唐义渠[5]即于是日到皖。两公于余处皆以长者之礼见待，公事毫无掣肘[6]。余亦推诚相与，毫无猜疑。皖省吏治，或可渐有起色。

余近日癣疾复发，不似去秋之甚。眼蒙则逐日增剧，夜间几

经世篇

不复能看字。老态相催，固其理也。余不一一。此信可送澄叔一阅。

涤生手示

【注】

［1］甘子大：即甘晋，字子大，当时为曾国藩的幕僚，得了传染病，不治身亡。

［2］许吉斋：即许乃安，字榕皋，号吉斋，道光十四年（1834）任湖南乡试考官，曾国藩在此次乡试考中举人，故称许乃安为自己的座师。

［3］物故：即去世。

［4］少瘥（chài）：稍微好转。瘥，病愈。

［5］唐义渠：即唐训方，字义渠，湖南常宁人，原任水师将领，后升湖北布政使，此次受李续宜（希庵）的保荐，代理安徽巡抚。

［6］掣肘（chè zhǒu）：原意指拉着胳膊，引申为有人从旁牵制、干扰。

【译】

字谕纪泽儿：

近日之内未接到家信，想必五宅平安，可以安慰。

这边近来的状况如同往常。各军的士卒多有生病的，迄今还未稍有好转。甘子大（甘晋）到宁国去了一次，回来就一病不起。许吉斋（许乃安）座师的世兄名敬身号藻卿的那位，远道而来拜访我，也不过数日就病故了。幸好杨岳斌、鲍超两位军门都有了转机，张凯章（张运兰）听说也稍有好转。这三位没有什么变故，那么大局还可以有所作为。你沅叔营中生病的也很多，他想要上奏请调多公（多隆阿）一军，回来支援金陵。多公在山西，正当紧急之际，怎么可能往东边来呢？况且沅、季共带了两万多人，仅仅保全营盘，也没有请求支援的道理。只有祝愿生病的士兵渐渐治愈，禁得这一次风浪，那么此后都成为坦途了。

李希庵（李续宜）在闰八月二十三日从安庆出发，奔丧回到故里。唐义渠（唐训方）也在今日到安徽。两位在我这里都当以长者之礼接待，公事上头毫无掣肘。我也推诚布公地与他们相处，毫无猜疑。安徽省的吏治，或许可以渐渐有些起色。

我近日的癣疾又有复发，不像去年秋天那么厉害。眼蒙的毛病则逐日有所增加，夜间几乎不再能够看清字了。老态催人，这也是正常道理了。其余不再一一说了。这封信也可以送给你澄叔一阅。

涤生手示

安危之机关系太大，故内心忧灼

谕纪泽 同治元年九月十四日

【导读】

湘军进攻金陵，却被太平军的忠王李秀成、侍王李世贤等近二十万大军反包围，经曾国荃的多方坚守，现已化险为夷。徽州的鲍超（春霆）、张运兰虽可抵御敌军，但宁国失守，形势危急。故曾国藩感到连日恶风惊浪，内心忧灼，则因为安危之机，关系太大的缘故。告知其子，不只是安慰家人之心，还是教育子弟，士之弘毅，任重道远。

字谕纪泽儿：

接尔闰月禀，知澄叔尚在衡州未归，家中五宅平安，至以为慰。

此间连日恶风惊浪。伪忠王在金陵苦攻十六昼夜，经沅叔多方坚守，得以保全。伪侍王[1]初三、四亦至，现在金陵之贼数近二十万。业经守二十日，或可化险为夷。兹将沅叔初九、十与我二信寄归，外又有大夫第[2]信，一慰家人之心。

鲍春霆移扎距守郡城二十里之高祖山，虽病弁[3]太多，十分可危，然凯军在城主守，春霆在外主战，或足御之。惟宁国县城于初六日失守，恐贼猛扑徽州、旌德、祁门等城，又恐其由间道径窜江西[4]，殊可深虑。

余近日忧灼[5]，迥异寻常气象，与八年春间相类。盖安危之机，关系太大，不仅为一己之身名计也。但愿沅、霆两处幸保无恙，则他处尚可徐徐补救。此信送澄叔一阅，不详。

涤生手示

【注】

[1] 伪侍王：即李世贤，李秀成之堂弟，被封为侍王。

[2] 大夫第：咸丰九年（1859）曾国荃在家乡修建的宅邸。

[3] 弁（biàn）：低级武官的称呼。

[4] 间（jiàn）道：偏僻小路。径：径直，直接。

[5] 忧灼（zhuó）：忧虑焦急。

【译】

字谕纪泽儿：

接到你闰月的来信，知道你澄叔还在衡州未曾回来，家中的五宅平安，非常欣慰。

这边连日都有恶风惊浪。伪忠王（李秀成）在金陵苦攻了十六昼夜，经过你沅叔的多方坚守，营盘得以保全。伪侍王（李世贤）初三、四日也到了，现在金陵的贼军数目有近二十万。目前已经守卫了二十日，或许可以化险为夷。现在将你沅叔初九、十日写给我的两封信寄回来，另外又有给大夫第的信，可以宽慰一下家人的心。

鲍春霆（鲍超）移营驻守在郡城二十里处的高祖山，虽然生病的士兵太多，情况十分危急，然而张运兰的军队在城里主守，春霆在外主战，或许也就足以防御了。只有宁国的县城在初六日失守，恐怕贼军猛扑徽州、旌德、祁门等城，又恐怕贼军从间道直接窜到江西，这些都还是深为担心的。

我近几日的忧心、焦灼，迥异于平常的状况，与咸丰八年春天之间有些相似。大概安危之机，关系实在太大，也不仅仅是为了一己的身名打算了。但愿沅、霆两处能够保全无恙，那么其他各处也还可以慢慢补救。此信送你澄叔一阅，不详。

涤生手示

各路警报声中，为儿子"抗心希古"而欣慰

谕纪泽　同治二年三月十四日

【导读】

湘军在江北的重要营盘石涧埠被太平军围困，与此同时江西的景德镇也被大股进犯，还有捻军（捻匪）由湖北而下，危及安庆，真所谓各路皆有警报传来。此时的曾国藩，依旧关怀着两个儿子的教育，读完纪泽的《闻人赋》，为其"抗心希古"而快慰，然后又叮嘱其要注意言行的迟重。

字谕纪泽儿：

顷接尔禀及澄叔信，知余二月初四在芜湖下所发二信同日到家，季叔与伯姑母葬事皆已办妥。尔自楮山归来，俗务应稍减少。

此间近日军事最急者，惟石涧埠毛竹丹、刘南云营盘被围[1]。自初三至初十，昼夜环攻，水泄不通。次则黄文金[2]大股由建德窜犯景德镇。余本檄鲍军救援景德镇，因石涧埠危急，又令鲍改援北岸。沅叔亦拨七营援救石涧埠。只要守住十日，两路援兵皆到，必可解围。又有捻匪由湖北下窜，安庆必须安排守城事宜。各路交警[3]，应接不暇，幸身体平安，尚可支持。

《闻人赋》圈批发还，尔能抗心希古[4]，大慰余怀。纪鸿颇好学否？尔说话走路，比往年较迟重否？

付去高丽参一斤，备家中不时之需。又付银十两，尔托楮山为我买好茶叶若干斤。去年寄来之茶，不甚好也。此信送与澄叔一看，不另寄。奏章谕旨一本查收。

　　　　　　　　　　　　　　　　　　　　　　涤生手示

【注】

[1]毛竹丹：即毛有铭，字竹丹，湖南湘乡人，湘军将领，

官至按察使衔记名道。刘南云：即刘连捷，字南云，湖南湘乡人，湘军将领，后改文职，攻占安庆后因功升道员，陷天京后以按察使记名，加布政使衔。

〔2〕黄文金：绰号黄老虎，广西博白人，太平天国堵王。

〔3〕交警：交相警示。

〔4〕抗心希古：心志高尚，取法古贤。抗，通"亢"，高尚。希，期望。

【译】

字谕纪泽儿：

刚刚接到你的信以及你澄叔的信，知道我二月初四日在芜湖下所发出的两封信同日到家，你季叔与伯姑母安葬的事情都已经办妥。你自从樗山归来后，俗务应该稍有减少了。

这边近几日的军事情况最为急迫的，只有石涧埠毛竹丹（毛有铭）、刘南云（刘连捷）的营盘被包围了。从初三日至初十日，昼夜围攻，水泄不通。其次则是黄文金的大股军队，由建德窜入江西进犯景德镇。我本来想命令鲍超军去救援景德镇，因为石涧埠的战事危急，又命令鲍超改为支援北岸了。你沅叔也拨了七个营去援救石涧埠。只要能守住十日，两路援兵都到，必然可以解围了。又有捻军从湖北下窜，安庆必须要安排守城的事宜。各路军马交相发出警告，应接不暇。幸好身体平安，还可以支持。

你写的《闻人赋》，我已经圈点批改后寄回了。你能够心志高尚，取法古贤，使得我十分的欣慰。纪鸿还算好学吗？你说话、走路，比起往年来，较为迟重了吗？

寄去的高丽参一斤，以备家中的不时之需。又寄了银子十两，你托人去樗山为我买好的茶叶若干斤，去年寄来的茶叶不太好。这封信送给澄叔看一看，不另外寄信给他了。另有奏章谕旨一本，请注意查收。

涤生手示

曾国藩抵达金陵，曾纪泽等代管安庆大营

谕纪泽　同治三年六月二十六日

【导读】

当时湘军已经攻克金陵城，安庆大营则有曾纪泽以及其他幕僚代管，并草拟咨行稿，故每日以包"封"互通信息，其间也使纪泽得到了锻炼。此次则交代亲讯李秀成，以及办理各处奏折等事。

字谕纪泽儿：

二十四日申正之禀，二十六申刻接到。余于二十五日巳刻抵金陵陆营，文案各船亦于二十六日申刻赶到。

沅叔湿毒未愈，而精神甚好。伪忠王曾亲讯一次，拟即在此杀之。由安庆咨行[1]各处之折，在皖时未办咨札稿，兹寄去一稿。若已先发，即与此稿不符，亦无碍也。刻折稿，寄家可一二十分，或百分亦可。沅叔要二百分，宜先尽沅叔处。此外各处，不宜多散。

此次令王洪陞坐轮船于二十七日回皖，以后送包封[2]者仍坐舢板[3]归去。包封每日止送一次，不可再多。尔一切以"勤俭"二字为主。至嘱。

涤生手示

顷见安庆付来之咨行稿甚妥，此间稿不用矣。

【注】

［1］咨行：督抚官员将其上奏朝廷重要奏折的内容行文通知相关的平行官员。

［2］包封：文件的包裹封口，此处指秘密专件。

［3］舢（shān）板：原名"三板"，原意为三块板制成小船。

字谕纪泽儿：

二十四日申正的信，二十六日申刻接到了。我在二十五日巳刻抵达金陵的陆军大营，文案人员随着各船也都在二十六日申刻赶到了。

你沅叔的湿毒病症还未治愈，然而精神很好。伪忠王（李秀成）我曾亲自审讯过一次，打算立即在此地将他处决。从安庆咨行到各处的奏折，在安徽的时候还未办理完毕的咨札稿子，现在寄去一稿。如果已经先行发出了的，即使与这一稿不相符，也没什么大碍。所刻的奏折稿子，准备寄到家中的，一二十份可以，或者一百份也可以。你沅叔要两百份，应当先尽力满足沅叔之处，此外各处不应该过多散发。

此次让王洪陞坐轮船，在二十七日回到安徽，以后送包封密件的专人，仍旧坐舢板回去。包封密件每日只送一次，不可再多了。你要一切都以"勤俭"二字为主。至嘱。

涤生手示

刚刚看见安庆寄来的咨行文稿，很妥当的，这边准备的那个稿子就不用了。

看李秀成亲供如校书，查江西一案畏繁难

谕纪泽　同治三年七月初七日

【导读】

曾国藩校看李秀成的亲供五万余字，并抄送军机处；又奉命查办江西南康知县石昌猷"祖匪杀良"一案，尚未核定奏稿。老年人怕热，面对案牍之繁难，也只得向儿子感叹一番了。

字谕纪泽儿：

日内北风甚劲，未接包封及尔禀信，余亦未发信也。

伪忠王自写亲供，多至五万余字。两日内看该酋亲供，如校对房本[1]误书，殊费目力。顷始具奏洪、李二酋[2]处治之法。

李酋已于初六正法，供词亦抄送军机处矣。

沅叔拟于十一二等日演戏请客，余亦于十五前后起程回皖。日内因天热事多，尚未将江西一案[3]出奏，计非五日不能核定此稿。老年畏热，亦畏案牍之繁难。余将来到金陵，即在英王府寓居，顷已派人修理矣。此谕。

涤生手示

【注】

[1] 房本：又称"房墨"，明清时期科举考试的墨卷汇编成书。

[2] 洪、李二酋：指太平天国的勇王洪仁达、忠王李秀成，二人在金陵城破之后，被湘军俘获，不久分别被杀。

[3] 江西一案：指江西督粮道周汝筠告南康知县石昌猷"袒匪杀良"一案，朝廷命曾国藩查办。

【译】

字谕纪泽儿：

近日之内，北风很猛烈，没有接到你那边寄来的包封以及你的禀信，我也没有发信。

伪忠王（李秀成）亲自写的供词，多达五万多字。我在两日之内看这个敌酋的亲笔供词，如同校对房墨本子、错误书卷，很费目力。刚刚才开始详细奏明了洪仁达、李秀成这两个敌酋的处治之法。李酋已经在初六日正法，供词也抄送军机处了。

你沅叔打算在十一二等日演戏、请客，我也在十五日前后起程回到安徽。这几日之内，因为天热而事多，还没有将江西那一个案子出奏朝廷，估计没有五日不能核定完这个稿子。老年人怕热，也怕案牍工作的繁难。我将来到了金陵，就在英王府暂时寓居，刚刚已经派人去修理了。此谕。

涤生手示

封爵是否公平，命查对三藩、平准、平回之役

谕纪泽　同治三年七月初九日

【导读】

二十三日之折，也即奏报攻破金陵之折，迟迟未见朝廷的批旨，令人怀疑。再者，湘军之中获封五等爵位者甚少，故曾国藩命曾纪泽查对三藩之乱、平准部、平回部等大战役，希望判定朝廷是否公平。

字谕纪泽儿：

初九日接尔初六申刻之禀，知二十三日之折，批旨尚未到皖，颇不可解。岂已递至官相[1]处耶？

各处来信皆言须用贺表，余亦不可不办一分。尔请程伯敷[2]为我撰一表，为沅叔撰一表。伯敷前后所作谢折太多，此次拟另送润笔费三十金，盖亦仅见之美事也。

得五等之封者似无多人。余借人之力而窃上赏，寸心深抱不安。从前三藩之役[3]，封爵之人较多，求阙斋[4]西间有《皇朝文献通考》[5]一部，尔试查《封建考》中三藩之役共封几人？平准部[6]封几人？平回部[7]封几人？开单寄来。

伪幼主[8]有逃至广德之说，不知确否。此谕。

涤生手示

【注】

[1]官相：即官文，又名儁，王佳氏，字秀峰，满洲正白旗人，与曾国藩等共同平定太平天国，封一等果威伯，官至直隶总督、内大臣。

[2]程伯敷：即程鸿诏，字伯敷，号黟农，安徽黟县人，擅长骈文，入曾国藩幕府七年。

[3]三藩之役：清初的三个割据南方的汉族藩王，即平西王

吴三桂、平南王尚可喜、靖南王耿精忠，康熙十二年（1673）康熙帝撤藩而作乱，历时八年方才平定。

［4］求阙斋：曾国藩在湘乡老家的书房。

［5］《皇朝文献通考》：又名《清朝文献通考》，张廷玉、嵇璜、刘墉等奉敕撰，纪昀等校订，成书于乾隆五十二年（1787）。

［6］平准部：准噶尔部首领噶尔丹叛乱，康熙帝曾三次亲征漠北方才平定。

［7］平回部：新疆回部的大小和卓之乱，乾隆二十四年（1759）平定。

［8］伪幼主：即太平天国的幼天王、洪秀全的长子洪天贵福，曾逃至安徽广德，该年秋在江西被俘杀。

【译】

字谕纪泽儿：

初九日接到你初六日申刻的信，知道了二十三日的奏折，批旨还没有寄到安徽，此事很不可解。难道已经递送到了官相（官文）那边？

各处的来信都说必须使用贺表，我也不能不备办一份。你请程伯敷（程鸿诏）为我撰写一表，为沅叔也撰写一表。伯敷前后所作的谢折太多了，此次打算另外送给他润笔费三十两，这也是难得一见的美事了。

得到五等爵位封赏的人似乎不太多。我凭借了他人的力量而窃得了上等封赏，内心深感不安。从前平定三藩的战争，获得封爵的人比较多，求阙斋的西间有《皇朝文献通考》一部，你试着查查《封建考》中的三藩之役共封了多少人？平定准部的战争共封了多少人？平定回部又封了多少人？开个单子寄过来。

伪幼主（洪天贵福）有逃到了广德的说法，不知道确切与否？此谕。

涤生手示

接到恩封一等侯爵谕旨

谕纪泽　同治三年七月初十日

【导读】

接到谕旨，湘军封爵者仅四人，即曾国藩封一等侯、曾国荃封一等伯、李臣典封子爵、萧孚泗封男爵。曾国藩等湘军将领对于十二年征战的结果，还是有些失望。

字谕纪泽儿：

今早接奉二十九日谕旨。余蒙恩封一等侯、太子太保、双眼花翎[1]，沅叔蒙恩封一等伯、太子少保、双眼花翎，李臣典[2]封子爵，萧孚泗[3]男爵。其余黄马褂[4]九人，世职[5]十人，双眼花翎四人（余兄弟及李、萧）。恩旨本日包封抄回。兹先将初七之折寄回发刻，李秀成供明日付回也。

涤生手示

【注】

[1] 双眼花翎：清代官员礼帽上的装饰，顶珠下有翎管插翎枝，翎枝分蓝翎和花翎两种。花翎为孔雀羽所做，非一般官员所能戴，其作用是昭明等级、赏赐军功；花翎又分单眼、双眼、三眼，三眼最尊贵。

[2] 李臣典：字祥云，湖南邵阳人，湘军将领，以地道攻入金陵城而立下首功，然因受伤数日而卒。

[3] 萧孚泗：字信卿，湖南湘乡人，湘军将领，攻破金陵后，俘获李秀成、洪仁达而立下大功。

[4] 黄马褂：本为清朝的御前大臣、内大臣的专用，后作为有军功大臣的赏赐。

[5] 世职：世代荫袭的官爵。

字谕纪泽儿：

今天早上接到了二十九日谕旨。我蒙皇恩封了一等侯、太子太保、双眼花翎，你沅叔蒙皇恩封了一等伯、太子少保、双眼花翎，李臣典封了子爵，萧孚泗封了男爵。其余获得黄马褂的有九人，获得世袭职位的有十人，获得双眼花翎有四人（我们兄弟以及李、萧）。恩旨本日就用包封抄回。现在先将初七日的奏折寄回刊刻出来，李秀成的供词明日也寄回了。

涤生手示

畏热而多事耽搁，请纪泽缮写《轮船行江说》

谕纪泽　同治三年七月十三日

【导读】

攻下金陵之后，湘军上下集体欢庆，唱戏、喝酒三日，都是曾国荃在料理。曾国藩则因为畏热，许多应治之事耽搁废置了，比如江西的周、石一案，一直未能核实，于是给相关证人发放路费，以示体恤。《轮船行江说》，即关于长江上行驶轮船一事，请曾纪泽处理，让儿子多接触西洋科技，多学习新知识，也是一种重要的培养方式。

字谕纪泽儿：

接尔十一二三等号禀，具悉一切。此间初十、十一二等日戏酒三日，沅叔料理周到，精力沛然，余则深以为苦。亢旱酷热，老人所畏，应治之事多阁废者。江西周、石一案[1]，奏稿久未核办，尤以为疚。自六月二十三日起，凡人证皆由余发及盘川[2]，以示体恤。尔托子密[3]告知两司[4]可也。

鄂刻地图，尔可即送一分与莫偲老[5]。《轮船行江说》三日内准付回。另纸缮写，粘贴大图空处。万簏轩[6]、忠鹤皋[7]及泰州、扬州各官，日内均来此一见。李少荃^[8]亦拟来一晤，闻余将以七月回皖，遂不来矣。此谕。

涤生手示

【注】

［1］周、石一案：即江西督粮道周汝筠告南康知县石昌猷"祖匪杀良"一案。

［2］盘川：盘缠，川资，路费。

［3］子密：即钱应溥，字子密。

［4］两司：明清时对承宣布政使司与按察使司的合称。

［5］莫偲老：即莫友芝，字子偲，号郘亭，贵州独山人，被称为西南巨儒，任曾国藩的幕僚多年。

［6］万簏轩：即万启琛，字簏轩，时任江宁布政使。

［7］忠鹤皋：即忠廉，字鹤皋，时任江宁织造。

［8］李少荃：即李鸿章。

【译】

字谕纪泽儿：

接到你十一二三等日的信，知道了一切。这边初十、十一二等日，演戏、酒宴三日，你沅叔料理得很周到，他精力充沛，我就深觉这一类应酬都是苦差事。天气亢旱酷热，这是老年人所害怕的，应该料理的事情，还有很多都搁置、荒废了。江西的周汝筠、石昌猷一案，奏稿久久未能核实办理，尤其深为愧疚。从六月二十三日起，凡是人证都由我这边发给路费，以表示体恤的意思。你转托子密（钱应溥）告知两司就可以了。

湖北刊刻的地图，你可以立即送一份给莫偲老（莫友芝）。《轮船行江说》，三日之内准时寄回来。另外用纸来缮写，粘贴在大图的空白处。万簏轩（万启琛）、忠鹤皋（忠廉）以及泰州、扬州的各官，这几日内都来这边一见。李少荃（李鸿章）也打算前来一晤，听说我将在七月回到安徽，于是他就不来了。此谕。

涤生手示

登舟回皖，计划在船上清理积搁之事

谕纪泽　同治三年七月十八日

【导读】

在金陵多日，一直忙乱，所谓"无一人独坐之位，无一刻清净之时"。所以特意找一民船慢慢回到安庆，希望在船上多日以便清理诸如江西的周、白一案等积搁之事。

字谕纪泽儿：

二日未接尔禀，盖北风阻滞之故。此间十七日大风大雨，萧然，便有秋气。

富将军[1]今日来拜，𦅖谈[2]一切。余拟明日登舟，乘坐民船，不求其快，舟中须作周、石狱事一折，非三四日不能了。沅叔处，无一人独坐之位，无一刻清净之时，故未办也。其他积阁之事，亦尚不少，皆须在船一为清理。到皖当在月杪矣。此嘱。

涤生手示

【注】

[1]富将军：指富明安，时任江宁将军。

[2]𦅖谈：即畅谈。

【译】

字谕纪泽儿：

这两天，没有接到你的信，大概是因为北风阻滞的缘故。这边十七日大风大雨，萧然之际，便有了秋天的意味。

富将军（富明安）今日前来拜访，畅谈一切。我打算明日就登舟，乘坐民船，不求太快，在船上必须写周、石案件的那个奏折，这不是三四天不能完成的。待在金陵你沅叔那边，没有一人独坐的位子，没有一刻清净的时候，所以此事没有办理。其他积压、搁置的事情，也还有不少，都必须在船上一一为之清理。到达安徽应当在月底了。此嘱。

涤生手示

奉旨诸路将帅督抚均免造册造报销

谕纪泽　同治三年七月二十日

【导读】

湘军起兵以来，各路的将帅督抚的钱粮出入多半混乱，故而免除核查造册、造报销等事，在朝廷则是顺水人情，在湘军则是特赐恩典，在曾国藩则感觉无以为报，只得让儿子辈勤勉为国了。

字谕纪泽儿：

十九日接尔十七日禀，知十一日之信至十七早始赶到安庆。哨官[1]疲缓如此，不能不严惩也。余于十九日回拜富将军，即起程回皖，约行七十里乃至棉花堤。今日未刻发报后，长行顺风，行七十里泊宿，距采石不过十余里。

接奉谕旨，诸路将帅督抚均免造册造报销[2]，真中兴之特恩也。顷又接尔十八日禀，抄录封爵单一册。我朝酬庸[3]之典，以此次最隆，愧悚[4]战兢，何以报称[5]！尔曹当勉之矣。

涤生手示

【注】

[1]哨官：军中管领一哨的长官。此处指负责文件往来的长官。

[2]造册造报销：湘军兵勇的招募、训练等相关的军费，有来自地方督抚的，也有来自厘金的，而开支用度往往账目不清，几乎都是一笔糊涂账，很难彻底查清，所以朝廷不再核查，也免除了造册、造报销等等，这对于湘军的将领来说也算是一种恩典了。

［3］酬庸：酬功，酬劳。

［4］愧悚（sǒng）：惭愧惶恐。

［5］报称：报答。

【译】

字谕纪泽儿：

十九日接到你十七日的信，知道十一日的信十七日早上才寄到了安庆。哨官疲沓、缓慢成这个样子，不能不严惩了。我在十九日回访了富将军（富明安），立即起程回安徽，大约行驶七十里就到了棉花堤。今日未刻发了奏报之后，长时间都是顺风而行，又行驶了七十里停泊、住宿，距离采石矶不过才十多里。

接到谕旨，诸路的将帅、督抚都免除了造册造报销之事，真是中兴时代的特别恩典！刚刚又接到你十八日的信，抄录封爵的单子一册。本朝酬功的恩典，应当说是以此次最为隆重，惭愧惶恐，战战兢兢，何以报答！你们都应当更加勉励了。

涤生手示

捻军聚集且安之若素，论曾国荃及姻亲声望

谕纪泽　同治四年九月二十二日

【导读】

捻军聚集于江苏东北部的铜山县与沛县，攻破民圩较多，于是曾国藩决定与之作持久战，且安之若素。文翼从京城到徐州，于是得以知晓关于曾国荃因为弹劾湖广总督官文而引发的非议渐渐减少，刘蓉虽降调使用但声望尚佳，只是郭嵩焘的声望略低且恩宠平平。另有郭嵩焘来信，郭嵩焘之子郭依永与曾家四女曾纪纯的婚期改在明年，故今冬曾纪泽等人暂不回湘。

字谕纪泽儿：

十七日接尔初十日禀，知尔病三次翻复，近已全愈否？舢板

尚未到徐，而此间群贼萃[1]于铜、沛二县，攻破民圩[2]颇多。与微山湖相近，湖中水浅，近郡处又窄，舢板或畏贼不欲进耶？马步贼约六七万，火器虽少而剽悍异常，看来凶焰尚将日长。吾已定与贼相终始，故亦安之若素[3]。

文辅卿[4]自京来此，言近事颇详。九叔浮言[5]渐息，霞仙[6]虽降调，而物望[7]尚好。云仙众望较减，天眷[8]亦甚平平。顷接云[9]信，婚期已改明年，然则尔今冬亦可不回湘矣。原信抄去一阅。尔母健饭，大慰大慰。

涤生手示

【注】

[1]萃：聚集，聚拢。

[2]民圩（wéi）：圩，原指低洼地带防水护田的土堤。捻军之乱，围绕各个村落四周修筑的防御工事，叫作民圩。

[3]安之若素：对反常或不顺的情形视若平常。

[4]文辅卿：即文翼，字辅卿，湖南湘乡人，曾国荃的幕僚。

[5]浮言：谣言，没有事实根据的非议。

[6]霞仙：即刘蓉，字孟容，号霞仙，湖南湘乡人，官至陕西巡抚。

[7]物望：人望，众望。

[8]天眷：指帝王对臣下的恩宠。

[9]云：指代上文的云仙，即郭嵩焘。

【译】

字谕纪泽儿：

十七日接到你初十日的信，知道你的病反复了三次，近日已经痊愈了吗？送信的舢板船还未到徐州，而这边的一群贼军聚集在铜、沛二县，攻破民圩很多。因为与微山湖相近，湖中的水比较浅，靠近郡城的地方又很窄小，舢板船或者畏惧贼军而不敢前进？马步的贼军大约六七万，火器虽然少然而剽悍异常，看来他们的凶焰还将有较长一段日子。我已经决定与贼军相对终始，故而也是安之若素了。

文辅卿（文翼）自京城来到此地，谈及近来的政事颇详细。与你九叔相关的谣言渐趋于平息，霞仙（刘蓉）虽然降调，然而声望还好。云仙（郭嵩焘）的声望较有减低，皇帝的恩眷也很平平。刚刚接到云的信，婚期已经改在明年，因而你今年冬天也可以不回湖南去了。原信抄去，供你一阅。你母亲能够吃得下饭，大为欣慰！

涤生手示

湘、淮二军平捻部署，叮嘱常读《聪训斋语》

谕纪泽纪鸿　同治四年十月十七日

【导读】

听说捻军将去湖北，进一步部署湘、淮二军的配合作战，建构起临淮、周家口、徐州、济宁四镇大兵与两支游击之兵的有机组合。纪泽想到徐州看望父亲，于是告知冬至将至曹州（今山东菏泽）、济州（今山东济宁）、归德（今河南商丘）、陈州（今河南淮阳）等地巡阅地势。再次说到《聪训斋语》一书，认为常读此书甚至可以祛病延年，虽有点夸张，然从中可以看出曾国藩教育子弟之谆谆，再三叮嘱，而不是偶一提及便忘却，以至于不了了之。

字谕纪泽、纪鸿儿：

十四日接尔初四日禀并贺寿各帖，具悉一切。邮封最慢，不如借李宫保移封，或借雨亭、省三、眉生申封，皆可迅速。每次借十个，填写完毕，两月后再借可也。

贼自初三、四两日在丰县为潘军[1]所败，仓皇西窜。行至宁陵，又为归德周盛波[2]一军所败。据擒贼供称将窜湖北，不知确否？此间俟幼泉[3]游击之师办成，除四镇大兵外，尚有两支大游兵，尽敷[4]剿办。但求朱、唐、金军[5]遣撤不生事变，则诸务渐有归宿矣。

泽儿身体复元，思来徐州省觐。余拟于今冬至曹、济、归、陈四府巡阅地势，现尚未定，尔暂不必来。如余不赴齐、豫，尔至十二月十五以后前来徐州，侍余度岁可也。

彭笛仙在粮台[6]，尔常相见否？其学问长处究竟何如？《聪训斋语》，余以为可却病延年[7]。尔兄弟与松生、慕徐常常体验否？可一禀及。此嘱。

涤生手示

【注】

[1] 潘军：山东按察使潘鼎新指挥的淮军。

[2] 周盛波：字海舲，安徽合肥人，淮军将领，后官至湖南提督。

[3] 幼泉：即李昭庆，字子明，又字眉叔，号幼荃、幼泉，李鸿章之六弟。

[4] 尽敷：足够。

[5] 朱、唐、金军：指朱品隆、唐义训、金国琛所统帅的湘军旧部。

[6] 彭笛仙：即彭嘉玉，字笛仙，湖南长沙人，曾任曾国藩的幕府。粮台：为军队提供粮草的基地。

[7] 却病延年：祛除疾病，延长寿命。

【译】

字谕纪泽、纪鸿儿：

十四日接到你初四日的信以及贺寿的各帖，了解了一切。邮封寄信最慢，不如借助李宫保（李鸿章）的移封，或者借雨亭（李宗羲）、省三（刘铭传）、眉生（李鸿裔）的申封，都可以迅速一些。每次借用十个，填写完毕，两个月后再借也就可以了。

贼军自从初三、四两日在丰县为潘鼎新军所败，仓皇而西窜。行军到了宁陵，又为归德的周盛波一军所败。据被擒的贼供称，即将流窜到湖北，不知此消息是否确切。这边在等幼泉（李昭庆）的游击军队办成，除了四镇的大兵之外，还有两支大的游击之兵，也就足够剿灭捻军的了。但求朱品隆、唐义训、金国琛三支军队的遣散、裁撤能够不生事变，那么各种事务都可以有一个合适的结局了。

泽儿的身体复原，想要来徐州省亲。我打算在今年冬天到曹、济、归、陈四府去巡察地势，现在还没有定，你暂时不必来了。如果我不去齐、豫等地，你到十二月十五日以后可以前来徐州，等我一起过年也是可以的。

彭笛仙（彭嘉玉）在粮台，你经常与他相见吗？他学问的长处究竟何如？经常读读《聪训斋语》一书，我以为可以祛病延年。你们兄弟与松生（陈远济）、慕徐（郭阶）常常体验吗？可以来一封信谈谈此事。此嘱。

涤生手示

核改《水师章程》，嘱咐翻查《会典》

谕纪泽纪鸿　同治四年十一月十八日

【导读】

交代家眷返回湘的日程等相关安排，以及纪鸿、陈婿跟随塾师读书的安排。曾国藩连日以来，都在核改《水师章程》，在即将完工之际，为了核查提督、总兵与千总、把总的养廉银的数额等，嘱咐纪泽翻查《大清会典》，可见其办事之态度谨严。再者，特别注明因书"难抄许多"，要其在书中折角了寄来，则又可见爱子之心。

字谕纪泽、纪鸿儿：

十一日接泽儿初六日排单一函，十七日午刻接专兵杨锦荣送到尔二人信函。泽儿信面注十一日，则杨弁七日即到，已照格赏钱千八百文矣。《广雅》、邵铭收到。郭家"韩文"既缺四卷，即不必带来。

尔母之信，欲令泽儿夫妇先归，而自带鸿儿留金陵，以便去余稍近，声息易通。余明年正月即移驻周家口，该处距汉口八百四十里，距长沙一千六百余里，距金陵亦一千三百余里。两边皆系陆路，通信于金陵，与通信于长沙，其难一也。泽儿来此省觐，送余移营起程后，即回金陵。全眷仍以三月回湘为妥。吴育泉正月上学，教满两月，如果师弟相得，[1]或请之赴湖南，或令纪鸿、陈婿随吴师来余营读书，亦无不可。家中人少，不宜分作两处住也。

余日来核改《水师章程》，将次完竣[2]。惟提、镇以下至千、把[3]，每年各领养廉[4]若干，此间无书可查，泽儿可翻《会典》，查出寄来（难抄许多，将书数本折角寄）。凡经制[5]之现行者查典，凡因革[6]之有由者查事例。武职养廉，记始于乾隆四十七年补足名粮[7]案内。文职养廉，记始于雍正五年耗羡[8]归公案内。尔细查武养廉数目，即日先寄。又，提督之官，见《明史·职官志》"都察院"条内，本与总督、巡抚等官皆系文职而带兵者，不知何时改为武职。尔试翻寻《会典》，或询之凌晓岚、张啸山等[9]，速行禀复。

向伯常十一日得病，十八日午时去世。笃行好学，极可悯也。余不悉。

涤生手示

【注】

[1] 吴育泉：即吴汝纶之父吴元甲，曾国藩曾请其任曾纪鸿等的老师，后因故而未成。事见《谕纪泽纪鸿·同治四年十月二十四日》，本书交际篇。师弟：老师与弟子的简称。相得：相处得当。

[2] 将次完竣：即将完工。

[3] 提、镇：一省最高军事长官为提督，各军事重镇的最高长官为总兵。千、把：即千总、把总（又称百总），为低级武官。

[4] 养廉：清代官员在正常俸禄之外，按照官级另得的补贴，本意为高薪养廉，故得名，其来源则为地方火耗或税赋。

[5] 经制：国家的正规制度。

［6］因革：因袭与沿革，变化着的制度。

［7］名粮：亦称亲丁名粮，清代前期的绿营官员在本职常俸外，按官职大小给予一定名额的空缺亲丁粮饷，为赡养家口仆从之需，称随粮。乾隆四十六年（1781）废弃名粮，增补了绿营兵额，武职官员也增给养廉银。

［8］耗羡：即火耗，又称耗羡、羡余，正税之外无定例可循的附加税。雍正二年（1724）实行耗羡归公，同时各省文职官员于俸银之外增给养廉银。

［9］凌晓岚：即凌焕，李鸿章的幕僚。张啸山：即张文虎，字啸山，曾入曾国藩幕府，时任江宁编书局。

【译】

字谕纪泽、纪鸿儿：

十一日接到泽儿初六日通过排单寄来的一信，十七日午刻接到专门送信的士兵杨锦荣送到你们二人的信。泽儿的信封面上注明十一日，那么说明杨弁只用七日就到了，已经按照定格赏钱一千八百文了。王念孙《广雅疏证》、邵懿辰墓志铭拓片收到了。郭家的那部韩愈文集既然缺了四卷，就不必带来了。

你母亲的信，说是想让泽儿夫妇先回湖南，而后自己带着鸿儿留在金陵，以便离我稍微近些，消息容易沟通。我明年正月就会移营驻到周家口，此处距离汉口八百四十里，距离长沙一千六百余里，距离金陵也就一千三百余里。两边都是陆路，通信于金陵，与通信于长沙，其中的难度是一样的。泽儿来这边省亲，送我移营起程之后，就回到金陵。全部家眷仍旧以三月就回湖南去更为妥当。吴育泉先生正月里会来教学，教满了两月后，如果老师、弟子能够相处愉快，或者可以请他赶赴湖南，或者让纪鸿、陈家女婿跟随吴先生前来我的营中读书，也没有什么不可。家中人少，不适宜分作两处来住。

我这几日以来都在核改《水师章程》，即将完工。唯独提督、总兵以下至千总、把总，每年各自应领的养廉银是多少，这边没有书可以查，泽儿可以翻一下《会典》，查出后寄来（那么许多内容难以去抄，将用得着的那几本书折角了寄来）。凡是国家正规制度当中还在现行的查原典，凡是因袭与沿革有着变化而有其依据的查事例。武职人员的养廉银，记得开始于乾隆四十七年补足名粮一案之内。文职的养廉银，记得开始于雍正五年耗羡归公一案之内。你细细查看武养廉的数目，尽快先寄来。另外，提督这一官职，见于《明史·职官志》"都察院"条制内，本来与总督、巡抚等官，都是文职而带兵的，不知道在何时改为武职了？你试着翻找一下《会典》，或者询问凌晓岚（凌焕）、张啸山（张文虎）等人，速速回复。

向伯常在十一日得病，十八日午时去世了。笃行而好学，真是非常令人怜悯！其余不再多说了。

涤生手示

《水师章程》再查，来徐州应备棉衣

谕纪泽　同治四年十一月二十九日

【导读】

收到纪泽寄来的《大清会典》《明史》等书，嘱咐查、问提督文武兼用以及总兵挂印的发展史，还说"凡办事不必定讲考据"，然还当力求言之有据。纪鸿的塾师沈戟门先生，因决定下一年不再聘其为纪鸿的塾师，故此信安排其下一年的生计。纪泽要到徐州省亲，再次交代派人接护，并嘱咐因徐州寒于金陵故当准备洋绒做棉袄棉裤的里子以利保暖。此信说的三事，都可见曾国藩的严谨与周到，以及拳拳慈父之心。

字谕纪泽儿：

二十日成巡捕来，接尔十月二十□日禀及尔母一函。二十四日接尔二十日禀，系善后局排单递来。二十八日接尔二十二日信，系蒋大春赍[1]到，并《会典》五册、《明史》一册。

国初提督尚文武兼用，厥[2]后专用武职，不知始于何时？前明有挂印总兵，以总兵而挂平西将军、征南将军等印。国朝[3]总兵亦间存挂印之名，而实无真印，不知何年并挂印之名而去之？尔试问刘伯山[4]能记之否。《水师章程》定于十二月出奏。如其查不出，亦不要紧，凡办事不必定讲考据也。

薛世香[5]业由徐州经过回豫。其祭幛等，尔不必带来徐州，可交李宫保，托其寄长洲县蒯令转寄薛处。沈师[6]放学时，可送八金以为节敬。渠[7]明年既未定馆，尔可商之李宫保，求派入忠义局[8]。容闳所送等件如在二十金以内，即可收留，多则璧还为是。

尔来徐州，初十后即可起程。余于十二三派员至清江接护。北徐严寒甚于金陵，尔最畏寒，宜有以筹备之。或谓洋绒作棉袄棉裤之里最暖，但棉不宜厚。尔至扬州买三四丈带来。余不悉。

涤生手示

【注】

[1] 赍：带着，带来。

[2] 厥：其。

[3] 国朝：即本朝。

[4] 刘伯山：即刘毓崧，字伯山，江苏仪征人，曾在安庆编书局任校勘。

[5] 薛世香：即薛书常，原名书堂，字世香，别字少柳，河南灵宝人，曾入李鸿章幕府，后官至苏州知府、摄江安徽宁池太庐凤淮扬十府粮储道、花翎布政使衔。

[6] 沈师：即此前家书提及的沈戟门先生。

[7] 渠：他，方言词汇。

[8] 忠义局：全名忠义采访局，也称忠义采访科，采访阵亡殉难之官绅，汇总事迹，奏请建立专祠、专坊。

【译】

字谕纪泽儿：

二十日成巡捕来，接到你十月二十□日的信以及你母亲的一信。二十四日接到你二十日的信，是善后局的排单递送来的。二十八日接到你二十二日的信，是蒋大春赍带来的，还有《会典》五册、《明史》

一册。

本朝初年的提督还是文武兼用的，其后就是专用武职的，不知道开始于何时？前明有挂印的总兵，以总兵而挂平西将军、征南将军等印的。本朝的总兵也间或有挂印之名，而实际并没有真正挂印，不知道是哪一年就连挂印之名也去掉了？你可以试着问一下刘伯山（刘毓崧）能否记得。《水师章程》定在十二月出奏朝廷。如果这几个问题查不出来也不要紧，凡是办事不是定要讲究考据的。

薛世香（薛书常）现在从徐州经过要回到河南。他的祭幛等，你就不必带来徐州了，可以交给李宫保（李鸿章），托他寄到长洲县的蒯令那边，再转寄到薛的那边。沈戟门先生（不再担任纪鸿等人的塾师）放学回乡的时候，可以送八两银子作为节敬。他明年既然未确定何处坐馆，你可以与李宫保（李鸿章）商量，求他派入忠义局任职。容闳所送的物件如果价值在二十金以内，就可以收留，价值过高则应当完璧归还为好。

你如来徐州，初十日之后就可以起程。我在十二三日派人到清江浦去接应、照护。徐州在北方了，此地的严寒更甚于金陵，你最怕寒冷，应当有所筹备。有人说，用洋绒做棉袄、棉裤的里子最为温暖，但是棉不宜过厚。你可以到扬州去买三四丈带来。其余不再细说了。

涤生手示

请开各缺以散员留军营，兄弟轮流侍奉

谕纪泽　同治五年十月二十六日

【导读】

纪泽回湘，纪鸿在曾国藩身边，然而还是少不更事，故还是想以纪鸿换纪泽，但又担心纪泽身体，做父亲的很是为难。时局不利，疾病缠身，虽不似咸丰七年、八年间那般多悔多愁，但还是感觉力不从心，故而希望开缺各项官职，成为留在军营中的散员，则压力小一些，如能回乡省墓则更是晚年之幸了。

字谕纪泽儿：

十八日接尔初一日在六溪口所发之禀，二十一日接尔在橐驼河口所发之禀，具悉一切。喜期果仍是二十四否？筠仙近日意兴何如？余于十三日具疏请开各缺，并附片[1]请注销爵秩[2]。二十五日接奉批旨，再赏假一月，调理就痊，进京陛见[3]一次。余拟于正月初旬起程进京。

鸿儿少不更事，欲令尔于十一月十五以后自家来营，随侍进京。尔近日身体强壮否？接尔复禀，果有起行来豫定期，余即令纪鸿由豫回湘。鸿抵湘乡过年，尔抵周口过年，中途可约于鄂署一会。

余近无他苦，惟腰疼畏寒，夜不成寐。群疑众谤之际，此心不无介介[4]。然回思迩年行事，无甚差谬，自反而缩[5]，不似丁冬、戊春之多悔多愁也。到京后，仍当具疏，请开各缺。惟以散员[6]留营，维系军心，担荷稍轻。尔兄弟轮流侍奉，军务松时，请假回籍省墓[7]一次，亦足以娱暮景[8]。

纪鸿在此体气甚好，心思亦似开朗，惜不能久侍，当令其回家事母耳。折片并批旨抄阅，尔送呈澄叔一看。此谕。

涤生手示

再，尔体弱，今年行路太多，如自觉难吃辛苦，即不来侍奉进京，亦不强也（禀商尔母及澄叔议定回信）。若来，则带吴文煜来清检书籍。家中书籍，亦须请一人专为料理，否则伤湿伤虫[9]。或在省城书贾中找之。

鸿儿言尔母欲将满女[10]许徐氏。余嫌辈行不合，且诸女许宦家者多不称意，能在乡间许一富家亦好。明春到京，亦可于回都京官中求之也。

【注】

[1]附片：清代官员上奏朝廷的正式公文即奏折，附带其他相关文件也即附片。

［2］注销爵秩：取消官爵和俸禄。此指曾国藩所封的一等侯爵。

［3］陛见：又称朝见、觐见，臣下谒见皇帝。

［4］不无介介：不是没有不愉快的想法。介介，耿耿于怀。

［5］自反而缩：反躬自问。

［6］散员：官府或军营之中没有职务的官员。

［7］省墓：官员请假回乡祭扫先人之墓。

［8］暮景：晚年境况。

［9］伤湿伤虫：伤于湿、伤于虫。南方地区藏书，容易受潮与虫害。

［10］满女：最小的女儿，也即曾纪芬，当时欧阳夫人想将其许给徐寿衡之子侄，后许给聂缉椝。聂缉椝官至上海制造局总办、浙江巡抚。

【译】

字谕纪泽儿：

十八日接到你初一那日在六溪口所发出的信，二十一日接到你在橐驼河口所发出的信，知晓了一切。婚期（四女儿）果真还是定在二十四日吗？筠仙（郭嵩焘）近日的兴致怎么样？我在十三日递上奏疏请求开了各缺职务，并且附上奏片请求注销爵位与俸禄。二十五日接到谕旨批复，再赏假一个月，身体调理得痊愈后，进京谒见一次。我打算在正月上旬，起程进京。

鸿儿少不更事，所以想让你在十一月十五日以后，从家里出发到军营来，随我一起进京。你近来的身体强壮吗？接到你的回信，如果有了动身来河南这边的确定日期，我就让纪鸿从河南回到湖南。鸿儿可以到湘乡过年，你可以到周口过年，中途你们可以相约在湖北的官署会面。

我最近没有什么其他的病痛，只是腰疼、畏寒，夜里睡不好觉。在这个众人怀疑、诽谤的时候，内心也不能不介意。然而回想起近年来所做的事情，没有什么大的差错、悖谬，反躬自问，不像丁巳年（咸丰七年）的冬天、戊午年（咸丰八年）的春天那样子多悔而多愁了。到了京城之后，仍旧应当递上奏疏，请求开了各缺的职务。只是作为闲散官员留在营中，以便维系军心，所承担的责任稍微轻一些。你们兄弟轮流前来侍奉，军务较为轻松之时，请假回到原籍扫墓一次，也足以娱乐我的晚年了。

纪鸿在这边身体很好，心情也似乎开朗了许多，可惜不能长时间在这边，应当让他回家侍奉母亲了。奏折以及批复的谕旨抄来给你一阅，也呈送给你澄叔一阅。此谕。

涤生手示

另外，你的身体较弱，今年行走的路太多了，如果自己感觉难以承受辛苦，那么也可以不来这边侍奉我进京，不必勉强（禀明你母亲以及澄叔商议定了再回信）。如果来，就带着吴文煜来清点书籍。家中的书籍，也需要请一个人专门进行料理，否则就会受损于潮湿、虫蛀。或者到省城的书贾之中去找个人来。

鸿儿说你母亲想要将满女许配给徐家。我嫌辈分、排行不相合，而且几个女儿许配给官宦人家的，大多不太称心如意，所以能够许配一个乡间的富家也挺好。明年春天到京城，也可以回到京城，在京官之中寻求合适的人家。

因平捻与刘蓉失和，纪鸿闲适之后开课作文

谕纪泽　同治五年十一月十八日

【导读】

东捻军的任柱、赖文光二部，窜入河南光山县与固始县，而西捻军张宗禹（总愚）部则依旧在陕西华阴一带盘踞，纪泽的岳父刘蓉（霞仙）时任陕西巡抚，因为对张部作战不利而被免职，故而在给对捻作战的总指挥曾国藩的书信中"峻辞诃责"，将之比作杨嗣昌，于是二人有些小矛盾，但不久又和好了。朝廷命曾国藩回任两江总督，他奏请开缺，但未能获准。纪鸿不愿作文，于是放任一月，再安排开课作文，这也是一张一弛之道。

字谕纪泽儿：

自接尔十月初九日一禀，久无续音。不知二十四日果办喜事否？全家已抵富圫否？

此间军事，东股任、赖窜入光、固，贼势已衰。西股张总愚久踞秦中华阴一带，余派春霆往援，大约腊初可以成行。霞仙迫不及待，寄来一信，峻辞[1]诃责，甚至以杨嗣昌[2]比我，余不能堪，此后亦不复与通信矣。

十七日复奏不能回江督本任一折，刻木质关防[3]留营自效一片，兹抄寄家中一阅。前有一信令尔来营侍余进京，后又有三信止尔勿来，想俱接到。若果能开去各缺，不过留营一年，或可请假省墓。但平日虽有谗谤之言，亦不乏誉颂之人，未必果准悉开诸缺耳。

纪鸿在此体气甚好，月余未令作文，听其潇洒闲适，一畅天机[4]。腊月当令与叶甥[5]开课作文。

尔胆怯等症由于阴亏，朱子所谓"气清者魄恒弱"，若能善睡酣眠，则此症自去矣。此函呈澄叔一阅。特谕。

涤生手示

【注】

[1]峻辞：即严辞，严正的言辞。

[2]杨嗣昌：字文弱，湖南常德人，崇祯朝兵部尚书，又以督师辅臣前往湖广围剿起义军，因为指挥失当，张献忠破襄阳、杀襄王，最后畏罪自杀。

[3]木质关防：清代委任临时非正式的官职，不许用正方形大印与朱红印泥，只许用长方形关防、紫红印泥；如非正式钦差大臣，不许用铜印，只许用木印。

[4]一畅天机：尽情地顺应自己的秉性。天机，天生秉性。

[5]叶甥：即王镇镛，字叶亭，曾国藩的外甥。

【译】

字谕纪泽儿：

自从接到你十月初九日的一信后，许久都没有接续的消息。不知是否二十四日果然已经办好喜事了？是否全家都已抵达富坨了？

这边的军事，东股的任柱、赖文光窜入光山、固始，贼军气势已经衰弱。西股的张总愚（张宗禹）长久盘踞在陕西中部的华阴一带，我派春霆（鲍超）前往支援，大约在腊月初可以动身。霞仙（刘蓉）那里已经迫不及待了，寄来的一封信，严辞诃责，甚至将我比作杨嗣昌，我实在不能接受，此后也就不再与他通信了。

十七日又上了不能回去担任两江总督本职的一封奏折，以及刻木质关防留在军营继续效力的附片，现在抄去寄到家中供你们一阅。前此有一封信让你来军营侍奉我进京，后来又有三封信制止你，让你不来，想必都已经收到。假如真的能够开去各缺职务，也不过就是留在军营一年，或许就可以请假回乡省墓了。但是平日里虽然总有一些逸谤之言，也不乏有称誉、赞颂的人，未必果真准许我开缺了那些职务呢！

纪鸿在这边身体、气色都很好，月底未曾让他写作文章，听凭他潇洒而闲适，舒畅一下天生的秉性。腊月里应当让他与叶甥（王镇镛）开课作文了。

你的胆怯等症状，是由于阴亏，朱子所谓的"气清者魄恒弱"，如果能够经常酣然而睡，那么这种症状自然就会去除了。这封信呈送你澄叔一阅。特谕。

涤生手示

公私种种念头萦怀，故而不胜焦灼

谕纪泽　同治八年四月初三日

【导读】

曾国藩在直隶总督任上，外出到永清、固安一带巡查永定河工。目睹了因为干旱而庄稼无收，百姓无生理。同时又想到纪泽护送家眷在运河的水浅难行；运送书箱的施占琦等人尚无消息。所以说，近日以来，公事、私事种种杂乱的念头萦怀，内心便也不胜焦灼，此也可知其做父母官与做父母的良苦用心了。

字谕纪泽儿：

二十九日阅尔清江所寄纪鸿信，知二十二夜船上火灾，尔所抄之《说文》《广韵》化为灰烬。凡书籍字画太多者太精者，则遭水火之劫。尔所抄书，亦太精之亚也。

吾于四月初一日出省，来永清、固安一带查阅永定河工。天气亢旱，麦稼既已全坏，而稷粱[1]等不能下种，加以每日大风，羊角[2]盘绕，轿中极凉。吾体中不适，又念百姓遭此旱灾，殆无生理；又念尔送全眷在运河，水浅风阻，必难速行；又念施占琦书箱在海，尚无抵津信息，恐为大风所坏。公私种种萦念，不胜焦灼。

吾派施占琦、周正林南行时，皆第一日折回，次日乃果成行。吾乡旧俗，以此占事多沮滞之处。如途中处处阻滞，亦只可安心任运，徐待事机之转。王庆云、孙福等二十五日由保定赴济宁，约计十日可到。途中派马队二十匹护送，已由振轩函托子务矣。此嘱。

涤生手示（永清之惠家庄）

【注】

[1] 稷粱：当指高粱。稷指粟或黍属的作物；粱也是粟属的作物。

[2] 羊角：指龙卷风、旋风。

【译】

字谕纪泽儿：

二十九日读到了你在清江所寄出的纪鸿的信，知道了二十二日夜里船上的火灾，你所抄的《说文》《广韵》都化为了灰烬。凡是书籍、字画太多或者太精的，都容易遭受水与火的劫难。你所抄的书，也是太精妙的一类了。

　　我在四月初一日出省，来到永清、固安一带，巡查永定河的河工。天气大旱，麦地里的庄稼都已经全坏了，而高粱等又不能下种，加上每日的大风，龙卷风盘绕，轿子中极凉了。我的身体不太舒适，又想起老百姓遭到这次的旱灾，恐怕没有什么活下去的可能；又想起你护送全部家眷在运河，水浅而风阻，必定难以快速行驶；又想起施占琦护送的书箱在海上，还没有抵达天津的信息，恐怕会被大风所吹坏。公私种种事情萦绕心头，非常焦灼。

　　我派了施占琦、周正林往南方去的时候，都是第一日就遇到困难折回，次日方才能成行。我乡的旧俗，以此来占卜，事情多会有令人沮丧、阻滞之处。假如途中处处遭遇阻滞，也只能安心地去做，慢慢等待做事的时机的转换。王庆云、孙福等人，二十五日从保定赶赴济宁，大约估计十日可到。途中派了马队二十四护送，已经由振轩去函托子务办理了。此嘱。

涤生手示（永清之惠家庄）

天津教案，内负疚于神明，外得罪于清议

谕纪泽　同治九年六月二十四日

【导读】

　　曾国藩处置天津教案过于软弱，听从崇厚之计，违心地将无大过错的府、县官员参奏革职，并答应法国赔款等要求，于是被时人视为卖国。他在此家书之中对此也有剖析，认为内负疚于神明，外得罪于清议，还因为此事而目昏头晕，心胆俱裂。最后，只能保留相关证据，以说明自己的隐忍，实有不得已之处。唯有临难不敢苟免、退缩的态度，即便到了耄耋之年，也不会更改了。

字谕纪泽儿：

　　二十三日接尔二十二日禀。

罗淑亚[1]十九日到津，初见尚属和平，二十一、二日大变初态，以兵船要挟，须将府、县及陈国瑞[2]三人抵命。不得已从地山之计，竟将府、县奏参革职，交部治罪。二人俱无大过，张守[3]尤洽民望[4]。吾此举内负疚于神明，外得罪于清议，远近皆将唾骂，而大局仍未必能曲全，日内当再有波澜。

吾目昏头晕，心胆俱裂，不料老年遘[5]此大难。兹将渠来照会及余照复抄去（折片另札行总局，嘱诸公密之），尔可交与作梅转寄卢、钱及存之一看[6]，以明隐忍为此，非得已也。

日来服竹衃药，晕症已减。惟目蒙日甚，断难久支，以后亦不再治目矣。余自来津，诸事惟崇公[7]之言是听，挚甫[8]等皆咎余不应随人作计，名裂而无救于身之败。余才衰思枯，心力不劲，竟无善策，惟临难不敢苟免，此则虽毫不改耳。此谕。

涤生手示

【注】

[1]罗淑亚：即 Rochechouart，时任法国驻华代办，后任法国驻华公使。

[2]陈国瑞：字庆云，湖北应城人，时任提督，天津市民动乱时，他为之叫好，故法国人要其抵命。

[3]张守：指时任天津知府的张光藻，后来与时任知县的刘杰，都被革职充军发配黑龙江。

[4]尤洽民望：办事很符合民心所向。

[5]遘（gòu）：遭遇。

[6]卢、钱：指直隶布政使卢定勋、按察使钱鼎铭。存之：即方宗诚，字存之，安徽桐城人，曾国藩为直隶总督时推荐其任枣强县令。

[7]崇公：即完颜崇厚，字地山，号子谦，满洲镶黄旗人，时任三口通商大臣。

[8]挚甫：即吴汝纶，当时在曾国藩的幕府中，他也不认同崇厚的计策。

【译】

字谕纪泽儿：

二十三日接到你二十二日的信。

罗淑亚十九日到达天津，初见还算是比较和平的，二十一、二日开始改变其最初的态度，用兵船来要挟，必须将知府、知县以及陈国瑞三人抵命。不得已而从了地山（崇厚）的办法，竟然将知府、知县参奏革职，交六部治罪。二人都没有什么大过，张太守（张光藻）尤其符合民心所向。我这次的举动，真是内有负疚于神明，外有得罪于清议，远近的人都将要唾骂了，然而大局仍旧未必能够委曲求全，近日之内应当还会再有波澜。

我现在目昏头晕，心胆俱裂，不料人到老年还会遭遇此次的大难。现在将他们来的照会以及我的照会再抄过去（折片另外有信札给总局，嘱咐诸公保密），你可以交给作梅（陈鼎）转寄卢定勋、钱鼎铭以及存之（方宗诚）一看，用以证明隐忍得如此，也是不得已。

近日来服用竹舫先生的药，头晕之症已经减轻了。只是眼睛的蒙蔽日甚一日，恐怕难以持久支持，以后也不想再治疗眼睛了。我自从来了天津，各种事务对于崇公（崇厚）都是言听计从，挚甫（吴汝纶）等人也都归咎于我，不应该跟随人来作计较，名裂而又无可救于身败。我的才能衰弱、思想枯竭，心力也不够有劲，竟然没有一个好的计策。只有临难而不敢苟且、退缩的态度，即便到了耄耋之年也不改了。此谕。

涤生手示

附 录

吾家累世以来，孝弟勤俭

谕纪瑞　同治二年十二月十四日

【导读】

侄儿学业有成，且孝友谨慎，做大伯的感到欣慰，且以曾氏家族累世以来的家风循循善诱。曾国藩的曾祖竟希公（曾衍胜）、祖父星冈公（曾玉屏）都是天未明即起，整日不得空暇。竟希公外出求学不舍得花零用钱，星冈公在孙子入翰林院后还亲自种菜收粪，还有其父竹亭公（曾麟书），这些前辈的勤俭，以及先世生存的艰难，都是子孙所不可忘却的。做到"勤"字，第一贵早起，第二贵有恒；做到"俭"字，第一莫着华丽衣服，第二莫多用仆婢雇工。人只要立志，圣贤、豪杰都是可以做到的，所以要求曾纪瑞兄弟在最顺之境、最富之年，从最贤之师则一定要以"立志"相互劝勉。

字寄纪瑞[1]侄左右：

前接吾侄来信，字迹端秀，知近日大有长进。纪鸿奉母来此，询及一切，知侄身体业已长成，孝友谨慎，至以为慰。

吾家累世以来，孝弟勤俭。辅臣公以上吾不及见，竟希公、星冈公皆未明即起，竟日[2]无片刻暇逸。竟希公少时在陈氏宗祠读书，正月上学，辅臣公给钱一百，为零用之需。五月归时，仅用去一文[3]，尚余九十八文还其父。其俭如此。星冈公当孙入翰林之后，犹亲自种菜、收粪。吾父竹亭公之勤俭，则尔等所及见也。

今家中境地虽渐宽裕，侄与诸昆弟切不可忘却先世之艰难，有福不可享尽，有势不可使尽。"勤"字工夫，第一贵早起，第二贵有恒；"俭"字工夫，第一莫着华丽衣服，第二莫多用仆婢雇工。凡将相无种[4]，圣贤豪杰亦无种，只要人肯立志，都可以做得到的。侄等处最顺之境，当最富之年，明年又从最贤之师，但须立定志向，何事不可成？何人不可作？愿吾侄早勉之也。

荫生尚算正途功名，可以考御史。待侄十八九岁，即与纪泽同进京应考。然侄此际专心读书，宜以八股、试帖为要，不可专恃荫生为基，总以乡试、会试能到榜前，益为门户之光。

纪官[5]闻甚聪慧，侄亦以"立志"二字兄弟互相劝勉，则日进无疆矣。顺问近好。

涤生手示

【注】

[1] 纪瑞：字伯祥，号符卿，行科四，曾国荃的长子，县学优廪生，一品荫生，官至兵部员外郎，诰赠光禄大夫，建威将军。

[2] 竟日：整日。

[3] 一文：即一枚，因铜钱铸有文字故一枚称一文。此处的"一文"与下文"九十八文"合起来不足"一百"，当有误。

[4] 无种：不是天生而成的。

[5] 纪官：字剑农，号焱卿，一字愚卿，又号显臣，行科六。县学优廪生，正一品荫生，官至户部员外郎、云南司兼广东司行走。

【译】

字寄纪瑞侄左右：

前日接到侄儿的来信，字迹端庄秀气，知道近日来大有长进。纪鸿侍奉母亲来到这边后，我询问了他家中的一切，知道侄儿现在身体已经长成，孝友而谨慎，非常欣慰。

我们家累世以来，都讲究孝悌、勤俭。高祖辅臣公以上我来不及看见，曾祖竟希公、祖父星冈公都是天未亮就起来，整天都没有片刻的空暇安逸。竟希公少年的时候在陈氏宗祠读书，正月里去上学，辅臣公给他铜钱一百，作为零用的需要。五月里他回来的时候，仅仅用去了一文，还剩余了九十八文交还他的父亲，竟然节俭到了如此地步。星冈公等到孙儿进入翰林之后，还亲自种菜、收粪。我父亲竹亭公的勤俭，那就是你们所亲眼看到的了。

今日家中的境地，尽管渐渐宽裕，侄儿与诸位兄弟切不可忘却了先祖们的艰难，有福不可享尽，有势不可使尽。"勤"字功夫，第一贵在早起，第二贵在有恒；"俭"字功夫，第一不要穿着华丽的衣服，第二不要过多使用仆婢、雇工。凡是将相都无种，圣贤豪杰也无种，只要人肯立志，都是可以做得到的。侄儿你们身处在最为顺利的境地，又是最好的年纪，明年又要师从最贤的老师，只需要立定志向，什么样的事情不可以去成就？什么样的人物不可以去做到？但愿我侄早早为此而勉力奋进！

荫生也算是正途的功名，可以去考御史。等到侄儿十八九岁，就与纪泽一同进京应考。不过侄儿这段时间里需要专心读书，应当以八股、试帖为最重要，不可以专门恃着有了荫生的资格作为基础，总以为乡试、会试就能金榜题名，更加为门户增光。

听说纪官非常聪慧，侄儿也要以"立志"二字，兄弟之间互相劝勉，那么日进无疆了。顺便问候近来安好！

涤生手示

立志做好人：敦伦、济世、艰苦、敬慎

谕纪寿　同治九年正月初八日

【导读】

第一次给这个侄儿写信，先是鼓舞其志气，再给开一个详细书单，所谓志存高远，则读书必当"博观"而"广蓄"。立志做第一好人，还当讲求敦伦、济世、艰苦、敬慎这四端。就外在来说，必须善于学习修身、济世之道，也即无愧五伦与心忧天下；就内在来说，必须甘于艰苦、不图安逸，于诸人、诸事有着敬畏的精神，谨言慎行的精神。

岳崧[1]三侄左右：

顷接来禀，字迹圆整，文气清畅，昔时四岁而孤，至是已有成立，深以为慰！

侄念及三河旧事[2]，奋然有报仇雪憾之意，志趣远大，尤可嘉尚。古来圣贤豪杰，皆有非常之志。人之有志，犹水之有源，木之有根，作室之有基，力田之有种。今粤逆、捻逆均已殄灭[3]，中原次第荡平，侄年方幼学，宜立志多读古书，立志作第一好人。

读古书，先熟悉"四书""五经"，然后次及于《周礼》《仪礼》《公》《榖》《尔雅》《孝经》《国语》《国策》《史记》《汉书》《庄子》《荀子》《说文》《文选》《通鉴》，及李、杜、苏、黄[4]之诗，韩、欧、曾、王[5]之文，周、程、张、朱[6]之义理，葛、陆、范、韩[7]之经济，次第诵习。虽不能一旦全看，而立志不可不博观而广蓄。

作好人，先从五伦讲起。君臣有义，父子有亲，夫妇有别，长幼有序，朋友有信。自幼小以至老耄[8]，自乡党以至朝廷，处处求无愧于五伦，时时以实心行之。

又，须求有济于斯世。伊尹以一夫不获为己之辜[9]，范文正[10]做秀才，便以天下为己任，可以为法。切不可度量狭隘，专作一自了汉[11]，与他人较量锱铢[12]。

又，须习勤耐苦，处贫困而不忧，历患难而不惧。孟子所谓"苦其心志，劳其筋骨，饿其体肤，困乏其身"，正所以当大任。张子[13]所谓"贫贱忧戚，正所以玉汝于成"。自古无终身安乐而克成伟人者，历尽多少艰苦不如意之事，乃可磨炼出大材来。

又，须从"敬""慎"二字上用功。敬者，内则专静纯一，外则整齐严肃，《论语》之"九思"如"视思明，听思聪"之类。《玉藻》之"九容"如"足容重，手容恭"之类。慎者，凡事不苟，尤以谨言为先。

此四端者，一讲敦伦，一求济世，是终身之远大规模也；一习艰苦，一学敬慎，是随时之切实工夫也。侄此时虽不能将四者全行体验，而立志不可不广大而精凝。果有志于读古书、作好人，则将来可为愍烈公克家之子[14]，即可为朝廷有用之材矣。目下尤切者，事嫡母、生母曲尽孝道，能使两母皆洽欢心，一门毫无闲言，此即尽伦之道；于九思、九容上着力，使门内有一种肃雍[15]气象，此即"敬""慎"之效。余事且可从容做去。至嘱，至嘱！

余今年六十，精力衰颓，目光甚蒙。内人自八月得病，至今半年未愈，署内殊无佳况。纪鸿于元旦日得举一子，小大平安，差以为慰。余详日记中。顺请叔母罗太夫人福安，侄之嫡母、生母近好。

涤生手草

【注】

[1]岳崧：即曾纪寿，字岳崧，为曾国华之次子，钦加三品衔、二品顶戴，诰授昭武都尉、奉政大夫，晋封资政大夫。

[2]三河旧事：指咸丰八年（1858）发生在安徽肥西的三河镇大战，曾国华与李续宾进攻庐州，被陈玉成、李秀成等几路太平军合围，全军覆没，曾国华等人战死。

[3]粤逆、捻逆：指太平军与捻军。殄灭：灭绝。

[4]李、杜、苏、黄：指唐代的李白、杜甫，宋代的苏轼、黄庭坚等人。

[5]韩、欧、曾、王：指唐代的韩愈与宋代的欧阳修、曾巩、王安石。

[6]周、程、张、朱：指周敦颐、程颢、程颐、张载、朱熹，皆宋代理学家。

[7]葛、陆、范、韩：指三国诸葛亮、唐代陆贽与宋代的范仲淹、韩琦，都是政治家。

[8]老耄（mào）：指七八十岁的老人。

[9]伊尹：商汤的宰相。一夫不获：此句是说，天下如有一人不得其所愿，都是我的罪过。

[10]范文正：即范仲淹。

［11］自了汉：佛教用语，原是指小乘佛教修炼者，不是普度众生而是度自己。后指只顾自己不顾大局的人。

［12］较量锱铢：比喻气量狭小。锱为一两的四分之一，铢为一两的二十四分之一。

［13］张子：即张载，引文出自《西铭》。

［14］愍烈公：即纪寿之父曾国华。克家：继承家业。

［15］肃雍：庄严雍容。

【译】

岳崧三侄左右：

刚刚接到你的来信，字迹圆润工整，文气清信顺畅，当时才四岁的孤儿，到现在已经长大成人了，深为快慰！

侄儿说起三河的旧事，奋然而有报仇雪恨的意思，志向远大，更为可嘉。自古以来的圣贤豪杰，都有非常的志向。人有志向，好比水的有源，木的有根，建筑房舍而有了地基，耕田而有了种子。如今粤逆、捻逆都已经灭绝，中原地区次第荡平了。侄儿年方幼学，应当立志多读古书，立志做第一等的好人。

读古书，先要熟悉"四书""五经"，然后再涉及于《周礼》《仪礼》《春秋公羊传》《春秋穀梁传》《尔雅》《孝经》《国语》《战国策》《史记》《汉书》《庄子》《荀子》《说文解字》《文选》《资治通鉴》，以及李白、杜甫、苏轼、黄庭坚的诗，韩愈、欧阳询、曾巩、王安石的散文，周敦颐、"二程"、张载、朱熹的义理之学，诸葛亮、陆贽、范仲淹、韩琦的经济之学，次第诵读研习。虽然不能一下子全看了，然而不可以不立志去博观而广蓄。

做好人，先要从五伦讲起。君臣有义，父子有亲，夫妇有别，长幼有序，朋友有信。从幼小到老耄，从乡党到朝廷，处处要求无愧于五伦，时时要以实心去实行。

又，必须寻求有济于这个世道。伊尹以天下如有一人不能获得所愿作为自己的罪过，范文正（范仲淹）做了秀才，便要以天下为己任，这两位古人可以作为效法。千万不可以度量狭隘，专门做一个自了汉，与他人锱铢必较。

又，必须习惯于勤劳、耐得了艰苦，处于贫困而不忧，历经患难而不惧。孟子所谓"苦其心志，劳其筋骨，饿其体肤，困乏其身"，正是为了你可以堪当大任。张子所谓"贫贱忧戚，正所以玉汝于成"（无论贫贱，或者忧戚，正是为了玉成于你）。自古以来，没有终身安乐而能够成为伟人的，历尽多少艰苦不如意的事情，方才可以磨炼出大材来。

又，必须从"敬""慎"这二字上头用功。所谓的敬，内在则专注、主静、纯一，外在则整齐、严肃，《论语》之中的"九思"，比如"视思明，听思聪"之类。《玉藻》之中的"九容"比如"足容重，手容恭"之类。所谓的慎，凡事不苟且，尤其要以谨慎的言语为先。

这四个方面，一是要讲敦伦，一是要求济世，这是确立终身的远大规模；一是习惯于艰苦，一是学主敬、慎独，这是随时随地的切实功夫。侄儿此时虽然不能将这四个方面全都去实践、体验，然而立志不可以不广大而精凝。果能有志于读古书、做好人，那么将来可以成为愍烈公（曾国华）承继家业的好儿子，也可以成为朝廷的有用之材了。眼下尤为切要的，对待嫡母、生母都能尽孝道，能使得两位母亲都融洽而欢心，一门之内毫无闲言碎语，这就是尽了人伦之道；在"九思""九容"上头着力，使得门内有一种肃雍的气象，这就是"敬""慎"二字的修养功效。其余的事情，暂且可以从容地做去。至嘱，至嘱！

我今年六十岁了，精力开始衰颓，目光很是蒙蔽。内人自从八月得病，至今半年还未痊愈，官署之内也没有什么可喜的事情。纪鸿在元旦日生了一个儿子，小孩大人都平安，这个勉强可以让人快慰。其余详见我的日记之中。顺便恭请叔母罗太夫人福安！侄儿的嫡母、生母近来安好！

涤生手草

办捻无功回任江督，望夫人为子孙作榜样

致欧阳夫人　同治五年十二月初一日

【导读】

曾国藩平定捻军无功，钦差大臣关防交给李鸿章，朝廷令其回任两江总督，于是先在周口养病，并希望明年能回乡省墓一次。家中事务，由欧阳夫人操心，他依旧再三叮嘱，希望夫人带领子孙居心行事都为曾氏各房的榜样，注意家中祭祀的酒菜、器皿，注意平时内而纺绩、做小菜，外而种菜养鱼、款待人客，需要多多留心，不可不劳苦，不可不谨慎。此外，以诚敬待小叔（澄叔，曾国潢）也是做长嫂的美德，故说大小事丝毫不可瞒他。

欧阳夫人左右：

接纪泽儿各禀，知全眷平安抵家，夫人体气康健，至以为慰。

余自八月以后，屡疏请告假开缺，幸蒙圣恩准交卸钦差大臣关防，尚令回江督本任。余病难于见客，难于阅文，不能复胜江督繁剧之任，仍当再三疏辞。但受恩深重，不忍遽请离营，即在周家口养病。少泉接办，如军务日有起色，余明年或可回籍省墓一次，若久享山林之福[1]，则恐不能。然办捻无功，钦差交出，而恩眷[2]仍不甚衰，已大幸矣。

家中遇祭，酒菜必须夫人率妇女亲自经手。祭祀之器皿，另作一箱收之，平日不可动用。内而纺绩、做小菜，外而莳菜养鱼、款待人客，夫人均须留心。吾夫妇居心行事，各房及子孙皆依以为榜样，不可不劳苦，不可不谨慎。

近在京买参，每两去银二十五金，不知好否？兹寄一两与夫人服之。澄叔待兄与嫂极诚极敬，我夫妇宜以诚敬待之，大小事丝毫不可瞒他，自然愈久愈亲。此问近好。

【注】

　　［1］山林之福：为官者所谓功成身退，隐居乡野山林，没有案牍之劳。

　　［2］恩眷：即圣眷、圣恩，指皇帝的恩宠眷顾。

【译】

欧阳夫人左右：

　　接到了纪泽儿的各封家书，知道全部家眷平安抵达家中，夫人身体康健，非常欣慰。

　　我自从八月以后，屡次上疏请求告假以及开缺职务，荣幸蒙受圣恩，准许交卸钦差大臣的关防，但还是让我回去重新担任两江总督之职。我因为生病难于会见客人，难于阅读公文，不能再胜任两江总督这一十分繁杂的职务，仍旧应当再三上疏请辞。但是蒙受的圣恩深重，也不忍心立即请求离开军营，就先在周家口养病吧！少泉（李鸿章）接着办理平定捻军的职务，如果军事方面日渐有了起色，我明年或许可以回到原籍扫墓一次，若是想要长久地享受山林之福，那恐怕不太可能了。然而办理捻军事务劳而无功，钦差大臣关防交出，而圣恩仍旧不太减少，已经是大幸了。

　　家中每逢祭祀，酒菜必须夫人率领妇女亲自经手。祭祀的器皿，另外装作一箱子收藏，平日不可随意动用。在内则纺织、做些小菜，在外则种植蔬菜、养鱼，以及款待客人，夫人都需要留心。我们夫妇的用心与为人处世，各房以及子孙都要依照并作为榜样，不可不劳苦，不可不谨慎。

　　近日在京城买参，每两用去银子二十五两，不知道好不好？现在寄回一两给夫人服用。澄叔待兄长与嫂子极为诚恳、极为恭敬，我们夫妇也应当以诚敬去待他，大小各事丝毫不可瞒着他，自然也就愈长久而愈亲近了。以此信问候近来安好！

常常作家中无官之想，时时有谦恭省俭之意

致欧阳夫人　同治六年五月初五日

【导读】

告知欧阳夫人，纪鸿天花出痘后身体发胖，即将回湘，以及自己不愿久任两江总督，故不想再接家眷东来。因为做官不过偶然之事，居家乃是长久之计，故而希望夫人在家事事立个章程，在勤俭、耕读上做出一个规模，方能保福泽悠久。"常常作家中无官之想，时时有谦恭省俭之意"，也就要提前想到罢官之后，居家的气象如何能够兴旺，真是深谋远虑了。

欧阳夫人左右：

自余回金陵后，诸事顺遂。惟天气亢旱[1]，虽四月二十四、五月初三日两次甘雨，稻田尚不能栽插，深以为虑。

科一[2]出痘，非常危险，幸祖宗神灵庇佑，现已全愈发体[3]，变一结实模样。十五日满两个月后，即当遣之回家，计六月中旬可以抵湘。如体气[4]日旺，七月中旬赴省乡试可也。

余精力日衰，总难多见人客。算命者常言十一月交癸运，即不吉利，余亦不愿久居此官，不欲再接家眷东来。

夫人率儿妇辈在家，须事事立个一定章程。居官不过偶然之事，居家乃是长久之计，能从勤俭、耕读上做出好规模，虽一旦罢官，尚不失为兴旺气象；若贪图衙门之热闹，不立家乡之基业，则罢官之后，便觉气象萧索。凡有盛必有衰，不可不预为之计。望夫人教训儿孙妇女，常常作家中无官之想，时时有谦恭省俭之意，则福泽悠久，余心大慰矣。

余身体安好如常，惟眼蒙日甚，说话多则舌头蹇涩[5]，左牙疼甚，而不甚动摇，不至遽脱，堪以告慰。顺问近好。

【注】

　　[1]亢旱：大旱。

　　[2]科一：曾纪鸿的乳名。

　　[3]发体：发胖，变得强壮。

　　[4]体气：指体质。

　　[5]謇涩：不顺，不灵活。

【译】

欧阳夫人左右：

　　自从我回到金陵之后，诸事顺利。只是天气大旱，虽然四月二十四、五月初三日两次降下甘雨，稻田还是不能栽插，深为忧虑。

　　科一（曾纪鸿）出痘子，非常危险，幸好有祖宗神灵的庇佑，现在已经痊愈、发胖，模样也变得结实了。等到十五日，康复满了两个月之后，就应当让他回家，估计六月中旬可以抵达湖南。如果体质日渐强健，七月中旬到省城乡试也是可以的。

　　我的精力日加衰弱，总是难以多见客人。算命的人常说十一月会交癸运，也即不太吉利，我也不愿意长久担任这个官职，不想再去接家眷东来了。

　　夫人率领儿子、媳妇一辈在家里，必须事事都能立个一定的章程。居官在外不过是偶然的事情，居家方才是长久之计，能够从勤俭、耕读上头做出一个好的规模，虽然一旦罢官，还是不会失去兴旺的气象；如果贪图衙门的热闹，不能在家乡立下基业，那么罢官之后，便会觉得气象萧索。凡是有盛就必定有衰，不可不预先去做些准备。希望夫人教训儿孙、妇女，常常要有家中无人做官的想法，时时要有谦恭、省俭的心意，那么福泽就会悠久，我的心里也能很欣慰了。

　　我的身体安好如同平常，只是眼睛的蒙蔽日渐加深，说话多了就会舌头不灵活，左边的牙疼也厉害，然而不太动摇，不至于马上脱落，还可以告慰。顺便问候近来安好！

报圣主之厚恩，惜祖宗之余泽

致丹阁十叔　同治二年七月十二日

【导读】

曾凤书，字丹阁，排行第十，故曾国藩称其十叔，在其父曾麟书去世之后，老家上一辈的代表也就曾凤书了，故关于伯祖父、伯祖母等人的封诰、祭扫等事，请其办理。曾国藩还在信中表示自己才德卑微而窃居高位，常常兢兢栗栗，不贪安逸、不图丰豫，希望能够报答圣主之厚恩、珍惜祖宗之余泽。

丹阁十叔大人阁下：

前奉赐函，敬审福履康愉[1]，阖潭多祜[2]，至为庆慰。

此间军事，自去秋以至今春，危险万状。四月以后，巢、和、二浦次第克复，夺回九洑洲要隘，江北肃清，大局极有转机。不料苗逆[3]复叛，占踞数城，一波未平，一波复起，而各军疾疫大作，死亡相属，几与去秋相等。饷项奇绌，医药无资，茫茫天意，不知何日果遂厌乱也？

侄身体粗适，牙齿脱落一个，余亦动摇不固，此外视听眠食，未改五十以前旧态。自以菲材[4]久窃高位，兢兢栗栗，惟是不贪安逸、不图丰豫，以报圣主之厚恩，即以为稍惜祖宗之余泽。

上年恭遇两次覃恩，已将本身应得封典貤封伯祖父重五公暨中和公、伯祖母彭太夫人暨萧太夫人。兹将诰轴[5]专盛四送回，即求告知任尊叔及芝圃、荣发、厚一、厚四诸弟，敬谨收藏。焚黄[6]告墓之日，子姓悉与于祭。兹各寄二十金，少助祭席之资，又参枝、对联、书帖等微物，略将鄙忱，伏乞哂存。

左君办硝[7]之事，因采办诸人在各县挖墙、拆屋，纷纷酿成控案。东征局司道乃详请概归官办，不特不能新添委员，即前此给札者亦须一一撤回，是以未能照办。但诸人借凑本钱分途采买，因此半途而废，不免吃亏。侄已函告东局主事者，酌量调剂，不令亏本矣。

【注】

〔1〕福履康愉：也即幸福、爵禄、健康、和悦，祝词。

〔2〕阖潭：也即全府上下，古人书信用语。多祜：多福。

〔3〕苗逆：即苗沛霖，字雨三，安徽凤台人，秀才出身，曾在乡举办团练并与捻军作战，后举兵抗清，被太平天国封为奏王。同治元年（1862）暗中降清并诱捕英王陈玉成献给胜保，旋又反清，同治二年（1863）被清军僧格林沁部击败，为部下所杀。

〔4〕菲材：菲才，浅薄的才能，表自谦。

〔5〕诰轴：指书写皇帝命令的卷轴。

〔6〕焚黄：此处指先人新受恩封后祭告祖墓，告文用黄纸书写，祭毕即焚。

〔7〕办硝：土硝，即硝酸钾，制作火药等的原料，墙角、屋后常起硝，故发生采办之人挖墙、拆屋之事。

【译】

丹阁十叔大人阁下：

前几日收到您所赐的信函，知道您全府上下身体安康，和和美美，福气多多，非常庆慰！

这边的军事，从去年秋天至今年春天，危险万状。四月以后，巢、和、二浦等州县次第克复，夺回了九洑洲这个要隘，江北被肃清了，大局也就极有转机了。不料还有苗逆（苗沛霖）一军投降后又重新反叛，占据了数城，一波未平，一波复起，还有各军之中传染病大作，死亡相继，几乎与去年秋天差不多。粮饷各项缺乏，医药也缺少资金，茫茫天意，不知道何日果真可以厌弃乱世了呢？

侄儿身体还算适宜，牙齿脱落了一个，其余也动摇而不固，此外的视听眠食，未改五十岁以前的旧态。我自以菲薄之材而久窃高位，兢兢栗栗，只是不贪安逸、不图丰豫，以求报答圣主的厚恩，也即可稍稍珍惜祖宗的余泽。

上一年恭遇了两次覃恩，已将本身应得封典移赠、追封到了伯祖父重五公暨中和公、伯祖母彭太夫人暨萧太夫人。现在就将诰轴专程派盛四送回家乡，就请您告知任尊叔以及芝圃、荣发、厚一、厚四这几个弟弟，恭敬、谨慎地收藏起来。焚黄告墓的日子，同姓的子弟全数参与祭祀。现在分别寄给二十两，少有帮助祭席所需的资费，还有参枝、对联、书帖等物品，略表我的心意，恳请惠存。

左君（左宗棠）办硝的事情，因为采办的几个人在各县挖墙、拆屋，纷纷酿成了控告案。东征局司道方才详请都归于官办，不但不能新添委员，就前此写了信过去的也必须一一撤回，所以此事未能照办。但是这些人也是借凑了本钱分途采买的，因此半途而废，不免有些吃亏。侄儿已经去信告知东征局的主事者，酌量调剂，不让亏本了。

图书在版编目（CIP）数据

曾国藩家训/张天杰导读、注译．—长沙：岳麓书社，2022.1

ISBN 978-7-5538-0779-9

Ⅰ．①曾… Ⅱ．①张… Ⅲ．①家庭道德—中国—清代 Ⅳ．①B823.1

中国版本图书馆 CIP 数据核字（2019）第 092721 号

ZENG GUOFAN JIAXUN

曾国藩家训

导读注译：张天杰

责任编辑：陶嶒玲

责任校对：舒　舍

封面设计：绿光视觉艺术工作室

岳麓书社出版发行

地址：湖南省长沙市爱民路47号

直销电话：0731-88804152　0731-88885616

邮编：410006

版次：2022 年 1 月第 1 版

印次：2022 年 1 月第 1 次印刷

开本：640mm×960mm　1/16

印张：24.5

字数：340 千字

ISBN 978-7-5538-0779-9

定价：68.00 元

承印：长沙鸿发印务实业有限公司

如有印装质量问题，请与本社印务部联系

电话：0731-88884129